机器视觉与人工智能应用开发技术

廖建尚　钟君柳　吕志胜 ◎ 编著

电子工业出版社

Publishing House of Electronics Industry

北京·BEIJING

内 容 简 介

本书详细介绍机器视觉和人工智能技术，主要内容包括机器视觉与人工智能概述、图像基础算法应用开发实例、图像处理应用开发实例、深度学习应用开发实例、百度 AI 应用开发实例。全书采用项目式开发的学习方法，通过 39 个贴近日常生活的开发实例，由浅入深地介绍图像处理和深度学习的相关知识。本书中的每个开发实例均有完整的开发过程，并给出了开发代码，读者可在这些开发实例的基础上快速地进行二次开发。

本书既可作为高等学校相关专业的教材或教学参考书，也可供相关领域的工程技术人员参考。对于机器视觉、图像处理、人工智能的开发爱好者，本书也是一本深入浅出、贴近社会应用的技术读物。

本书配有 PPT 教学课件和开发代码，读者可登录华信教育资源网（www.hxedu.com.cn）免费注册后下载。

图书在版编目（CIP）数据

机器视觉与人工智能应用开发技术 / 廖建尚，钟君柳，吕志胜编著. —北京：电子工业出版社，2024.2
（新工科人才培养系列丛书. 人工智能）

ISBN 978-7-121-47396-8

Ⅰ. ①机… Ⅱ. ①廖… ②钟… ③吕… Ⅲ. ①计算机视觉 ②人工智能 Ⅳ. ①TP302.7②TP18

中国国家版本馆 CIP 数据核字（2024）第 048926 号

责任编辑：田宏峰
印　　　刷：固安县铭成印刷有限公司
装　　　订：固安县铭成印刷有限公司
出版发行：电子工业出版社
　　　　　北京市海淀区万寿路 173 信箱　邮编　100036
开　　本：787×1 092　1/16　印张：25.75　字数：656 千字
版　　次：2024 年 2 月第 1 版
印　　次：2025 年 3 月第 3 次印刷
定　　价：88.00 元

前　言

党的二十大报告提出："推动战略性新兴产业融合集群发展，构建新一代信息技术、人工智能、生物技术、新能源、新材料、高端装备、绿色环保等一批新的增长引擎。"

人工智能、物联网、大数据和云计算等技术的迅猛发展，大大提高了生产效率和生产力，改变了社会的生产方式和人们的生活方式。我国于 2020 年发布的《国家新一代人工智能标准体系建设指南》指出，到 2023 年初步建立人工智能标准体系，重点研制数据、算法、系统、服务等重点急需标准，并率先在制造、交通、金融、安防、家居、养老、环保、教育、医疗健康、司法等重点行业和领域进行推进。该指南为人工智能技术和相关产业的发展指出了一条鲜明的道路，表明我国在推动人工智能应用的坚定决心，相信人工智能的规模会越来越大。

本书详细阐述机器视觉和人工智能的理论基础和开发技术，采用项目式开发的学习方法，旨在推动人工智能人才的培养。全书共 5 章：

第 1 章为机器视觉与人工智能概述，主要内容包括机器视觉和人工智能的发展历程、应用领域和开发平台。

第 2 章为图像基础算法应用开发实例，包括 13 个开发实例，分别是图像采集开发实例、图像标注开发实例、图像灰度转换开发实例、图像几何变换开发实例、图像边缘检测开发实例、形态学转换开发实例、图像轮廓提取开发实例、直方图均衡开发实例、模板匹配开发实例、霍夫变换开发实例、图像矫正开发实例、图像添加文字和水印开发实例、图像去噪开发实例。

第 3 章为图像处理应用开发实例，包括 8 个开发实例，分别是颜色识别开发实例、形状识别开发实例、手写数字识别开发实例、二维码识别开发实例、人脸检测（基于 OpenCV）开发实例、人脸关键点识别开发实例、人脸识别（基于 OpenCV）开发实例、目标追踪开发实例。

第 4 章为深度学习应用开发实例，包括 10 个开发实例，分别是人脸检测（基于深度学习）开发实例、人脸识别（基于深度学习）开发实例、人脸属性识别开发实例、口罩检测开发实例、手势识别开发实例、行人检测开发实例、人体姿态识别开发实例、车辆检测开发实例、车牌识别开发实例、交通标志识别开发实例。

第 5 章为百度 AI 应用开发实例，包括 8 个开发实例，分别是车辆识别开发实例、人体识别开发实例、手势识别开发实例、人脸识别（基于百度 AI）开发实例、数字识别开发实例、文字识别开发实例、语音识别开发实例、语音合成开发实例。

本书既可作为高等学校相关专业的教材或教学参考书，也可供相关领域的工程技术人员参考。对于机器视觉、图像处理、人工智能的开发爱好者，本书也是一本深入浅出、贴近社会应用的技术读物。

在编写本书的过程中，作者借鉴和参考了国内外专家、学者、技术人员的相关研究成果，在此表示感谢。我们尽可能按学术规范予以说明，但难免会有疏漏之处，如有疏漏，请及时通过出版社与作者联系。

本书的出版得到了广东省自然科学基金项目（2021A1515011701）、广东省高校重点科研项目（2020ZDZX3084）的资助。感谢中智讯（武汉）科技有限公司在本书编写过程中提供的帮助，特别感谢电子工业出版社的编辑在本书出版过程中给予的大力支持。

由于本书涉及的知识面广、编写时间仓促，加之作者的水平和经验有限，疏漏之处在所难免，恳请广大读者和专家批评指正。

作　者

2024 年 1 月

目　　录

第 1 章
机器视觉与人工智能概述

机器视觉技术通常指通过计算机对图像和视频进行自动分析和处理的技术,包括许多子领域,如图像处理、模式识别、计算机视觉、三维重建、光学字符识别、人脸识别等。机器视觉技术已经广泛应用于自动驾驶、智能安防、医学影像分析、机器人视觉、无人机视觉等领域,为现代工业和科技的发展做出了重要贡献。

人工智能是指机器模拟人类智能,主要包括机器学习、自然语言处理、知识表示与推理、规划和决策等技术。人工智能技术的应用非常广泛,包括智能推荐、自然语言对话系统、语音识别、游戏智能、金融风控等领域。

机器视觉和人工智能是相互促进、彼此密切相关的。机器视觉能够借助人工智能的技术和方法来实现图像处理和分析,如使用深度学习算法进行图像分类和目标检测;而人工智能则依赖于机器视觉技术来获取感知数据,并将其作为输入进行学习和决策。两者的结合可以实现更加智能和自主的系统,使计算机能够更好地理解和处理视觉信息。例如,在自动驾驶领域,机器视觉技术用于感知车辆周围环境,人工智能技术则用于决策和规划车辆行驶路线。

随着硬件技术和算法的不断发展,机器视觉和人工智能的应用前景越来越广泛。未来,我们可以期待更加智能、高效、便捷的自动化系统和服务,为人类带来更多的便利。

1.1 机器视觉和人工智能发展历程

近年来,深度学习等技术的出现,使得机器视觉和人工智能的融合变得更加紧密和广泛。通过使用深度学习技术和大规模数据集训练神经网络,计算机可以学习感知和理解图像的能力,并自动提取和分析图像中的特征,实现高效的图像识别和分类。

机器视觉和人工智能是两个紧密相关的领域,它们的发展历程可以追溯到 20 世纪的中期。本节简要介绍机器视觉和人工智能发展的里程碑。

1)机器视觉的起源

20 世纪 50 年代,研究人员开始探索使用计算机处理和理解图像的方法。最早的机器视觉系统主要用于解决简单的图像处理任务,如边缘检测和形状识别。

2)基于规则的方法的广泛使用

在早期的机器视觉研究中,使用的是基于规则的方法。从 20 世纪 60 年代到 80 年代,研究人员主要依靠手动设计规则和特征的方法来解决机器视觉问题。这些方法需要对图像中的对象和场景进行详细的建模,并使用专门的算法来进行分析和识别。

基于规则的方法建立在领域专家知识和经验的基础上，需要通过手动编码和定义规则来处理图像数据。这些规则可以是基于图像特征、几何约束、上下文信息等方面的判断条件和限制。基于规则的方法通常是通过一系列规则（如 if-then 规则）和逻辑判断来对图像进行解释和分析的。

3）统计机器学习方法的兴起

在 20 世纪 80 年代末到 90 年代初，统计机器学习方法开始兴起，这些方法开始在机器视觉领域得到应用，如支持向量机、决策树、随机森林等被广泛用于图像分类、目标检测、人脸识别等任务。

统计机器学习方法的关键思想是先从数据中学习到模型和规律，再根据这些模型和规律对图像中的特征进行建模和分类。统计机器学习方法不再需要手动设计规则和特征，通过算法自动从数据中学习和提取特征，这使得机器视觉系统更加灵活，并可以适应不同的场景和数据。但统计机器学习方法在处理高维数据和复杂模式时仍然存在一些挑战，对大规模数据的训练和计算复杂度较高，而且对图像中的空间关系和上下文信息的处理能力相对有限。

4）深度学习的崛起

近年来，深度学习技术的快速发展对机器视觉和人工智能产生了重大影响。深度学习利用深度神经网络来模拟人脑的处理方式，能够从大规模数据中自动学习特征和表示。卷积神经网络（Convolutional Neural Networks，CNN）在图像识别领域取得了突破性的成果，使得机器视觉系统在识别、分割、检测等方面的性能得到了显著的提升。

相对于传统的基于规则和特征工程的方法，深度学习能够自动从原始数据中学习和提取特征，无须手动设计特征提取器，这使得机器视觉系统能够更好地处理复杂的图像数据，实现更高的准确性和泛化能力。深度学习在机器视觉领域的成功应用包括图像分类、目标检测、人脸识别、图像生成等，它在这些应用上取得了比传统方法更好的性能，并在许多领域都得到了广泛应用。

5）人工智能与嵌入式系统

随着硬件技术［如图形处理器（Graphics Processing Unit，GPU）和专用芯片等］的进步，机器视觉和人工智能算法可以达到实时或近实时的性能。这对于需要快速响应的应用（如实时目标检测和追踪）具有重要意义。此外，机器视觉和人工智能算法也逐渐应用于嵌入式系统，如智能手机、摄像头和机器人等。

在嵌入式系统中实现机器视觉和人工智能应用面临着一些挑战。首先是资源限制，如有限的计算能力、内存空间和存储容量等，这要求在设计和优化算法时要考虑资源的限制，使算法能够在嵌入式设备上高效运行；其次是能耗管理，嵌入式系统通常使用电池供电，需要优化算法和系统设计以减少功耗，延长设备的续航时间。此外，嵌入式系统还需要考虑实时性和稳定性，保证系统对输入数据的实时响应，并且具备较高的可靠性。

为了应对这些挑战，嵌入式视觉处理单元（Embedded Vision Processing Unit，EVPU）等专门的硬件加速器也逐渐发展起来，提供了针对机器视觉任务的高性能和低功耗的解决方案。此外，使用轻量级的神经网络模型和模型压缩技术，如深度学习的量化和剪枝，也可以在嵌入式系统中实现高效的视觉处理。

1.2 机器视觉和人工智能应用领域

机器视觉和人工智能的应用范围非常广泛，包括工业自动化、无人驾驶、医疗诊断、安防监控、零售业、农业和农业机械、文字识别和翻译等。例如，在医疗诊断领域，机器视觉和人工智能可以帮助医生进行快速和准确的病例诊断和治疗。

1）工业自动化

工业自动化是指在工业生产中应用自动化技术和设备，实现生产过程的自动化和智能化。机器视觉可以用于产品质量的自动检测，包括缺陷检测、尺度检测、颜色检测等。通过人工智能算法，工业自动化系统可以学习并识别各种产品中的常见缺陷，并进行实时的检测和分类。

机器视觉和人工智能在工业自动化中提供了许多优势，包括提高生产效率、减少人力成本、提高产品质量和可靠性等。随着技术的发展和应用范围的扩大，工业自动化将继续发展，并在工业生产中发挥更重要的作用。

2）无人驾驶

无人驾驶是指利用机器视觉、人工智能和感知技术，在没有人类司机的情况下，让汽车自主地感知、理解和决策，安全进行驾驶。视觉传感器和深度学习算法被用来感知周围环境，包括车辆、行人、道路标志和交通信号，可以帮助自动驾驶车辆做出决策和规划行驶路径。无人驾驶技术目前已经在多个领域和应用场景中得到应用和探索。

无人驾驶技术在汽车、物流、农业和出行等领域有着广泛的应用。随着技术的进一步发展和成熟，无人驾驶将在未来为我们的生活和工作带来更多的便利。

3）医疗诊断

机器视觉和人工智能可以在医学影像分析中发挥重要作用。通过分析 X 射线、核磁共振成像（MRI）、CT 扫描等医学影像，机器视觉和人工智能可以帮助医生快速检测和诊断疾病，如癌症、眼部疾病等。此外，机器视觉和人工智能还可以用于辅助手术操作和精确定位。

4）安防监控

机器视觉和人工智能在安防监控中具有广泛的应用。通过视频监控摄像头和智能算法，采用机器视觉和人工智能的安防监控系统可以实时监测、分析场景中的异常行为、入侵事件和安全风险，并及时报警。

通过机器视觉和人工智能技术，安防监控系统可以提供监控和保护，其中的机器视觉和人工智能应用包括视频监控、人脸识别、行为分析、告警预警和智能分析预测。

通过对大量安防监控数据进行分析和挖掘，机器视觉和人工智能可以提供智能化的分析和预测功能。例如，可以通过历史数据和模式识别算法预测潜在的安全威胁和风险，以便采取相应的预防措施。

5）零售业

机器视觉和人工智能可以用于零售业中的许多方面。例如，通过人脸识别和行为分析，可以实现顾客流量统计、购买行为分析和个性化推荐。此外，机器视觉还可以用于自动货架管理和商品库存检测。零售业中的机器视觉和人工智能应用主要包括：商品识别和分类、人群分析和行为追踪、智能购物体验、库存管理和防盗措施、数据分析和预测。

6）农业和农业机械

在农业领域，机器视觉和人工智能可以提高生产效率和农作物品质。例如，通过图像分析和识别，可以检测作物病害、土壤质量和植物生长情况，从而指导相关人员采取相应的农业管理措施。农业和农业机械中的机器视觉和人工智能应用主要包括：作物识别和病虫害检测、农田管理和土壤分析、智能农机和自动化操作、预测和决策支持、智慧农业管理。

7）文字识别和翻译

机器视觉和人工智能可以用于文字识别和翻译。通过光学字符识别（OCR）技术，机器视觉和人工智能可以将印刷体或手写文字转换为可编辑的电子文本，在文档扫描、自动化数据录入和多语言翻译方面有广泛的应用。文字识别和翻译中的机器视觉和人工智能应用主要包括：文字识别、自然语言处理、多语言翻译、实时翻译和辅助翻译、文本分析和情感分析。

1.3 机器视觉与人工智能开发平台

AiCam 是一款机器视觉与人工智能开发平台，用于开发部署与图像识别、图像分析、计算机视觉相关的人工智能应用的工具和框架。该平台提供了丰富的功能和库，可帮助开发者构建高性能的机器学习和深度学习模型，从而完成自动化的图像处理和视觉分析任务。机器视觉与人工智能开发平台一般具有以下特点：

（1）数据管理和预处理：提供用于处理和管理图像数据的工具，可进行数据预处理（如图像标准化、尺度调整、增强，以及数据清洗），以确保数据质量和一致性。

（2）模型训练和调优：提供强大的机器学习和深度学习框架，如 TensorFlow、PyTorch 和 Keras 等，以支持图像分类、目标检测、语义分割等任务的模型训练；提供预训练的模型和经过验证的网络架构，以便开发者在此基础上进行迁移学习和微调，从而加快模型开发和训练的过程。

（3）模型部署和推理：提供用于将训练好的模型部署到生产环境中的工具和接口，这些工具和接口可以将模型部署为 API 或集成到现有的应用程序，提供高性能的推理引擎，以便实时处理和分析图像数据。

（4）辅助工具和库：提供各种辅助工具和库，以简化开发过程并提高开发效率。辅助工具和库可以提供了图像注释和标注工具，用于生成训练数据集；还提供了模型评估和验证工具，以衡量模型的性能和准确性。

（5）可扩展性和灵活性：通常具有良好的可扩展性和灵活性，以适应不同规模和要求的项目。机器视觉与人工智能开发平台可以在本地计算机或云环境中运行，支持并行计算和分布式训练，以处理大规模的图像数据和复杂的计算任务。

1.3.1　机器视觉与人工智能开发平台

1.3.1.1　系统框架

AiCam 平台的界面如图 1.1 所示，该平台可以实现数字图像处理、机器视觉、边缘计算等应用，内置的 AiCam 核心引擎集成了算法、模型、硬件、应用轻量级开发框架，能够快速集成和开发更多的项目案例。

图 1.1　AiCam 平台的界面

1）运行环境

AiCam 平台采用 BS 架构，其组成如图 1.2 所示，用户通过浏览器即可运行项目。人工智能算法模型和算法通过边缘本地云服务的方式为应用提供交互接口，软件平台可部署到各种边缘端设备运行，包括 GPU 服务器、CPU 服务器、ARM 开发板、百度 EdgeBorad 开发板（FZ3/FZ5/FZ9）、英伟达 Jetson 开发板等。

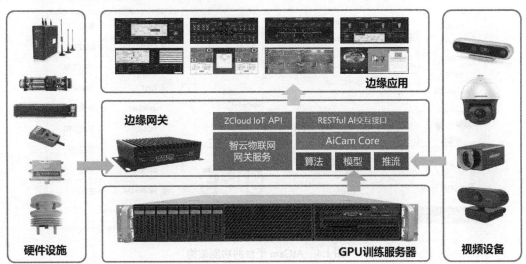

图 1.2　AiCam 平台的组成

2）主要特性

AiCam 平台的主要特性如下：

（1）可实现多平台边缘端部署：AiCam 平台支持 x86、ARM、GPU、FPGA、MLU 等异构计算环境的部署和离线计算的推理，可满足多样化的边缘项目应用需求。

（2）实时视频推送分析：支持本地摄像头、网络摄像头的接入，提供实时的视频推流服务，通过 Web HTTP 接口可实现快速的预览和访问。

（3）统一模型调用接口：不同算法框架采用统一的模型调用接口，开发者可以轻松切换不同的算法模型，进行模型验证。

（4）统一硬件控制接口：AiCam 平台接入了物联网云平台，不同的硬件资源采用统一的硬件控制接口，屏蔽了底层硬件的差异，方便开发者接入不同的控制设备。

（5）清晰简明应用接口：采用了基于 Web 的 RESTful 调用接口，可快速地进行模型的调用，并实时返回视频分析的结果和数据。

3）开发架构和功能架构

AiCam 平台集成了算法、模型、硬件、应用轻量级开发框架，其开发架构如图 1.3 所示。

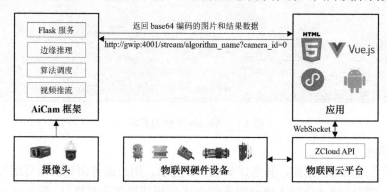

图 1.3　AiCam 平台的开发架构

AiCam 平台的功能架构如图 1.4 所示。

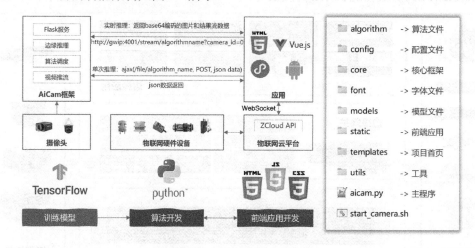

图 1.4　AiCam 平台的功能架构

4）主程序 aicam.py

AiCam 的主程序 aicam.py 的核心代码如下：

```
#获取当前工程根目录
basedir = os.path.abspath(os.path.dirname(__file__))
#全局参数
__app = Flask(__name__, static_folder="static", template_folder='templates')
#cross-domain
```

```python
CORS(__app, supports_credentials=True)

#进入首页路由
@__app.route('/')
def index():
    return render_template('index.html')

#设置 icon 图标
@__app.route('/favicon.ico')
def favicon():
    return send_from_directory(os.path.join(__app.root_path, 'static'), 'favicon.ico', mimetype='image/vnd.microsoft.icon')


class Stream:
    def __init__(self, cd):
        print("INFO: Stream create.")
        self.cd = cd
    def __iter__(self):
        return self

    def __next__(self):
        return self.cd()

    def __del__(self):
        print("INFO: Stream delete.")

@__app.route('/ptz/preset', methods=["POST"])
def ptzPreset():
    if request.method == 'OPTIONS':
        res = Response()
        res.headers['Access-Control-Allow-Origin'] = '*'
        res.headers['Access-Control-Allow-Method'] = '*'
        res.headers['Access-Control-Allow-Headers'] = '*'
        return res
    dat = request.stream.read()
    cmd = 39
    param = 1
    if len(dat) > 0:
        jo = json.loads(dat)
        cmd = jo['cmd']
        param = jo['param']
    camera = None
    camera_id = request.values.get("camera_id")
    if camera_id != None:
        camera_id = camera_id.strip()
        camera = cam.getCamera(camera_id)
    else:
        camera_url = request.values.get("camera_url")
```

```
            if camera_url != None:
                camera = cam.loadCamera(camera_url)
        if camera != None:
            presetPtz = getattr(camera, "presetPtz", None)
            if presetPtz is not None:
                presetPtz(cmd, param)

        res = Response()
        res.headers['Access-Control-Allow-Origin'] = '*'
        res.headers['Access-Control-Allow-Method'] = '*'
        res.headers['Access-Control-Allow-Headers'] = '*'
        return res

    @__app.route('/ptz/relativemove', methods=["POST"])
    def ptz():
        if request.method == 'OPTIONS':
            res = Response()
            res.headers['Access-Control-Allow-Origin'] = '*'
            res.headers['Access-Control-Allow-Method'] = '*'
            res.headers['Access-Control-Allow-Headers'] = '*'
            return res
        #获取摄像头编号、基础应用编号、基础应用中子应用的编号
        dat = request.stream.read()
        jo = json.loads(dat)
        x = 0
        y = 0
        z = 0
        if 'x' in jo:
            x = jo['x']
        if 'y' in jo:
            y = jo['y']
        if 'z' in jo:
            z = jo['z']
        camera = None
        camera_id = request.values.get("camera_id")
        if camera_id != None:
            camera_id = camera_id.strip()
            camera = cam.getCamera(camera_id)
        else:
            camera_url = request.values.get("camera_url")
            if camera_url != None:
                camera = cam.loadCamera(camera_url)
        if camera != None:
            runPtz = getattr(camera, "runPtz", None)
            if runPtz is not None:
                runPtz(x,y,z)
        res = Response()
        res.headers['Access-Control-Allow-Origin'] = '*'
```

```python
        res.headers['Access-Control-Allow-Method'] = '*'
        res.headers['Access-Control-Allow-Headers'] = '*'
        return res
#实时视频应用路由
@__app.route('/stream/<action>')
def video_stream(action):
    if request.method == 'OPTIONS':
        res = Response()
        res.headers['Access-Control-Allow-Origin'] = '*'
        res.headers['Access-Control-Allow-Method'] = '*'
        res.headers['Access-Control-Allow-Headers'] = '*'
        return res

    #获取摄像头编号、基础应用编号、基础应用中子应用的编号
    camera_id = request.values.get("camera_id")
    camera = None
    if camera_id != None:
        camera_id = camera_id.strip()
        camera = cam.getCamera(camera_id)
    else:
        camera_url = request.values.get("camera_url")
        if camera_url != None:
            camera = cam.loadCamera(camera_url)
    if camera != None:
        def cam_read():
            return camera.read()
    else:
        def cam_read():
            return False, None
    mimetype = 'text/event-stream'
    boundary = "\r\nContent-Type: text/event-stream\r\n\r\ndata:"
    if type == 'image':
        mimetype = 'multipart/x-mixed-replace; boundary=frame'
        boundary = b"\r\n--frame\r\nContent-Type: image/jpeg\r\n\r\n"
    def gen():
        while True:
            ret, img = cam.read(camera_id)
            if ret:
                result = alg.request(img, action)
                if type == 'image':
                    img = base64.b64decode(result['result_image'].encode('utf-8'))
                    yield boundary+img
                else:
                    yield boundary+json.dumps(result)
            else:
                time.sleep(1)
    res = Response(gen(), mimetype=mimetype)
    res.headers['Access-Control-Allow-Origin'] = '*'
```

```
        res.headers['Access-Control-Allow-Method'] = '*'
        res.headers['Access-Control-Allow-Headers'] = '*'
        return res

#非实时视频处理（图像、视频、音频文件）
@__app.route('/file/<action>', methods=["POST"])
def file_handle(action):
    result = {}
    param_data = request.form.get("param_data")              #参数 JSON 字符串
    file_name = request.files.get("file_name")
    file_data = None
    if file_name != '' and file_name is not None :
        file_data = file_name.read()                         #文件数据

    param_json = {}
    #将参数字典设置到共享数组
    if param_data is not None and file_util.is_json(param_data):
        param_json = json.loads(param_data)
    result = alg.request(file_data, action, param_json)
    res = Response(json.dumps(result))
    res.headers['Access-Control-Allow-Origin'] = '*'
    res.headers['Access-Control-Allow-Method'] = '*'
    res.headers['Access-Control-Allow-Headers'] = '*'

    return res
#实时视频应用路由
@__app.route('/image/stream/<action>')
def video_stream_image(action):
    if request.method == 'OPTIONS':
        res = Response()
        res.headers['Access-Control-Allow-Origin'] = '*'
        res.headers['Access-Control-Allow-Method'] = '*'
        res.headers['Access-Control-Allow-Headers'] = '*'
        return res
    #获取摄像头编号、基础应用编号、基础应用中子应用的编号
    camera_id = request.values.get("camera_id")
    camera = None
    if camera_id != None:
        camera_id = camera_id.strip()
        camera = cam.getCamera(camera_id)
    else:
        camera_url = request.values.get("camera_url")
        if camera_url != None:
            camera = cam.loadCamera(camera_url)
    if camera != None:
        def cam_read():
            return camera.read()
    else:
```

```
            def cam_read():
                  return False, None
      mimetype = 'multipart/x-mixed-replace; boundary=frame'
      boundary = b"\r\n--frame\r\nContent-Type: image/jpeg\r\n\r\n"
      def gen():
            i=0
            while i<30:
                  ret, img = cam_read()
                  if ret:
                        result = alg.request(img, action)
                        img = base64.b64decode(result['result_image'].encode('utf-8'))
                        return boundary+img
                  else:
                        i += 1
                        time.sleep(1)
            raise StopIteration

      res = Response(Stream(gen), mimetype=mimetype)
      res.headers['Access-Control-Allow-Origin'] = '*'
      res.headers['Access-Control-Allow-Method'] = '*'
      res.headers['Access-Control-Allow-Headers'] = '*'
      return res

if __name__ == '__main__':
      __app.run(host='0.0.0.0', port=4001, debug=False)
```

5）启动脚本

启动脚本 start_aicam.sh 主要用于构建运行环境、启动主程序 aicam.py，代码如下：

```
#!/bin/bash
echo "开始运行脚本"
ps -aux | grep "aicam.py"|awk '{print $2}'|xargs kill -9

cd `dirname $0`
PWD=`pwd`
export LD_LIBRARY_PATH=$PWD/core/pyHCNetSDK/HCNetSDK_linux64:$LD_LIBRARY_PATH

#>>> conda initialize >>>
#!! Contents within this block are managed by 'conda init' !!
__conda_setup="$('/home/zonesion/miniconda3/bin/conda' 'shell.bash' 'hook' 2> /dev/null)"
if [ $? -eq 0 ]; then
    eval "$__conda_setup"
else
    if [ -f "/home/zonesion/miniconda3/etc/profile.d/conda.sh" ]; then
        . "/home/zonesion/miniconda3/etc/profile.d/conda.sh"
    else
        export PATH="/home/zonesion/miniconda3/bin:$PATH"
    fi
```

```
fi
unset __conda_setup
#<<< conda initialize <<<

conda activate py36_tf25_torch110_cuda113_cv345
python3 aicam.py
echo "脚本启动完成"
```

1.3.1.2　开发资源

1）AiCam 平台的构成

利用 AiCam 平台，用户能够方便快捷地开展深度学习的教学、竞赛和科研等工作。从最基础的 OpenCV、模型训练到边缘设备的部署，AiCam 平台进行了全栈式的封装，降低了开发难度。AiCam 平台的构成如图 1.5 所示。

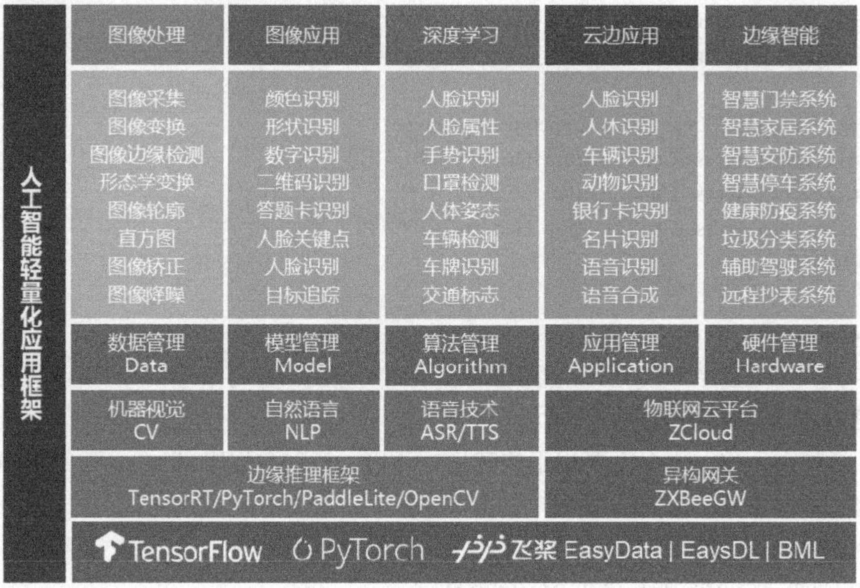

图 1.5　AiCam 平台的构成

AiCam 平台支持以下应用：
- 图像处理：基于 OpenCV 开发的数字图像处理算法。
- 图像应用：基于 OpenCV 开发的图像应用。
- 深度学习：基于深度学习技术开发的图像识别、图像检测等应用。
- 视觉云应用：基于百度云接口开发的图像识别、图像检测、语音识别、语音合成等应用。
- 边缘智能：结合硬件场景的边缘计算应用。
- 综合案例：结合行业软/硬件应用场景的边缘计算。

2）AiCam 平台的算法列表

通过实验例程的方式，AiCam 平台为机器视觉算法提供了单元测试，并开放了代码。图像基础算法、图像基础应用、深度学习应用和百度 AI 应用的接口及其描述如表 1.1 到表 1.4 所示。

表 1.1　图像基础算法

类　别	接 口 名 称	接 口 描 述
图像采集	image_capture	实时视频流采集和输出
图像标记	image_lines_and_rectangles	绘制直线与矩形
	image_circle_and_ellipse	绘制圆和椭圆
	image_polygon	绘制多边形
	image_display_text	显示文字
图像转换	image_gray	灰度实验
	image_simple_binary	二值化
	image_adaptive_binary	自适应阈值二值化实验
图像变换	image_rotation	图像旋转
	image_mirroring	图像镜像旋转实验
	image_resize	图像缩放实验
	image_perspective_transform	图像透视变换
图像边缘检测	image_edge_detection	图像边缘检测实验
形态学变换	image_eroch	腐蚀
	image_dilate	膨胀
	image_opening	开运算
	image_closing	闭运算
图像轮廓	image_contour_experiment	通过图像轮廓特征查找外接矩形
	image_contour_search_rectangle	通过图像轮廓特征查找最小外接矩形
	image_contour_search_minrectangle	通过图像轮廓特征查找最小外接圆
	image_contour_search_mincircle	凸包
直方图	image_simple_histogram	原始图像+直方图数据
	image_equalization_histogram	直方图+均衡化直方图数据
	image_self_adaption_equalization_histogram	自适应均衡化直方图数据
模块匹配	image_template_matching	图像的模板匹配
霍夫变换	image_standard_hough_transform	霍夫变换检测直线
	image_asymptotic_probabilistic_hough_transform	渐进概率式霍夫变换检测直线
	image_hough_transform_circular	图像的霍夫变换检测圆
梯度变换	image_sobel	Sobel 算子
	image_scharr	Scharr 算子
	image_lapalian	Laplacian 算子
图像矫正	image_correction	图像矫正
图像添加水印	image_watermark	图像添加水印
图像噪声消除	image_noise	噪声图像
	image_box_filter	方框滤波
	image_blur_filter	均值滤波
	image_gaussian_filter	高斯滤波
	image_bilateral_filter	高斯双边滤波
	image_medianblur	中值滤波

表 1.2　图像基础应用

类　别	接 口 名 称	接 口 描 述
颜色识别	image_color_recognition	识别目标的颜色
形状识别	image_shape_recognition	识别目标的形状
数字识别	image_mnist_recognition	识别手写数字
二维码识别	image_qrcode_recognition	识别二维码内容
人脸检测	image_face_detection	利用 Dlib 库的人脸检测算法
人脸关键点	image_key_detection	利用 Dlib 库的人脸关键点识别算法
人脸识别	image_face_recognition	基于 HAAR 人脸特征分类器进行人脸识别
目标追踪	image_motion_tracking	对移动目标进行追踪标注

表 1.3　深度学习应用

类　别	接 口 名 称	接 口 描 述
人脸检测	face_detection	人脸检测模型及算法
人脸识别	face_recognition	人脸识别模型及算法
人脸属性	face_attr	多种人脸属性信息（如年龄、性别、表情等）
手势识别	handpose_detection	识别人体手部的主要关键点
口罩检测	mask_detection	检测是否佩戴口罩
人体姿态	personpose_detection	识别人体的 21 个主要关键点
车辆检测	car_detection	识别 ROS 智能小车
车牌识别	plate_recognition	识别车牌号码
行人检测	person_detection	识别行人并进行标记
交通标志	traffic_detection	识别各种交通标志

表 1.4　百度 AI 应用

类　别	接 口 名 称	接 口 描 述
人脸识别	baidu_face_recognition	人脸注册及识别
人体识别	baidu_body_attr	人体检测与属性识别算法
车辆检测	baidu_vehicle_detect	车辆属性及检测算法
手势识别	baidu_gesture_recognition	手势识别算法
数字识别	baidu_numbers_detect	数字识别算法
文字识别	baidu_general_characters_recognition	通用文字识别算法
语音识别	baidu_speech_recognition	百度语音识别（标准版）应用
语音合成	baidu_speech_synthesis	百度语音合成服务应用

3）AiCam 平台的部分案例截图

AiCam 平台的部分案例截图如图 1.6 到图 1.10 所示。

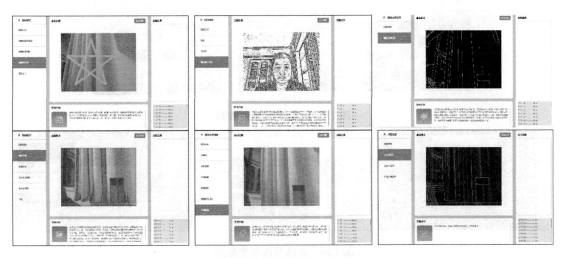

图 1.6　基础算法案例截图

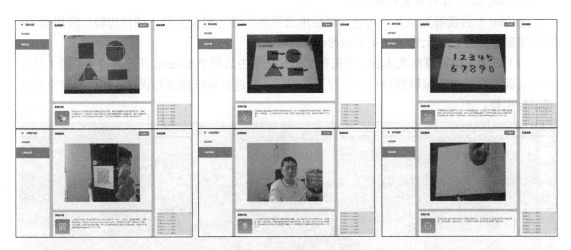

图 1.7　基础应用案例截图

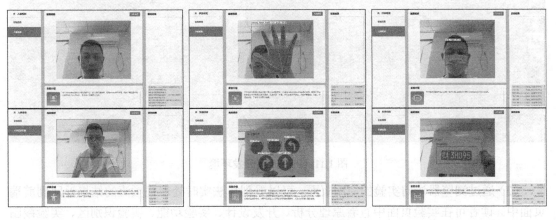

图 1.8　深度学习案例截图

图 1.9　云边应用案例截图

图 1.10　边缘智能案例截图

4）AiCam 平台的开发效果演示

AiCam 平台能够完成基于边缘计算应用的算法实验、模型实验、硬件实验、应用实验，每个实验可在客户端上通过浏览器运行。

（1）对于边缘计算网关实验，首先在 Linux 环境中运行 PyCharm 开发环境（见图 1.11），导入实验工程后可在编辑窗口可以查看算法源码，并进行算法理解和优化，然后在浏览器终端运行实验。

图 1.11　PyCharm 开发环境

（2）通过浏览器访问实验的应用页面，可以看到算法实时处理视频流的结果返回到前端页面中。读者可在实验页面中查看原理分析、开发设计、实验功能、实验识别区、实验截图和实验结果等案例信息，如图 1.12 所示。

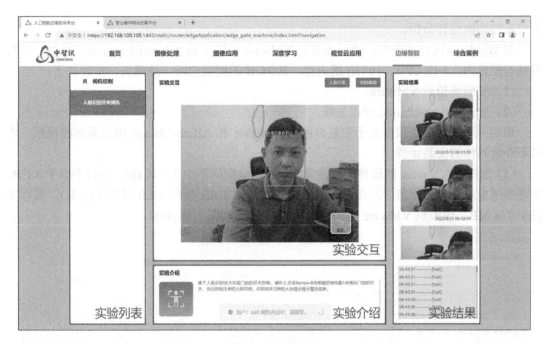

图 1.12　案例信息

1.3.2　边缘计算网关

AiCam 平台可以在各种边缘计算网关上运行，如 x86、ARM、百度 FPGA、寒武纪 MLU，如图 1.13 所示。

图 1.13　AiCam 支持边缘计算网关

1.3.2.1　客户端/服务器

通过在客户端/服务器上安装 AiLab-Ubuntu 操作系统，可以运行 AiCam、AiNLP、AiCar 等软件。读者可以选择虚拟机安装、U 盘 LiveCD、计算机硬盘安装等多种方式，本节以虚拟机安装为例进行分析。

在 Windows 操作系统中，通过虚拟机 VMware 可以安装 AiLab-Ubuntu 操作系统。计算机推荐配置为：8 核 CPU、16 GB 的内存、200 GB 的硬盘空间、摄像头。步骤如下：

（1）安装虚拟机 VMware。

（2）安装 AiLab-Ubuntu 操作系统。

说明：互联网中有很多关于安装虚拟机 VMware 和 AiLab-Ubuntu 操作系统的视频，本书不介绍具体的安装步骤。

（3）虚拟机 VMware 的硬件配置注意事项：硬盘空间不少于 100 GB，内存不小于 4 GB，处理器至少是双核处理器，网络选择桥接模式，需要 USB 接口（2.0 及以上版本），显存不低于 768 MB。虚拟机 VMware 的相关配置如图 1.14 到图 1.16 所示。

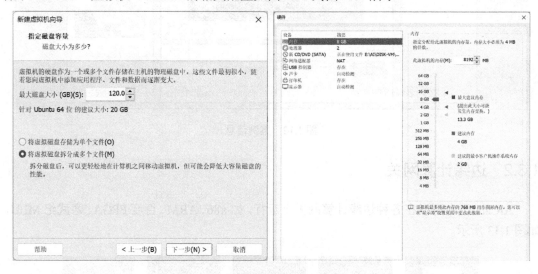

图 1.14　虚拟机 VMware 配置（一）

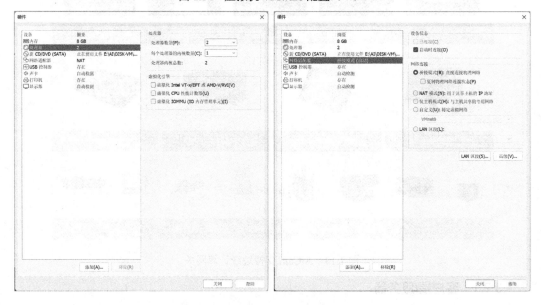

图 1.15　虚拟机 VMware 配置（二）

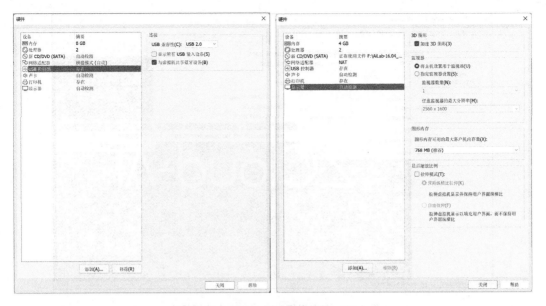

图 1.16 虚拟机 VMware 配置（三）

（4）在虚拟机 VMware 中，选择菜单"编辑"→"虚拟网络编辑器"，可在弹出的"虚拟网络编辑器"对话框（见图 1.17）中添加并设置桥接网卡，选中"桥接模式（将虚拟机直接连接到外部网络）"，在"桥接模式"的下拉菜单中选择当前计算机的网卡。

图 1.17 "虚拟网络编辑器"对话框

（6）在 Linux 操作系统和虚拟机 VMware 使用摄像头。在虚拟机 VMware 中，选择菜单"虚拟机"→"可移动设备"→"Chicony Integrated Camera"→"连接"，即可连接到摄像头，如图 1.18 所示。

图 1.18　在虚拟机 VMware 中连接摄像头

1.3.2.2　ARM 边缘计算网关

ARM 边缘计算网关具备 AI+边缘计算能力，内置了无线 AP 模块，支持各种异构传感网终端的数据接入，并能够对这些数据进行融合、数据。

ARM 边缘计算网关如图 1.19 所示，采用 AI 嵌入式边缘计算处理器 RK3399、4～16 GB 的内存、10 寸高清电容屏，其上可运行 Ubuntu、ROS、Android 等操作系统，能够完成人工智能视觉、语言、机器人控制等开发任务。

图 1.19　ARM 边缘计算网关

1.3.3　远程登录 AiCam 平台

边缘计算网关可通过三种方式登录 AiCam 平台，即 SSH 登录、VNC 登录、串口登录。

1.3.3.1　SSH 登录

通过 SSH 登录，用户可以进入边缘计算网关的 Shell 终端，登录步骤如下：

（1）准备好边缘计算网关并正确连接 Wi-Fi，启动边缘计算网关和 Ubuntu 操作系统。

（2）记录边缘计算网关的 IP 地址，如此处的 192.168.100.105。

（3）运行 MobaXterm 工具，选择菜单"Sessions"→"New Sessions"，在弹出的"Session settings"对话框中选择"SSH"，正确填写需要连接的边缘计算网关 IP 地址、用户名（勾选"Specify username"）等信息，如图 1.20 所示。

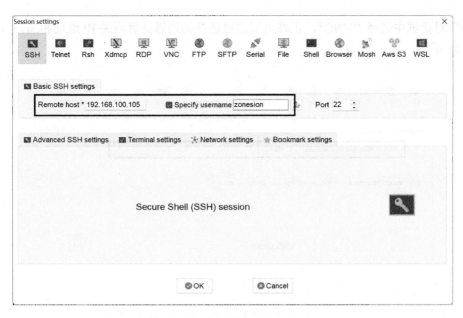

图 1.20　通过 SSH 登录 AiCam 平台

（4）单击"OK"按钮后等待连接，如果出现需要输入密码的提示，则输入边缘计算主机的密码"123456"并按回车键，连接成功后即可进入 Linux 的 Shell 界面，如图 1.21 所示。

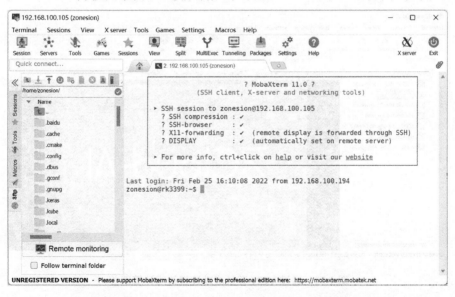

图 1.21　通过 SSH 登录成功连接边缘计算网关

1.3.3.2　VNC 登录

通过 VNC 登录，用户可以进入边缘计算网关的桌面，通过鼠标单击可远程登录 AiCam 平台。登录步骤如下：

（1）准备好边缘计算网关，正确连接 Wi-Fi，启动 Ubuntu 操作系统。

（2）连接 Wi-Fi，记录边缘计算网关的 IP 地址。

（3）运行 MobaXterm 工具，选择菜单"Sessions"→"New Sessions"，在弹出的"Session settings"对话框中选择"VNC",正确填写需要连接的边缘计算网关 IP 地址和端口（Port），如图 1.22 所示。

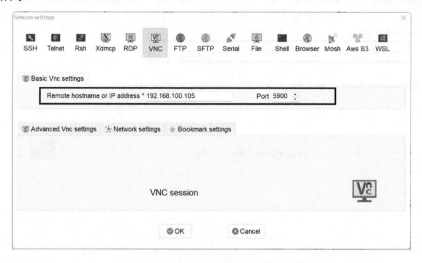

图 1.22　通过 VNC 登录 AiCam 平台

（4）单击"OK"按钮后，第一次连接会弹出密码输入界面，输入边缘计算主机的密码"123456"并按回车键，连接成功后即可进入 Linux 的桌面，如图 1.23 所示。

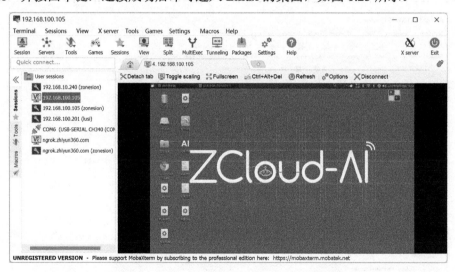

图 1.23　通过 VCN 登录成功连接边缘计算网关

1.3.3.3　串口登录

通过串口登录，用户可观察边缘计算网关的启动情况，同时也可以登录边缘计算网关的 Shell 界面。

（1）准备好边缘计算网关，通过 MiniUSB 连接线连接边缘计算网关的 USB UART 接口和计算机的 USB 接口。第一次使用串口登录时需要安装串口驱动程序，在计算机的设备管理器可以看到串口设备信息，串口登录配置如图 1.24 所示。

（2）运行 MobaXterm 工具，选择菜单"Sessions"→"New Sessions"，在弹出的"Session settings"对话框中选择"Serial"，正确选择串口号，将"Speed"设置为 115200，单击"OK"

按钮后即可进入串口终端窗口，如图 1.25 所示。

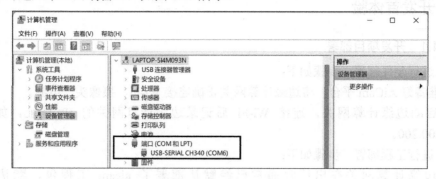

图 1.24　串口登录配置

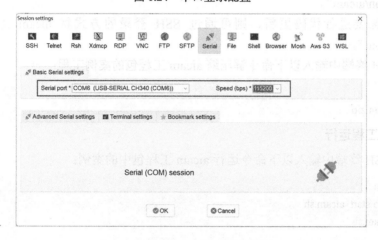

图 1.25　通过串口登录 AiCam 平台

（3）给边缘计算网关上电，启动 Ubuntu 系统，此时在串口终端会输出 Linux 的启动信息。当系统启动成功后，按下回车键，输入用户名和密码即可进入串口终端命令行窗口，如图 1.26 所示。

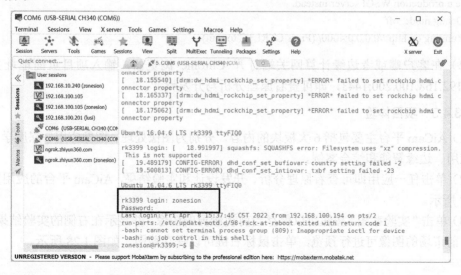

图 1.26　进入串口终端命令行窗口

1.3.4　开发首体验

1.3.4.1　开发项目部署

（1）进行硬件部署，步骤如下：

① 准备好 AiCam 平台，将边缘计算网关正确连接 Wi-Fi、摄像头、电源。

② 启动边缘计算网关，连接 Wi-Fi 后记录边缘计算网关的 IP 地址，如本书的 192.168.100.200。

（2）进行工程部署，步骤如下：

① 边缘计算网关在出厂时通常已经默认部署了 aicam 工程包，默认路径为"/home/zonesion/aicam"。

② 如果需要进行代码更新，则可通过 SSH 登录的方式将 aicam 工程包上传到"/home/zonesion/"。

③ 在 SSH 终端中输入以下命令解压缩 aicam 工程包的案例工程：

```
$ cd ~/
$ unzip aicam.zip
```

1.3.4.2　工程运行

（1）在 SSH 终端中输入以下命令运行 aicam 工程包中的案例：

```
$ cd ~/aicam
$ chmod 755 start_aicam.sh
$ ./start_aicam.sh
```

开始运行脚本，如下所示：

```
* Serving Flask app "start_aicam" (lazy loading)
* Environment: production
WARNING: Do not use the development server in a production environment.
Use a production WSGI server instead.
* Debug mode: off
* Running on http://0.0.0.0:4000/ (Press CTRL+C to quit)
```

（2）在客户端或者边缘计算网关端打开 Chrome 浏览器，输入项目页面地址并访问 https://192.168.100.200:1443，即可查看原理分析与开发设计。

1.3.4.3　项目体验

（1）AiCam 平台主要包括 6 大板块的内容，分别为图像处理、图像应用、深度学习、视觉云应用、边缘智能和综合案例。

（2）单击任一应用即可查看原理分析、开发设计和实验结果，AiCam 平台的应用案例如图 1.27 所示。

（3）单击"实验截图"按钮可以保存当前视频窗的图像，并显示在右侧的实验结果列表，单击当前市场的图像可进行预览，单击鼠标右键可以保存截图，如图 1.28 所示。

图 1.27　AiCam 平台应用案例

图 1.28　保存界面截图

（4）对于视觉云应用、边缘智能和综合案例三个板块的应用，需要填写一些配置信息或接入硬件，相关配置文件的目录为"aicam\static\js\config.js"，用户可根据实际的情况进行修改。

1.3.5　小结

机器视觉和人工智能是两个密切相关的领域，是互相依赖、相互促进的两个领域。机器视觉致力于使计算机能够模拟和解释人类视觉系统，从图像中提取有用信息和特征；人工智能致力于使计算机能够模拟和展现人类智能，通过学习和决策处理大量的数据。两者的结合，将使计算机能够更加智能地理解和处理视觉信息，为多个领域的应用提供更广阔的可能性。

1.3.6　思考与拓展

（1）什么是机器视觉？

（2）机器学习在机器视觉中的作用是什么？

（3）机器视觉和人工智能之间关系是什么？

第2章
图像基础算法应用开发实例

本章将介绍图像基础算法及其应用开发，通过理论学习和算法分析的方式带领读者进行开发设计与实践。本章共 13 个开发实例：

（1）图像采集开发实例：通过 OpenCV 调用摄像头，结合 OpenCV 和 AiCam 平台进行图像采集。

（2）图像标注开发实例：通过 OpenCV 在画布中绘制图形，如直线、矩阵、圆形、椭圆和多边形等，结合 OpenCV 和 AiCam 平台进行图像标注。

（3）图像灰度转换开发实例：通过灰度化、二值化等图像转换方法，结合 OpenCV 和 AiCam 平台进行图像灰度转换。

（4）图像几何变换开发实例：通过图像旋转、图像镜像、图像缩放、图像透视等方法，结合 OpenCV 和 AiCam 平台进行图像灰度转换。

（5）图像边缘检测开发实例：通过 OpenCV 中的 Sobel 算子、Scharr 算子、Laplacian 算子、Canny 算子等边缘检测算子，结合 OpenCV 和 AiCam 平台进行图像边缘检测。

（6）形态学转换开发实例：通过 OpenCV 中的图像腐蚀、膨胀、开运算、闭运算等形态学转换方法，结合 OpenCV 和 AiCam 平台进行图像形态学转换。

（7）图像轮廓提取开发实例：通过 OpenCV 中的提取轮廓的凸包、外接矩形、最小外接矩形、最小外接圆等方法，结合 OpenCV 和 AiCam 平台进行图像轮廓提取。

（8）直方图均衡开发实例：通过 OpenCV 中的绘制直方图、均衡化直方图、自适应均衡化直方图等方法，结合 OpenCV 和 AiCam 平台进行直方图均衡提取。

（9）模板匹配开发实例：通过 OpenCV 中的模板匹配方法，结合 OpenCV 和 AiCam 平台进行模板匹配。

（10）霍夫变换开发实例：通过 OpenCV 中的直线检测、圆检测等方法，结合 OpenCV 和 AiCam 平台进行霍夫变换。

（11）图像矫正开发实例：通过 OpenCV 中的图像矫正方法，结合 OpenCV 和 AiCam 平台进行图像矫正。

（12）图像添加文字和水印开发实例：通过 OpenCV 中的给图像添加文字和水印的方法，结合 OpenCV 和 AiCam 平台为图像添加文字和水印。

（13）图像去噪开发实例：通过 OpenCV 中的方框滤波、均值滤波、高斯滤波、高斯双边滤波、中值滤波等消除噪声方法，结合 OpenCV 和 AiCam 平台进行图像去噪。

2.1 图像采集开发实例

图像是由一个个点组成的，每一个点即一个像素。像素是图像的基本单元，每个像素都由明确数值来表示当前坐标点的颜色或灰度。在数字设备中，图像是由像素组成的二维或三维矩阵，常见的图像格式包括 JPEG、PNG、BMP 等。视频则是由多张图像组成的序列，由于人眼存在视觉暂留效应，当图像以每秒超过 24 帧的速率显示时，静态画面会呈现出平滑连续变化的效果，这样的连续画面即视频。常见的视频格式包括 AVI、MP4、MOV 等。图像和视频的质量都跟分辨率有关，分辨率越高，图像和视频就越清晰。图像的分辨率是指每英寸长度内有多少个像素。图像的分辨率越高，像素就越多，其尺度和大小也越大，因此人们往往用图像尺度和大小来表示图像的分辨率。一般用像素个数来表示图像的尺度，比如一张 1920×1080 的图像，1920 是指该图像的宽度方向上有 1920 个像素，1080 是指该图像的高度方向上有 1080 个像素。

图像采集是图像处理的第一步，通过 OpenCV 可以快速获取视频和图像，本项目要求掌握的知识点如下：

（1）掌握图像的基本概念。

（2）掌握 OpenCV 调用摄像头的方法。

（3）掌握 AiCam 平台的部署和使用，并结合 OpenCV 和 AiCam 平台进行图像采集。

本书所有案例对硬件要求如下：计算机的 CPU 采用双核处理器、频率为 2 GHz，内存空间大于 4 GB，操作系统采用 Windows7 及以上版本的 64 位操作系统，安装 MobaXterm 开发软件和 AiCam 平台。后文不再重复说明硬件要求了。

2.1.1　原理分析

本项目利用边缘计算网关的摄像头实现图像数据采集，通过 OpenCV 视频处理接口 VideoCapture 进行图像和视频的处理，并使用 Flask 服务将采集到的图像推流到前端展示，常用 OpenCV 视频处理接口 VideoCapture 如表 2.1 所示。

表 2.1　OpenCV 视频处理接口 VideoCapture

序号	函　　数	功　　能
1	VideoCapture::isOpened()	判断打开正常与否
2	VideoCapture::getBackednName()	返回使用的后端 API 名称
3	VideoCapture::grab()	从视频文件或捕获设备中获取下一帧
4	VideoCapture::open(int index) VideoCapture::open(const string& filename)	Open 方法的功能是打开一个视频文件或者打开一个捕获视频的设备（即摄像头）
5	VideoCapture::release()	关闭视频文件或者摄像头
6	VideoCapture::retrieve(OutputArray image,int flags= 0);	解码并返回捕获的视频帧
7	VideoCapture::get(int propId)	一个视频有很多属性，如帧率、总帧数、尺度、格式等，VideoCapture 的 get 方法可以获取这些属性，其中参数是视频属性的 ID

续表

序号	函　数	功　能
8	VideoCapture::set(int propId,double value);	该方法的功能是设置 VideoCapture 类的属性,设置成功则返回 ture,否则返回 false。该方法的第一个参数是视频属性的 ID,第二个参数是该属性要设置的值

OpenCV 图像处理接口包括 imread(filepath, flags)、imshow(window_name, image)和 imwrite(filename, image),基本功能分析如表 2.2 所示。

表 2.2　OpenCV 图像处理接口

序号	函　数	功　能
1	imread(filepath, flags)	该接口的功能是读取图像,图像应该在工作目录或图像的完整路径中给出。该接口的第一个参数是文件的路径;第二个参数是一个标志,用于指定读取图像的方式。第二个参数的取值为 cv.IMREAD_COLOR 时,表示加载彩色图像,任何图像的透明度都会被忽视,该值是默认值;为 cv.IMREAD_GRAYSCALE 时表示以灰度模式加载图像;为 cv.IMREAD_UNCHANGED 时,表示加载图像,包括 alpha 通道
2	imshow(window_name, image)	该接口的功能是在窗口中显示图像,窗口会自动适应图像尺度。该接口的第一个参数是窗口名称,它是一个字符串;第二个参数是图像对象,用户可以根据需要创建任意多个窗口,并使用不同的窗口名称
3	imwrite(filename, image)	该接口的功能是保存图像

2.1.2　开发设计与实践

2.1.2.1　架构设计

本项目的 AiCam 平台采用统一模型调用、统一硬件接口、统一算法封装和统一应用模板的设计模式,可以在嵌入式边缘计算环境下快速地进行应用开发和项目实施。AiCam 平台为模型的调用提供 RESTful 调用接口,可以实时返回视频分析的结果和数据,同时通过物联网云平台的应用接口与硬件进行连接和互动,最终实现各种应用。AiCam 平台的开发框架请参考图 1.3。

本项目的开发流程如下:

(1)在 aicam 工程包的配置文件中添加摄像头(config\app.json)。

```
{
    "max_load_algorithm_num":16,
    "cameras": {
        #摄像头 0:边缘计算网关自带的 USB 摄像头 (/dev/video0)
        "0": "wc://0",
        #摄像头 1:海康威视录像机通道 1 子码流(从 33 开始)
        "1": "hk://admin:zonesion123@192.168.20.5/33/1",
        #摄像头 2:海康威视录像机 RTSP 通道 1 子码流(从 1 开始)
        "2": "rtsp://admin:zonesion123@192.168.20.5/Streaming/Channels/102"
        #摄像头 3:海康威视摄像头子码流
        "3": "hk://admin:zonesion123@192.168.20.14/1/1",
        #摄像头 4:海康威视摄像头 RTSP 子码流
```

```
        "4": "rtsp://admin:zonesion123@192.168.20.14/h264/ch1/sub/av_stream"
    }
}
```

（2）在创建的 aicam 工程包中添加算法文件 algorithm\image_capture\image_capture.py。

（3）在创建的 aicam 工程包中添加算法项目前端应用 static\image_capture。

（4）前端应用采用 RESTFul 获取处理后的视频流，返回 base64 编码的图像和数据。访问 URL 地址格式如下（IP 地址为边缘计算网关的地址）：

```
http://192.168.100.200:4001/stream/[algorithm_name]?camera_id=0
```

前端应用 JS（js\index.js）处理代码如下：

```
let linkData = [
    '/stream/index?camera_id=0'
]

//请求图像流资源
let imgData = new EventSource(linkData[0])
//对图像流返回的数据进行处理
imgData.onmessage = function (res) {
    let {result_image} = JSON.parse(res.data)
    $('.camera>img').attr('src', `data:image/jpeg;base64,${result_image}`)
}
```

2.1.2.2　功能与核心代码设计

通过图像采集算法（algorithm\image_capture\image_capture.py）的 ImageCapture 类的 inference 方法返回摄像头采集的原始图像，本项目未对原始视频流进行任何处理，返回的是原始图像。对视频流图像的处理可以放到 inference 方法中进行，然后返回处理后的图像。

```
################################################################################
#文件：image_capture.py
#说明：返回原始视频流图像
################################################################################
import numpy as np
import cv2 as cv
import os,sys,time
import json
import base64

class ImageCapture(object):
    def __init__(self):
        pass

    def image_to_base64(self, img):
        image = cv.imencode('.jpg', img, [cv.IMWRITE_JPEG_QUALITY, 60])[1]
        image_encode = base64.b64encode(image).decode()
        return image_encode
```

```python
def base64_to_image(self, b64):
    img = base64.b64decode(b64.encode('utf-8'))
    img = np.asarray(bytearray(img), dtype="uint8")
    img = cv.imdecode(img, cv.IMREAD_COLOR)
    return img

def inference(self, image, param_data):
    #code: 识别成功返回 200
    #msg: 相关提示信息
    #origin_image: 原始图像
    #result_image: 处理之后的图像
    #result_data: 结果数据
    return_result={'code':200,'msg':None,'origin_image':None,'result_image':None,'result_data':None}
    return_result["result_image"] = self.image_to_base64(image)
    #默认返回原始图像，返回结果列表为空
    return return_result

#单元测试，注意在处理类中如果有文件引用，则要修改测试要文件的路径
if __name__=='__main__':
    #创建视频捕获对象
    cap = cv.VideoCapture(0)
    if cap.isOpened()!=1:
        pass
    #循环获取图像、处理图像、显示图像
    while True:
        ret,img=cap.read()
        if ret==False:
            break
        #创建图像处理对象
        img_object = ImageCapture()
        #调用图像处理函数对图像进行加工处理
        result = img_object.inference(img,None)
        frame = img_object.base64_to_image(result["result_image"])

        #图像显示
        cv.imshow('frame',frame)
        key = cv.waitKey(1)
        if key == ord('q'):
            break
    cap.release()
    cv.destroyAllWindows()
```

2.1.3　开发步骤与验证

2.1.3.1　开发项目部署

1）硬件部署

（1）准备好 AiCam 平台，将边缘计算网关正确连接 Wi-Fi、摄像头、电源。

（2）为边缘计算网关上电，启动 Ubuntu 操作系统。

（3）启动 Ubuntu 操作系统后，连接 Wi-Fi，记录边缘计算网关的 IP 地址，如192.168.100.200。

2）工程部署

（1）运行 MobaXterm 工具，通过 SSH 登录到边缘计算网关。

（2）在 SSH 终端中创建项目工作目录，命令如下：

```
$ mkdir -p ~/aicam-exp
```

（3）通过 SSH 终端将本项目的工程代码和 aicam 工程包（DISK-AILab\02-软件资料\02-综合应用\aicam.zip）上传到~/aicam-exp 目录下。

（4）在 SSH 终端中输入以下命令解压缩本项目的 aicam 工程包：

```
$ cd ~/aicam-exp
$ unzip image_capture.zip
$ unzip aicam.zip -d image_capture
```

2.1.3.2　单元测试

在 SSH 终端中输入以下命令进行单元测试，本项目将打开摄像头并在视窗内实时显示图像，图 2.1 所示。

```
$ cd ~/aicam-exp/image_capture
$ python3 algorithm/image_capture/image_capture.py
```

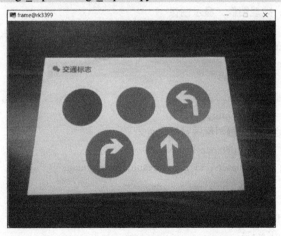

图 2.1　单元测试中实时显示的图像

2.1.3.3　工程运行

（1）在 SSH 终端中输入以下命令运行本项目的案例工程：

```
$ cd ~/aicam-exp/image_capture
$ chmod 755 start_aicam.sh
$ ./start_aicam.sh
```

（2）在客户端或者边缘计算网关端打开 Chrome 浏览器，输入页面地址并访问http://192.168.100.200:4001/static/image_capture/index.html，即可查看运行结果。

2.1.3.4　图像采集

（1）本项目通过 AiCam 平台的推流服务，可以将边缘计算网关摄像头实时采集的图像推送到 Web 前端进行展示。

（2）单击 AiCam 平台界面中的"实验截图"按钮即可保存当前视窗中的图像，如图 2.2 所示，也可以单击鼠标右键来保存图像。

图 2.2　保存当前视窗中的图像

2.1.4　小结

本项目首先介绍了常用的 OpenCV 视频处理接口和图像处理接口及其功能；然后介绍了 AiCam 平台及其开发流程，以及图像采集算法的核心代码；最后介绍了如何在 SSH 终端中进行工程部署，通过 AiCam 平台将边缘计算网关摄像头实时采集的图像推送到 Web 前端进行显示，完成了图像采集功能。

2.1.5　思考与拓展

（1）常用的 OpenCV 视频处理接口和图像处理接口有哪些？

（2）图像采集算法是如何实现的？

（3）如何在 SSH 终端中进行工程部署？

（4）如何保存当前视窗的图像？

2.2 图像标注开发实例

图像标注的目的是为和任务（如物体检测、边缘检测、目标分割、目标分类、姿态预测、关键点识别等任务）相关的特定标签提供可参照的目标数据。为了获得高精度的训练数据，必须对图像进行正确标注，以得到准确的结果。图像标注可能包括基于文本的标签（类）、在图像绘制标签（边框），因此需要读者掌握如何在图像中绘图和添加文字的方法。本项目要求掌握的知识点如下：

（1）掌握使用 OpenCV 在画布中绘制图形（如直线、矩阵、圆形、椭圆和多边形等）的方法。

（2）结合 OpenCV 和 AiCam 平台进行图像标注开发。

2.2.1　原理分析

图像标注是物体检测、目标分类的基础，当通过算法检测识别到目标物体，并在图像上标注坐标后，就可以使用 OpenCV 的相关接口在图像中画出物体的识别框和分类标签。

1）画直线

cv2.line 函数用来画直线，该函数可在指定的图像中根据给出的起点和终点绘制两点之间的线条，线条的颜色和粗细由该函数的参数决定。说明如下：

```
cv2.line(img, pt1, pt2, color, thickness)
#cv2.line 函数用来画直线
#第一个参数是画布矩阵
#第二、三、四、五个参数分别是直线起点坐标、终点坐标、线条颜色、线条宽度
```

2）画矩形

绘制两个对角为 pt1 和 pt2 的矩形轮廓或填充矩形。说明如下：

```
cv2.rectangle(img, pt1, pt2, color, thickness)
#cv2.rectangle 函数用来画矩形
#第一个参数是画布矩阵；第二、三个参数分别是矩形的左上角位置坐标、右下角的位置坐标；
#第四、五个参数分别是线条颜色、线条宽度
```

3）画圆形

cv2.circle 函数用来画圆形，绘制具有给定圆心坐标和半径的简单圆或填充圆。说明如下：

```
cv2.circle(img, center, radius, color, thickness) #
#第一个参数是画布矩阵；第二到五个参数分别是圆心坐标、圆半径、线条颜色、线条宽度
```

4）画椭圆

ellipse()函数不仅能绘制椭圆，也能控制椭圆的旋转角度，还能通过设置椭圆弧的起始和终止角度来绘制椭圆的一部分。图 2.3 所示为椭圆的绘制原理。

```
cv2.ellipse(img, center, axes, angle, startAngle, endAngle, color, thickness)
#cv2.ellipse 函数用来画椭圆
#第一个参数是画布矩阵；第二个参数是椭圆中心坐标；第三个参数是椭圆的长半轴和短半轴；
#第四个参数是椭圆逆时针旋转角度；第五、六个参数分别是椭圆的逆时针起止画图角度；
#第七、八个参数分别是线条颜色、线条宽度
#如果给第四、五、六参数加上负号，则表示反方向，即顺时针方向
```

5）画多边形

cv2.polylines 函数用于绘制一条或多条多边形曲线。说明如下：

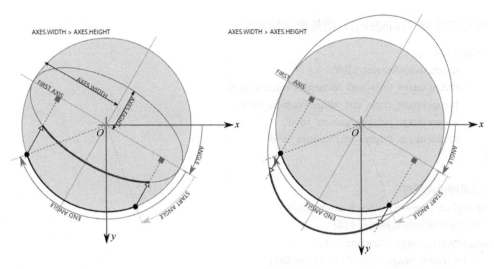

图 2.3　椭圆的绘制原理

```
cv2.polylines(img, pts, isClosed, colory, thickness)
#cv2.polylines 函数用来画多边形
#第一个参数是画布矩阵；第二个参数是多边形上点的数组；第三个参数多边形是否闭合标志，值为
true 或 false；
#第四、五个参数分别是线条颜色、线条宽度
```

6）显示汉字

cv2.putText 函数用于在图像中显示指定的文本字符串，当无法使用指定的字体显示某个符号时，该符号将被问号替换。说明如下：

```
cv2.putText(img, text, org, fontFace, fontScale, color, thickness)
#cv2.putText 函数用来显示文字
#第一个参数是画布矩阵；第二个参数是文本内容；第三个参数是文本起始位置坐标；
#第四、五、六、七个参数分别是字体类型、字体大小、字体颜色、字体粗细
```

2.2.2　开发设计与实践

2.2.2.1　架构设计

本项目基于 AiCam 平台的开发框架（见图 1.3）进行开发，开发流程如下：

（1）在 aicam 工程包的配置文件中添加摄像头（config\app.json），详细代码请参考 2.1.2.1 节。

（2）在 aicam 工程包中添加以下算法文件：

➲ 绘制直线与矩形：algorithm\image_lines_and_rectangles\image_lines_and_rectangles.py。

➲ 绘制圆和椭圆：algorithm\image_circle_and_ellipse\image_circle_and_ellipse.py。

➲ 绘制多边形：algorithm\image_polygon\image_polygon.py。

➲ 显示文字：algorithm\image_display_text\image_display_text.py。

（3）在 aicam 工程包中添加项目的前端应用 static\image_marking。

（4）前端应用采用 RESTFul 获取处理后的视频流，返回 base64 编码的图像和结果数据。访问 URL 地址的格式如下（IP 地址为边缘计算网关的地址）：

```
http://192.168.100.200:4001/stream/[algorithm_name]?camera_id=0
```

前端应用 JS（js\index.js）的处理示例如下：

```javascript
let linkData = [
    '/stream/index?camera_id=0',
    '/stream/image_lines_and_rectangles?camera_id=0',
    '/stream/image_circle_and_ellipse?camera_id=0',
    '/stream/image_polygon?camera_id=0',
    '/stream/image_display_text?camera_id=0'
]

//请求图像流资源
let imgData = new EventSource(linkData[0])
//对图像流返回的数据进行处理
imgData.onmessage = function (res) {
    let {result_image} = JSON.parse(res.data)
    $('.camera>img').attr('src', `data:image/jpeg;base64,${result_image}`)
}

$('.list-group').on('click', 'a', function () {
    $(this).addClass('active').siblings().removeClass('active')
    let index = $(this).index()
    //切换图像流资源路径
    imgData.close()
    imgData = new EventSource(linkData[index])
    //对图像流返回的数据进行处理
    imgData.onmessage = function (res) {
        let {result_image} = JSON.parse(res.data)
        $('.camera>img').attr('src', `data:image/jpeg;base64,${result_image}`)

        let {result_data} = JSON.parse(res.data)
        //每秒处理一次文字结果
        if(result_data && throttle){
            throttle = false
            let html = `<div>${new Date().toLocaleTimeString()}————${JSON.stringify(result_data)}</div>`
            $('#text-list').prepend(html);
            setTimeout(() => {
                throttle = true
            }, 1000);
        }
    }
})
```

2.2.2.2　功能与核心代码设计

1）绘制直线与矩形

通过 OpenCV 在画布上绘制直线与矩形的算法文件如下（algorithm\image_lines_and_rectangles\image_lines_and_rectangles.py）：

```
###############################################################################
#文件：image_lines_and_rectangles.py
#说明：通过 OpenCV 在画布上绘制直线与矩形
###############################################################################
import cv2 as cv
import numpy as np
import base64
import json

class ImageLinesAndRectangles(object):
    def __init__(self):
        pass

    def image_to_base64(self, img):
        image = cv.imencode('.jpg', img, [cv.IMWRITE_JPEG_QUALITY, 60])[1]
        image_encode = base64.b64encode(image).decode() #python3 byte 转 str
        return image_encode

    def base64_to_image(self, b64):
        img = base64.b64decode(b64.encode('utf-8'))
        img = np.asarray(bytearray(img), dtype="uint8")
        img = cv.imdecode(img, cv.IMREAD_COLOR)
        return img

    def inference(self, image, param_data):
        #code：识别成功返回 200
        #msg：相关提示信息
        #origin_image：原始图像
        #result_image：处理之后的图像
        #result_data：结果数据
        return_result = {'code': 200, 'msg': None, 'origin_image': None, 'result_image': None, 'result_data':
None}

        #cv.line 函数用来画直线
        cv.line(image, (255, 512), (255, 0), (255, 0, 255), 9)

        #cv.rectangle 函数用来画矩形
        cv.rectangle(image, (150, 150), (350, 350), (255, 255, 0), 2)
        return_result["result_image"] = self.image_to_base64(image)
        return return_result
#单元测试，注意在处理类中如果有文件引用，则要修改单元测试的文件路径
if __name__ == '__main__':
    #创建视频捕获对象
    cap=cv.VideoCapture(0)
    if cap.isOpened()!=1:
        pass

    #循环获取图像、处理图像、显示图像
```

```
while True:
    ret,img=cap.read()
    if ret==False:
        break
    #创建图像处理对象
    img_object= ImageLinesAndRectangles()
    #调用图像处理对象处理函数对图像进行加工处理
    result=img_object.inference(img,None)
    frame = img_object.base64_to_image(result["result_image"])

    #图像显示
    cv.imshow('frame',frame)
    key=cv.waitKey(1)
    if key==ord('q'):
        break
cap.release()
cv.destroyAllWindows()
```

2）绘制圆和椭圆

OpenCV 提供了大量的图形绘制函数，可以满足多种场景的图形绘制需求，用户可以通过 OpenCV 在画布上绘制圆和椭圆，算法文件如下（algorithm\image_circle_and_ellipse\image_circle_and_ellipse.py）：

```
##################################################################################
#文件：image_circle_and_ellipse.py
#说明：通过 OpenCV 在画布上绘制圆和椭圆
##################################################################################
import cv2 as cv
import numpy as np
import base64
import json

class ImageCircleAndEllipse(object):
    def __init__(self):
        pass

    def image_to_base64(self, img):
        image = cv.imencode('.jpg', img, [cv.IMWRITE_JPEG_QUALITY, 60])[1]
        image_encode = base64.b64encode(image).decode()
        return image_encode

    def base64_to_image(self, b64):
        img = base64.b64decode(b64.encode('utf-8'))
        img = np.asarray(bytearray(img), dtype="uint8")
        img = cv.imdecode(img, cv.IMREAD_COLOR)
        return img

    def inference(self, image, param_data):
```

```
#code：识别成功返回 200
#msg：相关提示信息
#origin_image：原始图像
#result_image：处理之后的图像
#result_data：结果数据
return_result = {'code': 200, 'msg': None, 'origin_image': None, 'result_image': None, 'result_data': None}

#cv.circle 函数用来画圆
cv.circle(image, (255, 255), 50, (255, 0, 255), 9)
cv.circle(image, (250, 245), 9, (255, 0, 0), 36)

#cv.ellipse 函数用来画椭圆
cv.ellipse(image, (255, 255), (170, 70), 20, 0, 270, (255, 255, 0), 2)
return_result["result_image"] = self.image_to_base64(image)
return return_result
```

```
#单元测试，注意在处理类中如果有文件引用，则要修改单元测试的文件路径
if __name__=='__main__':
    #创建视频捕获对象
    cap=cv.VideoCapture(0)
    if cap.isOpened()!=1:
        pass
    #循环获取图像、处理图像、显示图像
    while True:
        ret,img=cap.read()
        if ret==False:
            break
        #创建图像处理对象
        img_object=ImageCircleAndEllipse()
        result=img_object.inference(img,None)
        frame = img_object.base64_to_image(result["result_image"])
        #图像显示
        cv.imshow('frame',frame)
        key=cv.waitKey(1)
        if key==ord('q'):
            break
    cap.release()
    cv.destroyAllWindows()
```

3）绘制多边形

通过 OpenCV 在画布上绘制多边形的算法文件如下（algorithm\image_polygon\image_polygon.py）：

```
########################################################################
#文件：image_polygon.py
#说明：通过 OpenCV 在画布上绘制多边形
########################################################################
import cv2 as cv
```

```python
import numpy as np
import base64
import json

class ImagePolygon(object):
    def __init__(self):
        pass

    def image_to_base64(self, img):
        image = cv.imencode('.jpg', img, [cv.IMWRITE_JPEG_QUALITY, 60])[1]
        image_encode = base64.b64encode(image).decode() #python3 byte 转 str
        return image_encode

    def base64_to_image(self, b64):
        img = base64.b64decode(b64.encode('utf-8'))
        img = np.asarray(bytearray(img), dtype="uint8")
        img = cv.imdecode(img, cv.IMREAD_COLOR)
        return img

    def inference(self, image, param_data):
        #code：识别成功返回 200
        #msg：相关提示信息
        #origin_image：原始图像
        #result_image：处理之后的图像
        #result_data：结果数据
        return_result = {'code': 200, 'msg': None, 'origin_image': None, 'result_image': None, 'result_data': None}

        pts = np.array([[50, 190], [380, 420], [255, 50], [120, 420], [450, 190]])
        #cv.polylines 函数用来画多边形
        cv.polylines(image, [pts], True, (255, 255, 0), 15)
        return_result["result_image"] = self.image_to_base64(image)
        return return_result
#单元测试，注意在处理类中如果有文件引用，则要修改单元测试的文件路径
if __name__ == '__main__':
    #创建视频捕获对象
    cap=cv.VideoCapture(0)
    if cap.isOpened()!=1:
        pass

    #循环获取图像、处理图像、显示图像
    while True:
        ret,img=cap.read()
        if ret==False:
            break
        #创建图像处理对象
        img_object= ImagePolygon()
        #调用图像处理对象处理函数对图像进行加工处理
```

```
        result=img_object.inference(img,None)
        frame = img_object.base64_to_image(result["result_image"])

        #图像显示
        cv.imshow('frame',frame)
        key=cv.waitKey(1)
        if key==ord('q'):
            break
    cap.release()
    cv.destroyAllWindows()
```

4）显示文字

通过 OpenCV 在画布上显示文字的算法文件如下（algorithm\image_display_text\image_
display_text.py）：

```
###############################################################################
#文件：image_display_text.py
#说明：通过 OpenCV 在画布上写字
###############################################################################
import cv2 as cv
import numpy as np
import base64
import json

class ImageDisplayText(object):
    def __init__(self):
        pass
    def image_to_base64(self, img):
        image = cv.imencode('.jpg', img, [cv.IMWRITE_JPEG_QUALITY, 60])[1]
        image_encode = base64.b64encode(image).decode() #python3 byte 转 str
        return image_encode
    def base64_to_image(self, b64):
        img = base64.b64decode(b64.encode('utf-8'))
        img = np.asarray(bytearray(img), dtype="uint8")
        img = cv.imdecode(img, cv.IMREAD_COLOR)
        return img
    def inference(self, image, param_data):
        #code：识别成功返回 200
        #msg：相关提示信息
        #origin_image：原始图像
        #result_image：处理之后的图像
        #result_data：结果数据
        return_result = {'code': 200, 'msg': None, 'origin_image': None, 'result_image': None, 'result_data':
None}

        font = cv.FONT_HERSHEY_SIMPLEX
        #cv.putText 函数用来显示文字
        cv.putText(image, 'Learning computer vision based on AI camera', (10, 20), font, 0.8, (255, 255, 0), 2)
        return_result["result_image"] = self.image_to_base64(image)
        return return_result
```

```
#单元测试，注意在处理类中如果有文件引用，则要修改单元测试的文件路径
if __name__=='__main__':
    #创建视频捕获对象
    cap=cv.VideoCapture(0)
    if cap.isOpened()!=1:
        pass

    #循环获取图像、处理图像、显示图像
    while True:
        ret,img=cap.read()
        if ret==False:
            break
        #创建图像处理对象
        img_object=ImageDisplayText()
        #调用图像处理对象处理函数对图像进行加工处理
        result=img_object.inference(img,None)
        frame = img_object.base64_to_image(result["result_image"])

        #图像显示
        cv.imshow('frame',frame)
        key=cv.waitKey(1)
        if key==ord('q'):
            break
    cap.release()
```

2.2.3　开发步骤与验证

2.2.3.1　开发项目部署

开发项目部署同 2.1.3.1 节。

2.2.3.2　项目运行验证

（1）在 SSH 终端中按照 2.1.3.3 节的方法运行启动脚本 start_aicam.sh，通过启动主程序 aicam.py 来运行本项目的案例工程。

（2）在客户端或者边缘计算网关端打开 Chrome 浏览器，输入页面地址并访问 http://192.168.100.200:4001/static/image_marking/index.html，即可查看运行结果。

1）绘制直线与矩形

（1）在 AiCam 平台界面中选择菜单"绘制直线与矩形"，将在返回的视频流中绘制一条直线和一个矩形，如图 2.4 所示。

（2）修改算法文件 algorithm\image_lines_and_rectangles\image_lines_and_rectangles.py 的参数，绘制个性化的直线和矩形，示例如下：

```
def inference(self, image, param_data):
    cv.line(image, (320, 400), (320, 140), (0, 0, 255), 2)
    cv.rectangle(image, (220, 280), (420, 200), (0, 0, 255), 2)
    return_result["result_image"] = self.image_to_base64(image)
    return return_result
```

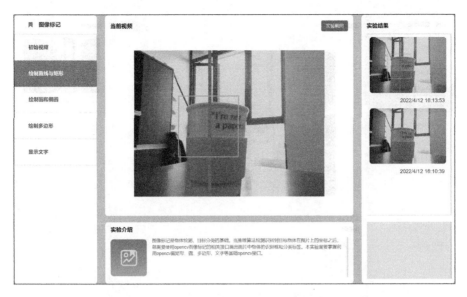

图 2.4　在返回的视频流中绘制一条直线和一个矩形

修改算法文件后，通过 MobaXterm 工具创建的 SSH 连接，将修改好的文件上传到边缘计算网关。在 SSH 终端中按下组合键"Ctrl+C"或者"Ctrl+Z"退出程序，然后输入命令重新运行工程。工程正常启动后，再次打开 Chrome 浏览器输入实验地址查看结果。绘制个性化的图形如图 2.5 所示。

图 2.5　绘制个性化图形

2）绘制圆和椭圆

（1）在 AiCam 平台界面中选择菜单"绘制圆和椭圆"，将在返回的视频流画面中绘制一个圆和椭圆，如图 2.6 所示。

（2）修改算法文件 algorithm\image_circle_and_ellipse\image_circle_and_ellipse.py 的参数，绘制个性化的圆和椭圆。

图 2.6　绘制圆和椭圆

　　3）绘制多边形

　　（1）在 AiCam 平台界面中选择菜单"绘制多边形"，将在返回的视频流画面中绘制一个多边形，如图 2.7 所示。

图 2.7　绘制多边形

　　（2）修改算法文件 algorithm\image_polygon\image_polygon.py 的参数，绘制个性化的多边形。

　　4）显示文字

　　（1）在 AiCam 平台界面中选择菜单"显示文字"，将在返回的视频流画面中写字，如图 2.8 所示。

　　（2）修改算法文件 algorithm\image_display_text\image_display_text.py 的参数，绘制个性化的文字。

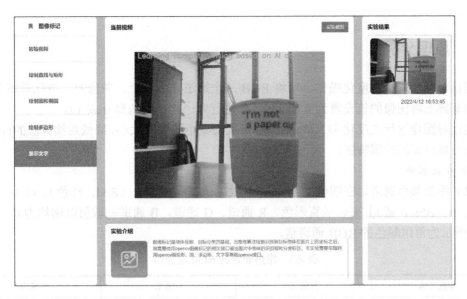

图 2.8　显示文字

2.2.4　小结

本项目首先介绍了 OpenCV 中的绘图和显示文字函数；然后介绍了在 AiCam 平台中添加绘图和显示文字算法的过程，以及相关的算法核心代码；最后介绍了如何在 SSH 终端中进行工程部署，在返回的视频流画面中绘制绘图和添加文字，完成了图像标注功能。

2.2.5　思考与拓展

（1）图像标注的作用是什么？

（2）图像标注的方法及 OpenCV 中相关的函数有哪些？

（3）如何在 SSH 终端中进行工程部署并实现图像的标注？

（4）在本项目的视窗中，有一个物体是茶杯，请尝试对其边缘进行标注。

2.3 图像灰度转换开发实例

彩色图像通常是由 RGB 三通道构成的，每个通道相当于一个二维矩阵，三个矩阵叠加之后就是常用的彩色图像。但相关算法要处理三个二维矩阵很不方便，计算量很大，而且 RGB 图像的色彩受光照影响较大，在处理中会干扰算法，因此通常在图像的边缘检测和区域分割等处理前，要先对图像进行灰度化和二值化处理。

本项目要求掌握的知识点如下：

（1）灰度化、二值化等图像转换方法。

（2）结合 OpenCV 和 AiCam 平台进行图像灰度转换。

2.3.1 原理分析

通过对图像进行灰度化操作，可将 RGB 三个通道变成一个。图像的二值化是指在灰度图像的基础上将图像的值设置为 0 或 255（若进行归一化，则选择 0 或 1）。

通过对图像进行灰度化和二值化处理，可大幅减小图像的大小，降低后续算法的计算量，更好地凸显目标的轮廓特征。

1）专业术语

（1）图像颜色通道。在图像处理中，用 RGB 三个通道 [R（Red，红色）、G（Green，绿色）、B（Blue，蓝）] 来表示真彩色，R 通道、G 通道、B 通道的取值范围均为 0~255。表 2.3 所示为常用颜色的 RGB 通道值。

表 2.3   常用颜色的 RGB 通道值

颜色名称	R 通道	G 通道	B 通道
黑色	0	0	0
蓝色	0	0	255
绿色	0	255	0
红色	255	0	0
黄色	255	255	0
白色	255	255	255

（2）灰度化。灰度化就是让彩色图像每个像素的 RGB 通道的值合并为一个值，该值称为灰度，从而形成一个尺度相同的灰度矩阵。灰度化的典型方法有以下 4 种：

①单通道法。选择 RGB 通道之一的值作为图像的灰度即可，公式为：

$$g(x,y) = R(x,y)、G(x,y)或B(x,y) \tag{2-1}$$

式中，$g(x,y)$ 为灰度化后的图像在位置 (x,y) 的像素值。

② 最大值法。选择像素的三个通道最大值，将最大值作为灰度化结果，即：

$$g(x,y) = \max[R(x,y), G(x,y), B(x,y)] \tag{2-2}$$

③ 均值法。计算三个通道的平均值，然后将该平均值作为图像的灰度，即：

$$g(x,y) = \frac{R(x,y)+G(x,y)+B(x,y)}{3} \tag{2-3}$$

④ 加权平均法。根据三个通道对图像的重要性、目标判断价值等因素，为三个通道分配不同的权值，然后计算加权结果，将加权后的均值作灰度化的结果。加权平均法比均值法的灰度化结果更合理、更符合实际应用需要，已成为最常用的灰度化方法。例如，可以按式（2-4）对输入的图像信号进行灰度化。加权平均法的滤波效果如图 2.9 所示。

$$g(x,y) = 0.3 \times R(x,y) + 0.59 \times G(x,y) + 0.11 \times B(x,y) \tag{2-4}$$

（3）二值化。二值化是对灰度图像的进一步处理，即让图像的像素矩阵中的每个像素的灰度为 0（黑色）或者 255（白色）；若采用归一化则为 0（黑色）或者 1（白色），也就是让整个图像呈现黑和白的效果。可按式（2-5）对灰度图像信号进行二值化：

$$g(x,y) = \begin{cases} 255或1, & f(x,y) \geq T \\ 0, & f(x,y) < T \end{cases} \tag{2-5}$$

式中，$f(x,y)$ 为灰度图像，$g(x,y)$ 为二值化后的图像，T 为二值化时采用的阈值（门限）。

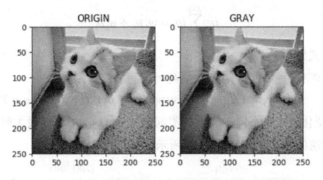

图 2.9　加权平均法的滤波效果

因此，二值化的关键在于阈值 T 的选取。二值化的阈值可根据经验设定，通过更多采用相关的算法来选取。二值化的典型方法有：

① 迭代法。该方法以图像中前景与背景之间的灰度分布互不重叠的前提，通过不断比较前景和背景的灰度均值来调整阈值。设 X 是一幅具有 L 级灰度的图像，其中第 i 级像素为 n_i 个，i 的值为 $0 \sim L\text{-}1$。迭代法的步骤是：首先，选择图像二值化阈值 T_i，初始时采用图像灰度的中值作为初始阈值 T_0；然后，利用阈值 T_i 将图像分割成两个区域（R_1 和 R_2），用式（2-6）和式（2-7）计算区域 R_1 和 R_2 的灰度均值：

$$\mu_1 = \frac{\sum_{i=0}^{T_i-1} i p_i}{\sum_{i=0}^{T_i-1} p_i} \tag{2-6}$$

$$\mu_2 = \frac{\sum_{i=T_i}^{L-1} i p_i}{\sum_{i=T_i}^{L-1} p_i} \tag{2-7}$$

② 最大类间方差法（OTSU）。该方法是在灰度直方图的基础上利用最小二乘法原理推导出来的，具有统计意义上的最佳分割阈值。OTSU 的基本原理：根据最佳阈值将图像的灰度直方图分割成两部分，使两部分之间的方差取最大值，即分离性最大。

设 X 是一幅具有 L 级灰度的图像，其中第 i 级像素为 n_i 个，i 的值为 $0 \sim L\text{-}1$。以阈值 k 将所有的像素分为：目标 C_0 类（像素灰度级为 $0 \sim k\text{-}1$）和背景 C_1 类（像素灰度级为 $k \sim L\text{-}1$）。

C_0 类平均灰度级：

$$\mu_0 = \frac{\sum_{i=0}^{k-1} i p_i}{\sum_{i=0}^{k-1} p_i} \tag{2-8}$$

C_1 类平均灰度级：

$$\mu_1 = \frac{\sum_{i=k}^{L-1} i p_i}{\sum_{i=k}^{L-1} p_i} \tag{2-9}$$

图像的总平均灰度级为：

$$\mu = \sum_{i=0}^{L-1} i p_i = w_0 \mu_0 + w_1 \mu_1 \tag{2-10}$$

类间的方差公式为：

$$\begin{aligned}\sigma^2(k) &= w_0(\mu_0 - \mu)^2 + w_1(\mu_1 - \mu)^2 \\ &= w_0 w_1^2(\mu_0 - \mu_1)^2 + w_1 w_0^2(\mu_1 - \mu_0)^2 = w_0 w_1(\mu_0 - \mu_1)^2\end{aligned} \tag{2-11}$$

令 $k=0 \sim L-1$ 变化，计算不同 k 值下的类间方差 $\sigma^2(k)$，$\sigma^2(k)$ 最大时的 k 值就是最佳阈值。最大类间方差法的滤波效果如图 2.10 所示

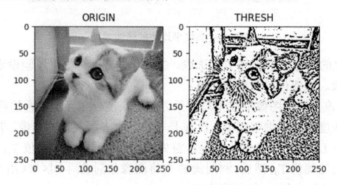

图 2.10　最大类间方差法的滤波效果

2）常用方法

（1）色彩转换。OpenCV 中有 8 种色彩空间，即 RGB、HSI、HSL、HSV、HSB、YCrCb、CIE XYZ、CIE Lab。在实际应用中，经常需要进行色彩空间的转化。通过 cv2.cvtColor()函数可以改变图像的色彩空间，该函数示例为：

```
cv2.cvtColor(frame,cv2.COLOR_BGR2RGB);
```

表 2.4 给出了 OpenCV 的常用色彩转换类型和方法。

表 2.4　OpenCV 的常用色彩转换类型和方法

转 换 类 型	OpenCV 2.x	OpenCV 3.x
RGB→BGR	CV_BGR2BGRA、CV_RGB2BGRA、CV_BGRA2RGBA、CV_BGR2BGRA、CV_BGRA2BGR	COLOR_BGR2BGRA、COLOR_RGB2BGRA、COLOR_BGRA2RGBA、COLOR_BGR2BGRA COLOR_BGRA2BGR
RGB→GRAY	CV_RGB2GRAY、CV_GRAY2RGB、CV_RGBA2GRAY、CV_GRAY2GRBA	COLOR_RGB2GRAY、COLOR_GRAY2RGB、COLOR_RGBA2GRAY、COLOR_GRAY2GRBA
RGB↔HSV	CV_BGR2HSV、CV_RGB2HSV、CV_HSV2BGR、CV_HSV2RGB	COLOR_BGR2HSV、COLOR_RGB2HSV、COLOR_HSV2BGR、COLOR_HSV2RGB
RGB↔YCrCb JPEG （或 YCC）	CV_RGB2YCrCb、CV_RGB2YCrCb、CV_YCrCb2BGR、CV_YCrCb2RGB（可以用 YUV 代替 YCrCb）	COLOR_RGB2YCrCb、COLOR_RGB2YCrCb、COLOR_YCrCb2BGR、COLOR_YCrCb2RGB（可以用 YUV 代#YCrCb）
RGB↔CIE XYZ	CV_BGR2XYZ、CV_RGB2XYZ、CV_XYZ2BGR、CV_XYZ2RGB	COLOR_BGR2XYZ、COLOR_RGB2XY、COLOR_XYZ2BGR、COLOR_XYZ2RGB
RGB↔HLS	CV_BGR2HLS、CV_RGB2HLS、CV_HLS2BGR、CV_HLS2RGB	COLOR_BGR2HLS、COLOR_RGB2HLS、COLOR_HLS2BGR、COLOR_HLS2RGB

续表

转 换 类 型	OpenCV 2.x	OpenCV 3.x
RGB↔CIE Lab	CV_BGR2Lab、CV_RGB2Lab、CV_Lab2BGR、CV_Lab2RGB	COLOR_BGR2Lab、COLOR_RGB2Lab、COLOR_Lab2BGR、COLOR_Lab2RGB
RGB→CIE Lab	CV_BGR2Luv、CV_RGB2Luv、CV_Luv2BGR、CV_Luv2RGB	COLOR_BGR2Luv、COLOR_RGB2Luv、COLOR_Luv2BGR、COLOR_Luv2RGB
Bay→RGB	CV_BayerBG2BGR、CV_BayerGB2BGR、CV_BayerRG2BGR、CV_BayerGR2BGR、CV_BayerBG2RGB、CV_BayerGB2RGB、CV_BayerRG2RGB、CV_BayerGR2RGB	COLOR_BayerBG2BGR、COLOR_BayerGB2BGR、COLOR_BayerRG2BGR、COLOR_BayerGR2BGR、COLOR_BayerBG2RGB、COLOR_BayerGB2RGB、COLOR_BayerRG2RGB、COLOR_BayerGR2RGB

（2）二值化。OpenCV 中支持简单阈值、自适应阈值两种二值化方法。

① 简单阈值。threshold 函数可实现简单阈值二值化，对每个数组元素应用固定级别阈值，该函数对多通道数组应用固定电平阈值，通常用于从灰度图像中获得双层（二进制）图像或去除噪声，即滤除值太小或太大的像素，该函数支持多种类型的阈值设置，由类型参数确定。

此外，特殊值 thresh_otsu 或 thresh_triangle 可以与下述阈值值之一组合，函数使用大津算法或三角形算法确定最佳阈值，并使用最佳阈值来代替指定的阈值。threshold 函数方法如下：

```
ret, dst = threshold(src, thresh, maxval, type)
#ret 表示返回值；dst 表示目标图像；src 表示原始图像，只能输入单通道图像，通常来是灰度图；thresh 表示阈值；
#maxval 表示当像素值超过了阈值（或者小于阈值，根据 type 来决定）所赋予的值；type 表示阈值类型
```

阈值类型包括以下五种：

- 二进制阈值化：cv2.THRESH_BINARY，大于阈值取 maxval，小于取 0。
- 反二进制阈值化：cv2.THRESH_BINARY_INV，大于阈值取 0，小于取 maxval。
- 截断阈值化：cv2.THRESH_TRUNC，大于阈值全取阈值大小，小于则不变。
- 阈值化 0：cv2.THRESH_TOZERO，大于阈值取原值，小于取 0。
- 反阈值化 0：cv2.THRESH_TOZERO_INV，大于阈值取 0，小于取原值。

② 自适应阈值。adaptiveThreshold 函数可根据式（2-12）和式（2-13）将灰度图像转换为二值化图像。

THRESH_BINARY：

$$\text{dst}(x,y) = \begin{cases} \text{maxValue}, & \text{src}(x,y) > T(x,y) \\ 0, & \text{其他} \end{cases} \tag{2-12}$$

THRESH_BINARY_INV：

$$\text{dst}(x,y) = \begin{cases} 0, & \text{src}(x,y) > T(x,y) \\ \text{maxValue}, & \text{其他} \end{cases} \tag{2-13}$$

式中，$T(x,y)$ 是针对每个像素单独计算的阈值，请参见 AdaptiveMethod 参数。adaptiveThreshold 函数说明如下：

```
cv2.adaptiveThreshold(src, maxVal, adaptiveMethold, thresholdType, blockSize, C, dst)
#src 表示原始图像，只能输入单通道图像，通常来说为灰度图；
```

#maxval 表示当像素值超过了阈值（或者小于阈值，根据 type 来决定）所赋予的值；

#adaptiveMethold 表示阈值计算方法，包含两种类型：cv2.ADAPTIVE_THRESH_MEAN_C，阈值取自相邻

#区域的平均值；cv2.ADAPTIVE_THRESH_GAUSSIAN_C，阈值取值相邻区域的加权和，权重为一个高斯窗口；

#thresholdType 表示二值化操作类型，与固定阈值函数相同，也包含 5 种类型（简单阈值类型一样）；

#blockSize 表示图像中的分块大小；C 表示阈值计算方法中的常数项；dst 表示目标图像

2.3.2 开发设计与实践

2.3.2.1 架构设计

本项目基于 AiCam 平台的开发框架（见图 1.3）进行开发，开发流程如下：

（1）在 aicam 工程包的配置文件中添加摄像头（config\app.json），详细代码请参考 2.1.2.1 节。

（2）在 aicam 工程包中添加算法文件：

⊃ 灰度化：algorithm\image_gray\image_gray.py。

⊃ 简单阈值：algorithm\image_simple_binary\image_simple_binary.py。

⊃ 自适应阈值：algorithm\image_adaptive_binary\image_adaptive_binary.py。

（3）在 aicam 工程包中添加项目前端应用 static\image_conversion。

（4）前端应用采用 RESTFul 接口获取处理后的视频流，返回 base64 编码的图像和结果数据。访问 URL 地址格式如下（IP 地址为边缘计算网关的地址）：

http://192.168.100.200:4001/stream/*[algorithm_name]*?camera_id=0

前端应用 JS（js\index.js）处理代码请参考 2.2.2.1 节。

2.3.2.2 功能与核心代码设计

1）图像灰度化

通过 OpenCV 可以实现图像灰度化，cv.cvtColor(p1,p2)是色彩空间转换函数，其中 p1 是需要转换的图像；p2 是转换成何种格式。当 p2 为 cv.COLOR_BGR2RGB 时表示将 BGR 格式转换成 RGB 格式，当 p2 为 cv.COLOR_BGR2GRAY 时表示将 BGR 格式转换成灰度图像。算法文件如下（algorithm\image_gray\image_gray.py）：

```
################################################################################
#文件：image_gray.py
#说明：将原始视频流图像转为灰度图
################################################################################
import cv2 as cv
import numpy as np
import base64
import json
import matplotlib.pyplot as plt
class ImageGray(object):
    def __init__(self):
        pass

    def image_to_base64(self, img):
```

```
            image = cv.imencode('.jpg', img, [cv.IMWRITE_JPEG_QUALITY, 60])[1]
            image_encode = base64.b64encode(image).decode() #python3 byte 转 str
            return image_encode
        def base64_to_image(self, b64):
            img = base64.b64decode(b64.encode('utf-8'))
            img = np.asarray(bytearray(img), dtype="uint8")
            img = cv.imdecode(img, cv.IMREAD_COLOR)
            return img
        def inference(self, image, param_data):
            #code：识别成功返回 200
            #msg：相关提示信息
            #origin_image：原始图像
            #result_image：处理之后的图像
            #result_data：结果数据
            return_result = {'code': 200, 'msg': None, 'origin_image': None, 'result_image': None, 'result_data':
None}

            #图像灰度化处理
            gray = cv.cvtColor(image, cv.COLOR_BGR2GRAY)
            return_result["origin_image"] = self.image_to_base64(image)
            return_result["result_image"] = self.image_to_base64(gray)
            #返回图像处理结果和数据列表（如果没有数据，就返回空列表）
            return return_result
#单元测试，注意如果在处理类中有文件引用，则修改单元测试文件的路径
if __name__ == '__main__':
    #读取测试图像
    img = cv.imread('test.jpg', cv.IMREAD_COLOR)
    #创建图像处理对象
    img_object = ImageGray()
    #调用图像处理对象处理函数对图像进行加工处理
    result = img_object.inference(img, None)
    origin = img_object.base64_to_image(result["origin_image"])
    gray = img_object.base64_to_image(result["result_image"])
    #显示处理结果
    plt.figure(0)
    plt.subplot(1,2,1)
    #显示原始图像
    plt.imshow(origin[:,:,[2,1,0]])
    plt.title('ORIGIN')
    #显示灰度图像
    plt.subplot(1,2,2)
    plt.imshow(gray,cmap="gray")
    plt.title('GRAY')
    plt.show()
    while True:
        key=cv.waitKey(1)
        if key==ord('q'):
    break
```

2）图像简单阈值二值化

通过 OpenCV 的函数 cv.threshold 可以实现图像简单阈值二值化。该函数有四个参数，第一个参数表示原始图像；第二个参数表示进行分类的阈值；第三个参数表示是高于时还是低于阈值时赋予的新值；第四个是一个方法选择参数。算法文件如下（algorithm\image_simple_binary\image_simple_binary.py）：

```python
##############################################################################
#文件：image_simple_binary.py
#说明：选取一个全局阈值，然后把整幅图像分成二值化图像
##############################################################################
import cv2 as cv
import numpy as np
import base64
import json
import matplotlib.pyplot as plt

class ImageSimpleBinary(object):
    def __init__(self):
        pass

    def image_to_base64(self, img):
        image = cv.imencode('.jpg', img, [cv.IMWRITE_JPEG_QUALITY, 60])[1]
        image_encode = base64.b64encode(image).decode() #python3 byte 转 str
        return image_encode

    def base64_to_image(self, b64):
        img = base64.b64decode(b64.encode('utf-8'))
        img = np.asarray(bytearray(img), dtype="uint8")
        img = cv.imdecode(img, cv.IMREAD_COLOR)
        return img

    def inference(self, image, param_data):
        #code：识别成功返回 200
        #msg：相关提示信息
        #origin_image：原始图像
        #result_image：处理之后的图像
        #result_data：结果数据
        return_result = {'code': 200, 'msg': None, 'origin_image': None, 'result_image': None, 'result_data': None}

        #图像灰度化处理
        gray = cv.cvtColor(image, cv.COLOR_BGR2GRAY)
        #二进制阈值化：cv.THRESH_BINARY，大于阈值时取 maxval，小于阈值时取 0
        ret, thresh1 = cv.threshold(gray, 127, 255, cv.THRESH_BINARY)
        #反二进制阈值化：cv.THRESH_BINARY_INV，大于阈值时取 0，小于阈值时取 maxval
        ret, thresh2 = cv.threshold(gray, 127, 255, cv.THRESH_BINARY_INV)
        #截断阈值化：cv.THRESH_TRUNC，大于阈值时取阈值大小，小于阈值时则不变
```

```
        ret, thresh3 = cv.threshold(gray, 127, 255, cv.THRESH_TRUNC)
        #阈值化 0：cv.THRESH_TOZERO，大于阈值时取原值，小于阈值时取 0
        ret, thresh4 = cv.threshold(gray, 127, 255, cv.THRESH_TOZERO)
        #反阈值化 0：cv.THRESH_TOZERO_INV，大于阈值时取 0，小于阈值时取原值
        ret, thresh5 = cv.threshold(gray, 127, 255, cv.THRESH_TOZERO_INV)
        threshs = [thresh1,thresh2,thresh3,thresh4,thresh5]

        #返回图像处理结果和数据列表
        return_result["origin_image"] = self.image_to_base64(image)
        return_result["result_image"] = self.image_to_base64(threshs[0])
        return return_result
#单元测试，注意在处理类中如果有文件引用，则要修改单元测试的文件路径
if __name__ =='__main__':
    #读取测试图像
    img = cv.imread('test.jpg', cv.IMREAD_COLOR)
    #创建图像处理对象
    img_object=ImageSimpleBinary()
    #调用图像处理对象处理函数对图像进行加工处理
    img_object.binary_type = 0
    result = img_object.inference(img, None)
    origin = img_object.base64_to_image(result["result_image"])
    img_object.binary_type = 1
    result = img_object.inference(img, None)
    thresh1 = img_object.base64_to_image(result["result_image"])
    img_object.binary_type = 2
    result = img_object.inference(img, None)
    thresh2 = img_object.base64_to_image(result["result_image"])
    img_object.binary_type = 3
    result = img_object.inference(img, None)
    thresh3 = img_object.base64_to_image(result["result_image"])
    img_object.binary_type = 4
    result = img_object.inference(img, None)
    thresh4 = img_object.base64_to_image(result["result_image"])
    img_object.binary_type = 5
    result = img_object.inference(img, None)
    thresh5 = img_object.base64_to_image(result["result_image"])

    #显示处理结果
    plt.figure(0)
    plt.subplot(2,3,1)
    #显示原始图像
    plt.imshow(origin[:,:,[2,1,0]])
    plt.title('ORIGIN')
    #显示 THRESH_BINARY 二值化图像
    plt.subplot(2,3,2)
    plt.imshow(thresh1,cmap="gray")
    plt.title('THRESH_BINARY')
    #显示 THRESH_BINARY_INV 二值化图像
```

```
        plt.subplot(2,3,3)
        plt.imshow(thresh2,cmap="gray")
        plt.title('THRESH_BINARY_INV')
        #显示 THRESH_TRUNC 二值化图像
        plt.subplot(2,3,4)
        plt.imshow(thresh3,cmap="gray")
        plt.title('THRESH_TRUNC')
        #显示 THRESH_TOZERO 二值化图像
        plt.subplot(2,3,5)
        plt.imshow(thresh4,cmap="gray")
        plt.title('THRESH_TOZERO')
        #显示 THRESH_TOZERO_INV 二值化图像
        plt.subplot(2,3,6)
        plt.imshow(thresh5,cmap="gray")
        plt.title('THRESH_TOZERO_INV')
        plt.show()
        while True:
            key=cv.waitKey(1)
            if key==ord('q'):
                break
        cv.destroyAllWindows()
```

3）图像自适应阈值二值化

图像自适应阈值二值化的核心是将图像分割为不同的区域，计算每个区域的阈值，这样可以更好地处理复杂的图像。通过 OpenCV 可以实现图像自适应阈值二值化，自适应阈值二值化的方法有两种，ADAPTIVE_THRESH_MEAN_C 和 ADAPTIVE_THRESH_GAUSSIAN_C。二值化方法可以设置为 THRESH_BINARY 或者 THRESH_BINARY_INV。算法文件如下（algorithm\image_adaptive_binary\ image_adaptive_binary.py）：

```
####################################################################################
#文件：image_adaptive_binary.py
#说明：图像自适应阈值二值化的核心是将图像分割为不同的区域，计算每个区域的阈值
####################################################################################
import cv2 as cv
import numpy as np
import base64
import json
import matplotlib.pyplot as plt

class ImageAdaptiveBinary(object):
    def __init__(self):
        pass

    def image_to_base64(self, img):
        image = cv.imencode('.jpg', img, [cv.IMWRITE_JPEG_QUALITY, 60])[1]
        image_encode = base64.b64encode(image).decode() #python3 byte 转 str
        return image_encode
```

```python
    def base64_to_image(self, b64):
        img = base64.b64decode(b64.encode('utf-8'))
        img = np.asarray(bytearray(img), dtype="uint8")
        img = cv.imdecode(img, cv.IMREAD_COLOR)
        return img


    def inference(self, image, param_data):
        #code：识别成功返回 200
        #msg：相关提示信息
        #origin_image：原始图像
        #result_image：处理之后的图像
        #result_data：结果数据
        return_result = {'code': 200, 'msg': None, 'origin_image': None, 'result_image': None, 'result_data':
None}

        #图像灰度处理
        gray = cv.cvtColor(image, cv.COLOR_BGR2GRAY)
        #图像自适应阈值二值化处理
        thresh    =    cv.adaptiveThreshold(gray,    255,    cv.ADAPTIVE_THRESH_GAUSSIAN_C,
cv.THRESH_BINARY, 11, 2)

        return_result["origin_image"] = self.image_to_base64(image)
        return_result["result_image"] = self.image_to_base64(thresh)
        #返回图像处理结果和数据列表（如果没有数据，就返回空列表）
        return return_result
#单元测试，注意在处理类中如果有文件引用，则要修改单元测试的文件路径
if __name__=='__main__':
    #读取测试图像
    img = cv.imread('test.jpg', cv.IMREAD_COLOR)
    #创建图像处理对象
    img_object=ImageAdaptiveBinary()
    #调用图像处理对象处理函数对图像进行加工处理
    result=img_object.inference(img,None)
    origin = img_object.base64_to_image(result["origin_image"])
    thresh = img_object.base64_to_image(result["result_image"])


    #显示处理结果
    plt.figure(0)
    plt.subplot(1,2,1)
    #显示原始图像
    plt.imshow(origin[:,:,[2,1,0]])
    plt.title('ORIGIN')
    #显示灰度图像
    plt.subplot(1,2,2)
    plt.imshow(thresh,cmap="gray")
    plt.title('THRESH')
    plt.show()
```

```
while True:
    key=cv.waitKey(1)
    if key==ord('q'):
        break
cv.destroyAllWindows()
```

2.3.3　开发步骤与验证

2.3.3.1　开发项目部署

开发项目部署同 2.1.3.1 节。

2.3.3.2　项目运行验证

（1）在 SSH 终端中按照 2.1.3.3 节的方法运行启动脚本 start_aicam.sh，通过启动主程序 aicam.py 来运行本项目的案例工程。

（2）在客户端或者边缘计算网关端打开 Chrome 浏览器，输入页面地址并访问 http://192.168.100.200:4001/static/image_conversion/index.html，即可查看运行结果。

1）灰度化

（1）在 AiCam 平台界面中选择菜单"灰度"，将返回灰度化的实时视频图像，如图 2.11 所示。

图 2.11　灰度化的实时视频图像

（2）修改算法文件（algorithm\image_gray\image_gray.py）的 cv2.cvtColor()函数来改变图像实现其他色彩空间的转换。

2）简单阈值二值化

（1）在 AiCam 平台界面中选择菜单"二值化"，将返回简单阈值二值化的实时视频图像，如图 2.12 所示。

图 2.12　简单阈值二值化的实时视频图像

（2）修改算法文件（algorithm\image_simple_binary\image_simple_binary.py）中的阈值类型，查看不同的二值化效果。

　　2）自适应阈值二值化

（1）在 AiCam 平台界面中选择菜单"自适应二值化"，将返回自适应阈值二值化的实时视频图像，如图 2.13 所示。

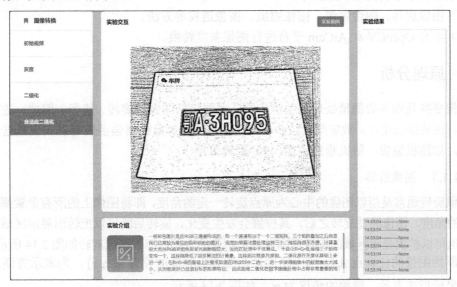

图 2.13　自适应阈值二值化的实时视频图像

（2）修改算法文件（algorithm\image_adaptive_binary\image_adaptive_binary.py）中的阈值计算方法和阈值类型，查看不同的二值化效果。

2.3.4　小结

本项目首先介绍了图像的灰度化和二值化的原理；然后介绍了 OpenCV 的色彩空间变

换、灰度化和二值化的相关函数；接着给出了在 AiCam 平台上实现图像灰度化和二值化相关的核心代码；最后介绍了如何在 SSH 终端中进行工程部署，在浏览器中返回灰度化和二值化的实时视频图像。

2.3.5　思考与拓展

（1）图像灰度化的常用方法有哪些？
（2）图像二值化的常用方法有哪些？
（3）如何在 SSH 终端中实现工程部署，以及图像的灰度化和二值化？
（4）尝试修改图像自适应阈值二值化方法，比较不同方法的效果。

2.4 图像几何变换开发实例

在图像处理领域，通过改变像素位置进行的图像形状变化，称为几何变换。几何变换的应用范围较为广泛，例如，车辆监控摄像头所拍摄的图像，由于摄像头安装的位置并不能正对每个车道上的车辆，因此拍摄的图像会发生偏转、歪斜等变形。这时，需要利用几何变换加以修正，使图像变成没有歪斜的图像。通过几何运算可以根据应用的需要使原始图像产生大小、形状、位置等各方面的变化，从而将输入的图像中的一个点变换到输出图像中的任意位置。

本项目要求掌握的知识点如下：
（1）图像旋转、图像镜像、图像缩放、图像透视等方法。
（2）结合 OpenCV 和 AiCam 平台进行图像灰度转换。

2.4.1　原理分析

图像变换是很多数据预处理的关键步骤，主要包括图像的旋转、镜像、缩放、透视等相关操作。在某些应用中，数据集比较少，运用图像变换等数据增强手段可以实现数据集数据的扩充，如随机镜像、随机垂直镜像、90°旋转等操作。

2.4.1.1　图像旋转

图像旋转通常是指以图像的中心为原点旋转一定的角度，即将图像上的所有像素都旋转一个相同的角度。图像经过旋转之后，其位置会发生变化，旋转后既可以把转出显示区域的图像截去，也可以扩大显示区域的图像范围以显示图像的全部内容。图像旋转如图 2.14 所示。

设原始图像的任意点 $A_0(x_0, y_0)$ 经旋转角度 β 后到新的位置 $A(x, y)$，为表示方便，这里采用极坐标形式表示，原始的角度为 α，如图 2.15 所示。

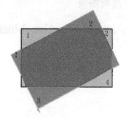

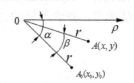

图 2.14　图像旋转　　　　　　　图 2.15　图像的极坐标表示

根据极坐标与笛卡儿坐标的关系，原始图像的点 $A_0(x_0, y_0)$ 的坐标为：

$$\begin{cases} x_0 = r \cos \alpha \\ y_0 = r \sin \alpha \end{cases} \tag{2-14}$$

旋转到新位置以后点 $A(x, y)$ 的坐标如下：

$$\begin{cases} x = r \cos(\alpha - \beta) = r \cos \alpha \cos \beta + r \sin \alpha \sin \beta \\ y = r \sin(\alpha - \beta) = r \sin \alpha \cos \beta - r \cos \alpha \sin \beta \end{cases} \tag{2-15}$$

二者的关系为：

$$\begin{cases} x = x_0 \cos \beta + y_0 \sin \beta \\ y = -x_0 \sin \beta + y_0 \cos \beta \end{cases} \tag{2-16}$$

图像旋转也可以用矩阵形式表示为：

$$\begin{bmatrix} x \\ y \\ 1 \end{bmatrix} = \begin{bmatrix} \cos \beta & \sin \beta & 0 \\ -\sin \beta & \cos \beta & 0 \\ 0 & 0 & 1 \end{bmatrix} \begin{bmatrix} x_0 \\ y_0 \\ 1 \end{bmatrix} \tag{2-17}$$

OpenCV 使用仿射函数 cv2.warpAffine 对图像进行旋转，其通过一个变换矩阵（映射矩阵）M 实现旋转变换，而转换矩阵 M 可以通过函数 cv2.getRotationMatrix2D 获取，具体为：

```
dst(x, y)=src(M11x+M12y+M13, M21x+M22y+M23);
```

cv2.getRotationMatrix2D 计算 2D 旋转的仿射矩阵。该函数计算以下矩阵可将旋转中心映射到自身：

$$\begin{bmatrix} \alpha & \beta & (1-\alpha)x_{\text{center}} - \beta y_{\text{center}} \\ -\beta & \alpha & \beta x_{\text{center}} - (1-\alpha)y_{\text{center}} \end{bmatrix} \tag{2-18}$$

式中，

$$\begin{aligned} \alpha &= \text{scale} \cdot \cos \text{angle} \\ \beta &= \text{scale} \cdot \sin \text{angle} \end{aligned} \tag{2-19}$$

式中，scale 表示缩放比例；angle 表示旋转角度。

函数 cv2.getRotationMatrix2D 和 cv2.warpAffine 的一般格式为：

```
#图像旋转，构造旋转矩阵，参数分别为旋转中心、旋转角度、缩放比例
M = cv.getRotationMatrix2D((cols/2, rows/2), 45, 1)


#图像旋转，参数分别为原始图像、旋转矩阵、原始图像宽高
dst=cv2.warpAffine(src, M, disze)
src 表示要旋转的图像，M 表示 dst(x,y)使用的矩阵，disize 表示输出图像的尺度
```

2.4.1.2　图像镜像

图像镜像是一种与人们日常生活密切相关的变换，图像镜像是指原始图像相对于某一参照面旋转 180° 的图像。镜像变换又常称为对称变换，分为水平镜像、垂直镜像、对角镜像等。镜像变换后，图像的宽和高不变。

在以下变换中，设原始图像的宽为 w，高为 h，原始图像中的点为 (x_0, y_0)，对称变换后的点为 (x_1, y_1)。

（1）水平镜像。水平镜像以图像的垂直中轴线为中心，将图像分为左右两部分后进行对称变换，水平镜像的变换公式为：

$$\begin{bmatrix} x_1 \\ y_1 \\ 1 \end{bmatrix} = \begin{bmatrix} -1 & 0 & w \\ 0 & 1 & 0 \\ 0 & 0 & 1 \end{bmatrix} \begin{bmatrix} x_0 \\ y_0 \\ 1 \end{bmatrix} \tag{2-20}$$

图像水平镜像如图 2.16 所示。

图 2.16　图像水平镜像

（2）垂直镜像。垂直镜像以图像的水平中轴线为中心，将图像分为上下两部分后进行对称变换，垂直镜像的变换公式为：

$$\begin{bmatrix} x_1 \\ y_1 \\ 1 \end{bmatrix} = \begin{bmatrix} 1 & 0 & 0 \\ 0 & -1 & h \\ 0 & 0 & 1 \end{bmatrix} \begin{bmatrix} x_0 \\ y_0 \\ 1 \end{bmatrix} \tag{2-21}$$

图像垂直镜像如图 2.17 所示。

图 2.17　图像垂直镜像

（3）对角镜像。对角镜像将图像以水平中轴线和垂直中轴线的交点为中心进行对称变换，相当于将图像先后进行水平镜像和垂直镜像。

$$\begin{bmatrix} x_1 \\ y_1 \\ 1 \end{bmatrix} = \begin{bmatrix} 1 & 0 & w \\ 0 & -1 & h \\ 0 & 0 & 1 \end{bmatrix} \begin{bmatrix} x_0 \\ y_0 \\ 1 \end{bmatrix} \tag{2-22}$$

在 OpenCV 中，图像翻转主要是通过函数 flip 实现的，围绕垂直轴、水平轴或两个轴对二维数组进行。函数 flip 根据式（2-23）对二维数组进行翻转（行和列索引从 0 开始）：

$$\mathrm{dst}_{ij} = \begin{cases} \mathrm{src}_{\mathrm{src.rows}-i-1,j}, & \mathrm{flipCode}=0 \\ \mathrm{src}_{i,\mathrm{src.rows}-j-1}, & \mathrm{flipCode}>0 \\ \mathrm{src}_{\mathrm{src.rows}-i-1,\mathrm{src.cols}-j-1}, & \mathrm{flipCode}<0 \end{cases} \tag{2-23}$$

使用函数 flip 的示例场景如下：垂直翻转图像时 flipCode=0，在左上角和左下角的图像原点之间切换，这是 Windows 中视频处理的一个典型操作；水平翻转图像时 flipCode>0；同时进行图像水平翻转和垂直翻转时，flipCode<0。

```
dst = cv2.flip(src, flipCode)
#src 表示原始图像；flipCode 表示翻转方向
```

2.4.1.3　图像缩放

通常，图像缩放是指将指定的图像在 x 方向和 y 方向按相同的比例进行缩放，从而获得一幅新的图像，又称为全比例缩放。如果 x 方向和 y 方向的缩放比例不同，则图像的比例缩放会改变原始图像像素间的相对位置，产生几何畸变。设原始图像中的点 $A_0(x_0,y_0)$ 在比例缩放后，在新图像中的对应点为 $A_1(x_1,y_1)$，则 $A_0(x_0,y_0)$ 和 $A_1(x_1,y_1)$ 之间的坐标关系可表示为：

$$\begin{bmatrix} x_1 \\ y_1 \\ 1 \end{bmatrix} = \begin{bmatrix} a & 0 & 0 \\ 0 & \beta & 0 \\ 0 & 0 & 1 \end{bmatrix} \begin{bmatrix} x_0 \\ y_0 \\ 1 \end{bmatrix} \tag{2-24}$$

即：

$$\begin{cases} x_1 = ax_0 \\ y_1 = \beta y_0 \end{cases} \tag{2-25}$$

在图像缩放过程中，涉及图像数据的删除与增加。若比例缩放所产生的图像中的像素在原始图像中没有相对应的像素时，特别在图像放大时，则需要考虑如何在放大后的空隙中加入新的图像颜色数据。增加颜色数据的方法主要根据周围相邻像素的颜色值进行插值计算。主要有以下 3 种插值方法：

（1）最近邻插值法。这种方法令新增加像素的灰度等于距它最近的像素的灰度。该方法的特点是简单快捷、计算量小，在新增加的像素各相邻像素灰度变化较小时，效果较好；但随着放大倍数的增加，放大后的图像会出现相对严重的方块和锯齿，使得图像边缘模糊。

（2）双线性插值方法。这种方法新增加像素的灰度由其周围 4 个像素的灰度决定，计算量较大，但插值后的图像质量较高，不会出现像素值不连续的情况。但该方法具有低通滤波性质，会损失高频分量，可能会使图像轮廓在一定程度上变得模糊。

（3）三次内插法。这种发方法新增加的像素不仅考虑直接邻近点对它的影响，还需要考虑周围 16 个邻近像素灰度对它的影响。该方法能够弥补以上两种方法的不足，精度高，能保持较好的图像边缘，但计算量很大。

OpenCV 是通过函数 resize 实现图像缩放的，具体如下：

```
cv.resize(src, dsize, fx, fy, interpolation)
```

详细参数如下：

⊃ src：输入的原始图像，即待改变大小的图像。

⊃ dsize：输出图像的大小。如果该参数不为 0，就代表将原始图像缩放到这个 Size(width, height) 指定的大小；如果该参数为 0，则原始图像缩放后的大小需要通过下面的代码计算：

```
dsize = Size(round(fx*src.cols), round(fy*src.rows));
```

⊃ fx：width 方向的缩放比例，如果该参数为 0，则按照 (double)dsize.width/src.cols 计算缩放比例。

⊃ fy：height 方向的缩放比例，如果该参数 0，则按照 (double)dsize.height/src.rows 计算缩放比例。

○ interpolation：指定插值的方式，图像缩放之后需要重新计算像素，该参数用来指定重新计算像素的方式，当该参数为 INTER_NEAREST 时，采用最邻近插值方法；当该参数为 INTER_LINEAR 时，采用双线性插值方法，如果未指定该参数则默认为 INTER_LINEAR；当该参数为 INTER_AREA 时，对像素区域关系进行重采样；当该参数为 INTER_CUBIC 时，在 4×4 像素邻域内进行双立方插值；当该参数为 INTER_LANCZOS4 时，在 8×8 像素邻域内进行 Lanczos 插值。

2.4.1.4　透视变换

图像在获取或显示过程中往往会产生几何失真，成像系统通常会有一定的几何非线性。例如，从太空中宇航器拍摄的地球上的等距平行线，图像会变为歪斜或不等距；另外，由卫星摄取的地球表面图像往往覆盖较大的面积，由于地球表面呈球形，摄取的平面图像也将会有较大的几何失真。

在对图像进行定量分析时，需要先对失真的图像进行精确的几何矫正，即将存在几何失真的图像矫正成无几何失真的图像，以免影响分析精度。几何矫正是图像几何畸变的反运算，是由输出图像的像素坐标反算输入图像坐标，然后通过灰度再采样求出输出像素灰度的。

假设一幅图像为 $f(x,y)$，经过几何失真变成了 $g(u,v)$，这里的 (u,v) 表示失真图像的坐标，它已不是原始图像的坐标了。上述变化可表示为：

$$u = r(x, y), \qquad v = s(x, y) \tag{2-26}$$

式中，$r(x,y)$ 和 $s(x,y)$ 表示空间变换。

通常，采用基准图像和几何畸变图像上多对"连接点"的坐标可确定 $r(x,y)$ 和 $s(x,y)$。基准图像像素的空间坐标 (x,y) 和被矫正图像对应像素的空间坐标 (u,v) 之间的关系可用二元多项式来表示，即：

$$u = r(x, y) = \sum_{i=0}^{N-1} \sum_{j=0}^{N-1} a_{ij} x^i y^j \tag{2-27}$$

$$v = s(x, y) = \sum_{i=0}^{N-1} \sum_{j=0}^{N-1} b_{ij} x^i y^j \tag{2-28}$$

式中，N 为多项式的次数；a_{ij} 和 b_{ij} 为各项待定系数。

利用"连接点"可以建立失真图像与矫正图像之间其他像素空间位置的对应关系，这些"连接点"在输入（失真）图像和输出（矫正）图像中的位置是精确已知的。图 2.18 所示为失真图像和矫正图像中的四边形区域，这两个四边形的顶点就是相应的"连接点"。假设四边形区域中的几何变形过程可以用二次失真方程来表示（若为线性失真，则 a_{11} 和 b_{11} 均为 0）：

$$u = r(x, y) = a_{00} + a_{10}x + a_{01}y + a_{11}xy \tag{2-29}$$

$$v = s(x, y) = b_{00} + b_{10}x + b_{01}y + b_{11}xy \tag{2-30}$$

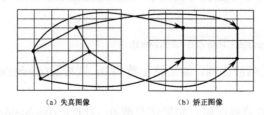

（a）失真图像　　　　　　（b）矫正图像

图 2.18　失真图像和矫正图像中的四边形区域

图 2.18 中共 4 对"连接点",代入上面式(2-29)和式(2-30)可得 8 个方程,联立求解这些方程可得到 8 个系数(a_{00}、a_{10}、a_{01}、a_{11}、b_{00}、b_{10}、b_{01}、b_{11}),这些系数就构成了用于变换四边形区域内所有像素的几何失真的计算公式,即空间映射公式。一般来说,可将一幅图像分成一系列覆盖全图的四边形区域,在每个区域中找到足够的"连接点"后,就可以得到进行映射所需的系数。

OpenCV 通过函数 cv2.getPerspectiveTransform(pos1, pos2)可得到透视变化矩阵 M,其中 pos1 和 pos2 分别表示变换前后的四个点对应的位置;得到 M 后再通过函数 cv2.warpPerspective(src, M, (cols, rows))进行透视变换。具体如下:

```
M = cv2.getPerspectiveTransform(pos1, pos2)
#pos1 表示透视变换前的 4 个点对应位置;pos2 表示透视变换后的 4 个点对应位置
cv2.warpPerspective(src,M,(cols,rows))
#src 表示原始图像; M 表示透视变换矩阵;(rows,cols)表示变换后的图像大小,rows 表示行数,cols 表示列数;
```

2.4.2 开发设计与实践

2.4.2.1 架构设计

本项目基于 AiCam 平台的开发框架(见图 1.3)进行开发,开发流程如下:

(1)在 aicam 工程包的配置文件中添加摄像头(config\app.json),详细代码请参考 2.1.2.1 节。

(2)在 aicam 工程包中添加算法文件:

- ○ 图像旋转:algorithm\image_rotation\image_rotation.py。
- ○ 图像镜像:algorithm\image_mirroring\image_mirroring.py。
- ○ 图像缩放:algorithm\image_resize\image_resize.py。
- ○ 图像透视:algorithm\image_perspective_transform\image_perspective_transform.py。

(3)在 aicam 工程包中添加项目前端应用 static\image_transformation。

(4)前端应用采用 RESTFul 接口获取处理后的视频流,返回 base64 编码的图像和结果数据。访问 URL 地址格式如下(IP 地址为边缘计算网关的地址):

```
http://192.168.100.200:4001/stream/[algorithm_name]?camera_id=0
```

前端应用 JS(js\index.js)处理代码请参考 2.2.2.1 节。

2.4.2.2 功能与核心代码设计

1)图像旋转

通过 OpenCV 实现图像旋转的算法文件如下(algorithm\image_rotation\image_rotation.py):

```
########################################################################
#文件:image_rotation.py
#说明:对图像进行旋转处理,并返回结果
########################################################################
import cv2 as cv
import numpy as np
import base64
import json
```

```python
class ImageRotation(object):
    def __init__(self):
        pass
    def image_to_base64(self, img):
        image = cv.imencode('.jpg', img, [cv.IMWRITE_JPEG_QUALITY, 60])[1]
        image_encode = base64.b64encode(image).decode() #python3 byte 转 str
        return image_encode
    def base64_to_image(self, b64):
        img = base64.b64decode(b64.encode('utf-8'))
        img = np.asarray(bytearray(img), dtype="uint8")
        img = cv.imdecode(img, cv.IMREAD_COLOR)
        return img
    def inference(self, image, param_data):
        #code：识别成功返回 200
        #msg：相关提示信息
        #origin_image：原始图像
        #result_image：处理之后的图像
        #result_data：结果数据
        return_result = {'code': 200, 'msg': None, 'origin_image': None, 'result_image': None, 'result_data': None}
        #获取图像的垂直尺度、水平尺度、通道数（image.shape[0],image.shape[1],image.shape[2]）
        image_shape = image.shape
        #对图像进行旋转
        #构造旋转矩阵，参数分别为旋转中心、旋转角度、缩放比例
        M = cv.getRotationMatrix2D((image_shape[0] / 2, image_shape[1] / 2), 45, 1)
        #图像旋转，参数分别为原始图像、旋转矩阵、原始图像宽高
        rotation_image = cv.warpAffine(image, M, (image_shape[0], image_shape[1]))
        return_result["result_image"] = self.image_to_base64(rotation_image)
        #返回图像处理结果和数据列表（如果没有数据，就返回空列表）
        return return_result
#单元测试，注意如果在处理类中有文件引用，则修改单元测试文件的路径
if __name__=='__main__':
    #创建视频捕获对象
    cap=cv.VideoCapture(0)
    if cap.isOpened()!=1:
        pass
    #循环获取图像、处理图像、显示图像
    while True:
        ret,img=cap.read()
        if ret==False:
            break
        #创建图像处理对象
        img_object= ImageRotation()
        #调用图像处理对象处理函数对图像进行加工处理
        result=img_object.inference(img,None)
        frame = img_object.base64_to_image(result["result_image"])
        #图像显示
```

```
                cv.imshow('frame',frame)
                key=cv.waitKey(1)
                if key==ord('q'):
                    break
        cap.release()
        cv.destroyAllWindows()
```

2）图像镜像

通过 OpenCV 实现图像镜像的算法文件如下（algorithm\image_mirroring\image_mirroring.py）：

```
###############################################################################
#文件：image_mirroring.py
#说明：对图像进行镜像翻转，并返回结果
###############################################################################
import cv2 as cv
import numpy as np
import base64
import json


class ImageMirroring(object):
    def __init__(self):
        pass
    def image_to_base64(self, img):
        image = cv.imencode('.jpg', img, [cv.IMWRITE_JPEG_QUALITY, 60])[1]
        image_encode = base64.b64encode(image).decode() #python3 byte 转 str
        return image_encode
    def inference(self, image, param_data):
        #code：识别成功返回 200
        #msg：相关提示信息
        #origin_image：原始图像
        #result_image：处理之后的图像
        #result_data：结果数据
        return_result = {'code': 200, 'msg': None, 'origin_image': None, 'result_image': None, 'result_data':
None}
        #对图像进行镜像旋转
        mirroring_image = cv.flip(image, 1)
        return_result["result_image"] = self.image_to_base64(mirroring_image)
        #返回图像处理结果和数据列表（如果没有数据，就返回空列表）
        return return_result
#单元测试，注意如果在处理类中有文件引用，则修改单元测试文件的路径
if __name__=='__main__':
    #创建视频捕获对象
    cap=cv.VideoCapture(0)
    if cap.isOpened()!=1:
        pass

    #循环获取图像、处理图像、显示图像
    while True:
```

```
                    ret,img=cap.read()
                    if ret==False:
                        break
                    #创建图像处理对象
                    img_object= ImageMirroring()
                    #调用图像处理对象处理函数对图像进行加工处理
                    result=img_object.inference(img,None)
                    frame = img_object.base64_to_image(result["result_image"])

                    #图像显示
                    cv.imshow('frame',frame)
                    key=cv.waitKey(1)
                    if key==ord('q'):
                        break
                cap.release()
                cv.destroyAllWindows()
```

3）图像缩放

通过 OpenCV 实现图像缩放的算法文件如下（algorithm\image_resize\image_resize.py）：

```
################################################################################
#文件：image_resize.py
#说明：改变图像的尺度大小，并返回结果
################################################################################
import cv2 as cv
import numpy as np
import base64
import json

class ImageResize(object):
    def __init__(self):
        pass
    def image_to_base64(self, img):
        image = cv.imencode('.jpg', img, [cv.IMWRITE_JPEG_QUALITY, 60])[1]
        image_encode = base64.b64encode(image).decode() #python3 byte 转 str
        return image_encode
    def base64_to_image(self, b64):
        img = base64.b64decode(b64.encode('utf-8'))
        img = np.asarray(bytearray(img), dtype="uint8")
        img = cv.imdecode(img, cv.IMREAD_COLOR)
        return img
    def inference(self, image, param_data):
        #code：识别成功返回 200
        #msg：相关提示信息
        #origin_image：原始图像
        #result_image：处理之后的图像
        #result_data：结果数据
        return_result = {'code': 200, 'msg': None, 'origin_image': None, 'result_image': None, 'result_data':
None}
```

```
        #scr：原始图像
        #dsize：输出图像的尺度（元组方式）
        #fx：沿水平轴缩放的比例因子
        #fy：沿垂直轴缩放的比例因子
        #interpolation：插值方法
        resize_image = cv.resize(image, None, fx=0.5, fy=0.5, interpolation=cv.INTER_AREA)

        return_result["result_image"] = self.image_to_base64(resize_image)
        #返回图像处理结果和数据列表（如果没有数据，就返回空列表）
        return return_result
#单元测试，注意如果在处理类中有文件引用，则修改单元测试文件的路径
if __name__=='__main__':
    #创建视频捕获对象
    cap=cv.VideoCapture(0)
    if cap.isOpened()!=1:
        pass

    #循环获取图像、处理图像、显示图像
    while True:
        ret,img=cap.read()
        if ret==False:
            break
        #创建图像处理对象
        img_object= ImageResize()
        #调用图像处理对象处理函数对图像进行加工处理
        result=img_object.inference(img,None)
        frame = img_object.base64_to_image(result["result_image"])

        #图像显示
        cv.imshow('frame',frame)
        key=cv.waitKey(1)
        if key==ord('q'):
            break
    cap.release()
    cv.destroyAllWindows()
```

4）透视变换

通过 OpenCV 实现透视变换的算法文件如下（algorithm\image_perspective_transform\image_perspective_transform.py）：

```
###################################################################################
#文件：image_perspective_transform.py
#说明：对图像进行透视处理，并返回结果
###################################################################################
import cv2 as cv
import numpy as np
import base64
import json
```

```python
class ImagePerspectiveTransform(object):
    def __init__(self):
        pass
    def image_to_base64(self, img):
        image = cv.imencode('.jpg', img, [cv.IMWRITE_JPEG_QUALITY, 60])[1]
        image_encode = base64.b64encode(image).decode()    #利用 Python3 将字节转为字符串
        return image_encode
    def base64_to_image(self, b64):
        img = base64.b64decode(b64.encode('utf-8'))
        img = np.asarray(bytearray(img), dtype="uint8")
        img = cv.imdecode(img, cv.IMREAD_COLOR)
        return img
    def inference(self, image, param_data):
        #code：识别成功返回 200
        #msg：相关提示信息
        #origin_image：原始图像
        #result_image：处理之后的图像
        #result_data：结果数据
        return_result = {'code': 200, 'msg': None, 'origin_image': None, 'result_image': None, 'result_data': None}

        h, w = image.shape[:2]
        #获取原始图像的四个角点
        pts1 = np.float32([[0, 0], [0, h - 1], [w - 1, h - 1], [w - 1, 0]])
        #变换后的四个顶点坐标
        pts2 = np.float32([[0, 0], [200, h - 36], [w - 36, h - 36], [w - 1, 0]])
        #先确定透视变换的系数
        M = cv.getPerspectiveTransform(pts1, pts2)
        #对原始图像进行变换
        dst = cv.warpPerspective(image, M, (500, 526))
        return_result["result_image"] = self.image_to_base64(dst)
        #返回图像处理结果和数据列表（如果没有数据，就返回空列表）
        return return_result
#单元测试，注意如果在处理类中有文件引用，则修改单元测试文件的路径
if __name__ == '__main__':
    #创建视频捕获对象
    cap=cv.VideoCapture(0)
    if cap.isOpened()!=1:
        pass

    #循环获取图像、处理图像、显示图像
    while True:
        ret,img=cap.read()
        if ret==False:
            break
        #创建图像处理对象
        img_object= ImagePerspectiveTransform()
        #调用图像处理对象处理函数对图像进行加工处理
```

```
result=img_object.inference(img,None)
frame = img_object.base64_to_image(result["result_image"])

#图像显示
cv.imshow('frame',frame)
key=cv.waitKey(1)
if key==ord('q'):
        break
cap.release()
cv.destroyAllWindows()
```

2.4.3　开发步骤与验证

2.4.3.1　开发项目部署

开发项目部署同 2.1.3.1 节。

2.4.3.2　项目运行验证

（1）在 SSH 终端中按照 2.1.3.3 节的方法运行启动脚本 start_aicam.sh，通过启动主程序 aicam.py 来运行本项目的案例工程。

（2）在客户端或者边缘计算网关端打开 Chrome 浏览器，输入页面地址并访问 http://192.168.100.200:4001/static/image_transformation/index.html，即可查看运行结果。

1）图像旋转

（1）在 AiCam 平台界面中选择菜单"图像旋转"，将返回旋转后的实时视频图像，如图 2.19 所示。

图 2.19　旋转后的实时视频图像

（2）修改算法文件（algorithm\image_rotation\image_rotation.py）的旋转参数，实现不同的旋转效果。

2）图像镜像

（1）在 AiCam 平台界面中选择菜单"图像镜像"，将返回镜像后的实时视频图像，如图 2.20 所示。

图 2.20   镜像后的实时视频图像

（2）修改算法文件（algorithm\image_mirroring\image_mirroring.py）的镜像参数，实现不同的镜像效果。

3）图像缩放

（1）在 AiCam 平台界面中选择菜单"图像缩放"，将返回缩放后的实时视频图像，如图 2.21 所示。

图 2.21   缩放后的实时视频图像

（2）修改算法文件（algorithm\image_resize\image_resize.py）的缩放参数，实现不同的缩放效果。

4）图像透视

（1）在 AiCam 平台界面中选择菜单"图像透视变化"，将返回透视后的实时视频图像，如图 2.22 所示。

图 2.22　透视后的实时视频图像

（2）修改算法文件（algorithm\image_perspective_transform\image_perspective_transform.py）的透视参数，实现不同的透视效果。

2.4.4　小结

本项目首先介绍了图像的旋转、镜像、缩放和透视等几何变换的原理，并介绍了 OpenCV 实现这些几何变换的相关函数和用法；然后介绍了在 AiCam 平台实现几何变换相关的核心代码；最后介绍了如何在 SSH 终端中进行工程部署，以及在终端的浏览器中返回上述几何变换的实时视频图像。

2.4.5　思考与拓展

（1）图像的旋转、镜像和缩放的原理是什么？这些几何变换在 OpenCV 中是通过哪些函数实现的？

（2）图像的透视变换的原理是什么？在 OpenCV 中是通过什么函数实现的？

（3）如何在 SSH 终端中实现工程部署及上述几何变换？

（4）请尝试修改上述几何变换函数的参数，观察修改参数后的变换效果。

2.5 图像边缘检测开发实例

边缘检测是图像处理和计算机视觉中的基本应用，边缘检测的目的是标识数字图像中亮度变化明显的点。图像属性的显著变化通常反映了属性的重要事件和变化，通过图像边缘检测可以大幅地减少数据量，并剔除不相关的信息，保留了图像重要的结构属性。本项目分别使用了 Sobel 算子、Scharr 算子、Laplacian 算子、Canny 算子等经典的算子进行图像边缘检测。

本项目要求掌握的知识点如下：

（1）图像边缘检测的方法。

（2）OpenCV 中的 Sobel 算子、Scharr 算子、Laplacian 算子、Canny 算子等的使用。

（3）结合 OpenCV 和 AiCam 平台进行图像边缘检测。

2.5.1　原理分析

图像梯度计算的是图像变化的速度，一般情况下，图像梯度计算的是图像的边缘信息。对于图像的边缘部分，其灰度变化较大，梯度也较大；相反，对于图像中比较平滑的部分，其灰度变化较小，相应的梯度也较小。

OpenCV 下有三种不同的梯度滤波器：Sobel 算子、Scharr 算子、Laplacian 算子。Sobel 算子、Scharr 算子是求一阶或者二阶导数；Scharr 算子是对 Sobel 算子的优化；Laplacian 算子是求二阶导数。通过计算图像梯度，可对图像进行锐化处理，使得图像更清晰。

1）Sobel 算子

Sobel 算子是一种离散的微分算子，该算子结合了高斯平滑和微分求导运算，利用局部差分寻找边缘，计算结果是梯度的一个近似值。

Sobel 算子利用周围邻域 8 个像素的灰度来估计中心像素的梯度，但 Sobel 算子认为靠近中心的像素应该给予更高的权重，所以 Sobel 算子把与中心像素 4 邻接的像素权重设置为 2 或-2。Sobel 算子的梯度计算公式如下：

$$\frac{\partial I}{\partial x} = I(i-1,j+1) + 2I(i,j+1) + I(i+1,j+1) - I(i-1,j-1) - 2I(i,j-1) - I(i+1,j+1) \quad (2\text{-}31)$$

$$\frac{\partial I}{\partial y} = I(i+1,j-1) + 2I(i+1,j) + I(i+1,j+1) - I(i-1,j-1) - 2I(i-1,j) - I(i-1,j+1) \quad (2\text{-}32)$$

因此，Sobel 算子边缘检测的卷积核为：

$$m_x = \begin{bmatrix} -1 & 0 & +1 \\ -2 & 0 & +2 \\ -1 & 0 & +1 \end{bmatrix}, m_y = \begin{bmatrix} -1 & -2 & -1 \\ 0 & 0 & 0 \\ +1 & +2 & +1 \end{bmatrix} \quad (2\text{-}33)$$

Sobel 算子边缘检测效果如图 2.23 所示。

2）Scharrt 算子

Scharr 算子与 Sobel 算子的运算方式类似，分别计算 x 方向或 y 方向的图像差分。可以说，Scharr 算子是 Sobel 算子的改进。Scharr 算子运算准确度更高、效果更好。

Scharr 算子边缘检测的卷积核为：

$$m_x = \begin{bmatrix} -3 & 0 & +3 \\ -10 & 0 & +10 \\ -3 & 0 & +3 \end{bmatrix}, m_y = \begin{bmatrix} -3 & -10 & -3 \\ 0 & 0 & 0 \\ +3 & +10 & +3 \end{bmatrix} \tag{2-34}$$

对于图像的每个像素，我们可以通过组合上述结果来计算该像素的梯度近似值：

$$G = \sqrt{G_x^2 + G_y^2} \ \text{或者} \ G = |G_x| + |G_y| \tag{2-35}$$

Scharr 算子边缘检测效果如图 2.24 所示。

图 2.23　Sobel 算子边缘检测效果　　　　图 2.24　Scharr 算子边缘检测效果

3）Laplacian 算子

Laplacian 算子是图像邻域内像素灰度差分计算的基础，是一种通过二阶微分推导图像邻域增强算法。Laplacian 算子的基本思想是当邻域的中心像素灰度低于它所在邻域内的其他像素的平均灰度时，此中心像素的灰度应该进一步降低；当高于时进一步提高中心像素的灰度，从而实现锐化处理。

对于图像的二阶微分可以用 Laplacian 算子来表示：

$$\nabla^2 f = \frac{\partial^2 f}{\partial x^2} + \frac{\partial^2 f}{\partial y^2}$$
$$= [f(x+1,y) - f(x,y)] - [f(x,y) - f(x-1,y)] + [f(x,y+1) - f(x,y)] - [f(x,y) - f(x,y-1)] \tag{2-36}$$
$$= f(x+1,y) + f(x-1,y) + f(x,y+1) + f(x,y-1) - 4f(x,y)$$

对应的二阶微分卷积核为：

$$m = \begin{bmatrix} 0 & 1 & 0 \\ 1 & -4 & 1 \\ 0 & 1 & 0 \end{bmatrix} \tag{2-37}$$

虽然使用二阶微分进行边缘检测的方法简单，但其缺点是对噪声十分敏感，同时也无法提供边缘的方向信息。因此通常的做法是先对图像进行高斯低通滤波，然后对滤波后的图像利用 Laplacian 算子进行边缘检测，即 LoG（Laplacian of Gassian）算法。

Laplacian 算子边缘检测效果如图 2.25 所示。

4）Canny 边缘检测

Canny 边缘检测当今最流行的边缘检测方法

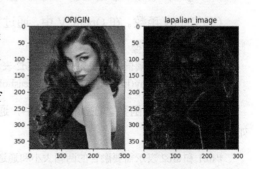

图 2.25　Laplacian 算子边缘检测

之一，非常强大和灵活。该方法主要处理过程如下：

（1）降噪。原始图像的像素通常会导致噪声边缘，因此在计算边缘之前减少噪声很重要。在 Canny 边缘检测中，高斯模糊过滤器用于从本质上去除或最小化可能导致不良边缘的不必要细节。

（2）计算图像的强度梯度。图像平滑（模糊）后，先使用 Sobel 算子进行水平和垂直过滤，再使用这些过滤操作的结果来计算每个像素的强度梯度

（3）抑制假边。在降低噪声和计算强度梯度后，使用一种称为边缘非最大抑制的技术来过滤掉不必要的像素（实际上可能并不构成边缘），因此要在正负梯度方向上将每个像素与其相邻的像素进行比较。如果当前像素的梯度大于其相邻像素，则保持不变；否则将当前像素的梯度设置为零。

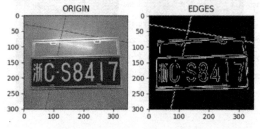

图 2.26　Canny 边缘检测效果

（4）滞后阈值。在 Canny 边缘检测的最后中，对梯度与两个阈值进行比较。

Canny 边缘检测效果如图 2.26 所示。

5）OpenCV 中的常用边缘检测方法

（1）Sobel 函数：在 OpenCV 中，通过 Sobel 函数可以对图像进行边缘检测，说明如下：

```
#ddepth 表示图像的深度；dx 和 dy 分别表示水平和竖直方向；ksize 表示 Sobel 算子的大小
cv2.Sobel(src, ddepth, dx, dy, ksize)
```

（2）Scharr 函数。在 OpenCV 中，通过 Scharr 函数可以对图像进行高精度的边缘检测，说明如下：

```
#ddepth 表示图像的深度；dx 和 dy 分别表示水平和竖直方向
cv2.Scharr(src,ddepth,dx,dy)
```

（3）Laplacian 函数。在 OpenCV 中，通过 Laplacian 函数可以对图像进行边缘检测，说明如下：

```
#第一个参数是需要处理的图像；第二个参数是图像的深度，–1 表示采用的是与原始图像相同的深度，
目标图像的深度必须大于等于原始图像的深度；其后是可选的参数：ksize 表示 Laplacian 算子的大小，必须
为 1、3、5、7，默认为 1；scale 表示缩放系数的比例常数，默认情况下没有伸缩系数；delta 是一个可选的
增量，将会加到最终的 dst 中，同样，默认情况下没有额外的值加到 dst 中；borderType 是判断图像边界的
模式，该参数的默认值为 CV2.BORDER_DEFAULT
cv2.Laplacian(src, ddepth[, dst[, ksize[, scale[, delta[, borderType]]]]])
```

（4）Canny 函数。在 OpenCV 中，通过 Canny 函数可以对图像边缘进行检测，说明如下：

```
#image：原始图像
#threshold1 表示阈值 1 (minVal)，threshold2 表示阈值 2 (maxVal)，推荐的高低阈值比在 2:1 到 3:1 之间
edges = cv2.Canny(image, threshold1, threashold2)
```

（5）图像融合函数。在 OpenCV 中，通过图像融合函数可以对图像进行边缘检测，说明如下：

```
#src1 和 src2 表示需要融合的两幅大小和通道数相等的图像；alpha 表示 src1 的权重；beta 表示 src2 的
权重；gamma 表示 gamma 修正系数，不需要修正则设置为 0；dst 为可选参数，用于保存输出结果，默认值
为 None，如果为非 None，则将输出图像保存到 dst 对应的实参中，其大小和通道数与输入图像相同，图像
```

的深度由 dtype 参数或输入图像确认；dtype 为可选参数，表示输出图像数组的深度，即图像单个像素值的位数（如 RGB 用 3 字节表示，则为 24 位），选默认值 None 表示与原始图像保持一致；返回值为融合后的图像

addWeighted(src1, alpha, src2, beta, gamma, dst=None, dtype=None)

2.5.2 开发设计与实践

2.5.2.1 架构设计

本项目基于 AiCam 平台的开发框架（见图 1.3）进行开发，开发流程如下：

（1）在 aicam 工程包的配置文件中添加摄像头（config\app.json），详细代码请参考 2.1.2.1 节。

（2）在 aicam 工程包中添加算法文件 algorithm\image_edge_detection\image_edge_detection.py。

（3）在 aicam 工程包中添加项目前端应用 static\image_edge_detection。

（4）前端应用采用 RESTFul 接口获取处理后的视频流，返回 base64 编码的图像和结果数据。访问 URL 地址格式如下（IP 地址为边缘计算网关的地址）：

http://192.168.100.200:4001/stream/*[algorithm_name]*?camera_id=0

前端应用 JS（js\index.js）处理代码请参考 2.2.2.1 节。

2.5.2.2 功能与核心代码设计

1）Sobel 函数

通过 OpenCV 的 Sobel 函数进行梯度计算的算法文件如下（algorithm\image_sobel\image_sobel.py）：

```
################################################################################
文件：image_sobel.py
#说明：边缘提取算子 cv.Sobel，其作用是对图像进行边缘提取
#注释：必选参数有 src、ddepth，可以理解为数据类型，-1 表示与原始图像相同的深度
#dx、dy：当 dx=1、dy=0 时求 x 方向的一阶导数，当 dx=0、dy=1 时求 y 方向的一阶导数（如果同时为 1，通常得不到想要的结果）
################################################################################
import cv2 as cv
import numpy as np
import base64
import json
import matplotlib.pyplot as plt

class ImageSobel(object):
    def __init__(self):
        pass

    def image_to_base64(self, img):
        image = cv.imencode('.jpg', img, [cv.IMWRITE_JPEG_QUALITY, 60])[1]
        image_encode = base64.b64encode(image).decode()
        return image_encode

    def base64_to_image(self, b64):
```

```python
        img = base64.b64decode(b64.encode('utf-8'))
        img = np.asarray(bytearray(img), dtype="uint8")
        img = cv.imdecode(img, cv.IMREAD_COLOR)
        return img

    def inference(self, image, param_data):
        #code：识别成功返回 200
        #msg：相关提示信息
        #origin_image：原始图像
        #result_image：处理之后的图像
        #result_data：结果数据
        return_result = {'code': 200, 'msg': None, 'origin_image': None, 'result_image': None, 'result_data': None}

        gray_x = cv.Sobel(image, cv.CV_32F, 1, 0)    #x 方向一阶导数
        gray_y = cv.Sobel(image, cv.CV_32F, 0, 1)    #y 方向一阶导数
        gradx = cv.convertScaleAbs(gray_x)    #转回原来的 uint8 形式
        grady = cv.convertScaleAbs(gray_y)
        gradxy = cv.addWeighted(gradx, 0.5, grady, 0.5, 0)    #图像融合

        return_result["result_image"] = self.image_to_base64(gradxy)
        #返回图像处理结果和数据列表（如果没有数据，就返回空列表）
        return return_result
#单元测试，注意在处理类中如果有文件引用，则要修改单元测试的文件路径
if __name__ == '__main__':
    #读取测试图像
    img = cv.imread('test.jpg', cv.IMREAD_COLOR)
    img_copy = img.copy()
    #创建图像处理对象
    img_object=ImageSobel()
    #调用图像处理函数对图像加工处理
    result = img_object.inference(img, None)
    sobel_image = img_object.base64_to_image(result["result_image"])
    #显示处理结果
    plt.figure(0)
    #显示原始图像
    plt.subplot(1,2,1)
    plt.imshow(img_copy[:,:,[2,1,0]])
    plt.title('ORIGIN')
    #显示 sobel 算子作用后的图
    plt.subplot(1,2,2)
    plt.imshow(sobel_image[:,:,[2,1,0]])
    plt.title('sobel_image')
    plt.show()

    while True:
        key=cv.waitKey(1)
        if key==ord('q'):
            break
```

```
        cap.release()
        cv.destroyAllWindows()
```

2）Scharr 函数

通过 OpenCV 的 Scharr 函数进行边缘提取的算法文件如下（algorithm\image_scharr\image_scharr.py）：

```
#######################################################################
#文件：image_scharr.py
#注释：src 表示输入的图像，ddepth 表示图像的深度，通常使用－1，这里使用 cv.CV_64F，允许结果
是负值，dx 表示 x 方向算子，dy 表示 y 方向算子
#######################################################################
import cv2 as cv
import numpy as np
import base64
import json
import matplotlib.pyplot as plt

class ImageScharr(object):
    def __init__(self):
        pass

    def image_to_base64(self, img):
        image = cv.imencode('.jpg', img, [cv.IMWRITE_JPEG_QUALITY, 60])[1]
        image_encode = base64.b64encode(image).decode()
        return image_encode

    def base64_to_image(self, b64):
        img = base64.b64decode(b64.encode('utf-8'))
        img = np.asarray(bytearray(img), dtype="uint8")
        img = cv.imdecode(img, cv.IMREAD_COLOR)
        return img

    def inference(self, image, param_data):
        #code：识别成功返回 200
        #msg：相关提示信息
        #origin_image：原始图像
        #result_image：处理之后的图像
        #result_data：结果数据
        return_result = {'code': 200, 'msg': None, 'origin_image': None, 'result_image': None, 'result_data': None}

        #构造 x 方向的算子
        grad_x = cv.Scharr(image, cv.CV_32F, 1, 0)
        #构建 y 方向的算子
        grad_y = cv.Scharr(image, cv.CV_32F, 0, 1)
        #将像素进行绝对值计算
        gradx = cv.convertScaleAbs(grad_x)
        grady = cv.convertScaleAbs(grad_y)
```

```
            #两幅图像的像素相加时各自按一定的权重比例取值来相加，然后进行图像融合
            gradxy = cv.addWeighted(gradx, 0.5, grady, 0.5, 0)

            return_result["result_image"] = self.image_to_base64(gradxy)
            #返回图像处理结果和数据列表（如果没有数据，就返回空列表）
            return return_result
#单元测试，注意在处理类中如果有文件引用，则要修改单元测试的文件路径
if __name__=='__main__':
    #读取测试图像
    img = cv.imread('test.jpg', cv.IMREAD_COLOR)
    img_copy = img.copy()
    #创建图像处理对象
    img_object=ImageScharr()
    #调用图像处理函数对图像加工处理
    result = img_object.inference(img, None)
    scharr_image = img_object.base64_to_image(result["result_image"])

    #显示处理结果
    plt.figure(0)
    #显示原始图像
    plt.subplot(1,2,1)
    plt.imshow(img_copy[:,:,[2,1,0]])
    plt.title('ORIGIN')
    #显示 Scharr 算子作用后的图像
    plt.subplot(1,2,2)
    plt.imshow(scharr_image[:,:,[2,1,0]])
    plt.title('scharr_image')
    plt.show()

    while True:
        key=cv.waitKey(1)
        if key==ord('q'):
            break
    cap.release()
    cv.destroyAllWindows()
```

3）Laplacian 函数

Laplacian 算子是一种二阶导数算子，具有旋转不变性，可以满足不同方向的图像边缘锐化（边缘检测）的要求。通过 OpenCV 的 Laplacian 函数进行图像梯度计算的算法文件如下（algorithm\image_lapalian\ image_lapalian.py）：

```
########################################################################
#文件：image_lapalian.py
#注释：laplacian 函数可用于灰度图像和彩色图像
########################################################################
import cv2 as cv
import numpy as np
import base64
import json
```

```python
import matplotlib.pyplot as plt

class ImageLapalian(object):
    def __init__(self):
        pass

    def image_to_base64(self, img):
        image = cv.imencode('.jpg', img, [cv.IMWRITE_JPEG_QUALITY, 60])[1]
        image_encode = base64.b64encode(image).decode()
        return image_encode

    def base64_to_image(self, b64):
        img = base64.b64decode(b64.encode('utf-8'))
        img = np.asarray(bytearray(img), dtype="uint8")
        img = cv.imdecode(img, cv.IMREAD_COLOR)
        return img

    def inference(self, image, param_data):
        #code: 识别成功返回 200
        #msg: 相关提示信息
        #origin_image: 原始图像
        #result_image: 处理之后的图像
        #result_data: 结果数据
        return_result = {'code': 200, 'msg': None, 'origin_image': None, 'result_image': None, 'result_data': None}

        #对图像进行边缘锐化处理
        dst = cv.Laplacian(image, cv.CV_32F)
        #对像素进行绝对值计算
        lpls = cv.convertScaleAbs(dst)
        #自定义卷积核
        #kernel = np.array([[0, 1, 0], [1, -4, 1], [0, 1, 0]])
        #dst = cv.filter2D(image, cv.CV_32F, kernel=kernel)
        lpls = cv.convertScaleAbs(dst)    #单通道
        #返回图像处理结果和数据列表(如果没有数据,就返回空列表)

        return_result["result_image"] = self.image_to_base64(lpls)
        return return_result
#单元测试,注意在处理类中如果有文件引用,则要修改单元测试的文件路径
if __name__ == '__main__':
    #读取测试图像
    img = cv.imread('test.jpg', cv.IMREAD_COLOR)
    img_copy = img.copy()
    #创建图像处理对象
    img_object=ImageLapalian()
    #调用图像处理函数对图像加工处理
    result = img_object.inference(img, None)
    lap_image = img_object.base64_to_image(result["result_image"])

    #显示处理结果
    plt.figure(0)
    #显示原始图像
    plt.subplot(1,2,1)
```

```
plt.imshow(img_copy[:,:,[2,1,0]])
plt.title('ORIGIN')
#显示 Laplacian 算子作用后的图像
plt.subplot(1,2,2)
plt.imshow(lap_image[:,:,[2,1,0]])
plt.title('lapalian_image')
plt.show()

while True:
    key=cv.waitKey(1)
    if key==ord('q'):
        break
cap.release()
cv.destroyAllWindows()
```

4）图像边缘检测

通过 OpenCV 的 Canny 函数可实现图像边缘检测转，该函数的输入为原始图像，输出为边缘检测之后的图像，算法文件如下（algorithm\image_edge_detection \image_edge_detection.py）：

```
##############################################################################
#文件：image_edge_detection.py
#说明：获取图像的边缘，Canny 边缘检测是一种流行的边缘检测算法。
##############################################################################
import cv2 as cv
import numpy as np
import base64
import json
import matplotlib.pyplot as plt

class ImageEdgeDetection(object):
    def __init__(self):
        pass

    def image_to_base64(self, img):
        image = cv.imencode('.jpg', img, [cv.IMWRITE_JPEG_QUALITY, 60])[1]
        image_encode = base64.b64encode(image).decode()
        return image_encode

    def base64_to_image(self, b64):
        img = base64.b64decode(b64.encode('utf-8'))
        img = np.asarray(bytearray(img), dtype="uint8")
        img = cv.imdecode(img, cv.IMREAD_COLOR)
        return img

    def inference(self, image, param_data):
        #code：识别成功返回 200
        #msg：相关提示信息
        #origin_image：原始图像
        #result_image：处理之后的图像
        #result_data：结果数据
        return_result={'code':200,'msg':None,'origin_image':None,'result_image':None,'result_data':None}
```

```
#图像灰度化处理
gray = cv.cvtColor(image, cv.COLOR_BGR2GRAY)
#边缘检测处理
#image: 原始图像
#threshold1: 阈值 1 (minVal)
#threshold2: 阈值 2 (maxVal)
#推荐的高低阈值比在 2:1 到 3:1 之间
edges = cv.Canny(gray, 100, 200)

return_result["origin_image"] = self.image_to_base64(image)
return_result["result_image"] = self.image_to_base64(edges)
#返回图像处理结果和数据列表（如果没有数据，就返回空列表）
return return_result
#单元测试，注意如果在处理类中有文件引用，则修改单元测试文件的路径
if __name__=='__main__':
    #读取测试图像
    img = cv.imread('test.jpg', cv.IMREAD_COLOR)
    #创建图像处理对象
    img_object = ImageEdgeDetection()
    #调用图像处理对象处理函数对图像进行加工处理
    result = img_object.inference(img, None)
    origin = img_object.base64_to_image(result["origin_image"])
    edges = img_object.base64_to_image(result["result_image"])

    #显示处理结果
    plt.figure(0)
    plt.subplot(1,2,1)
    #显示原始图像
    plt.imshow(origin[:,:,[2,1,0]])
    plt.title('ORIGIN')
    #显示灰度图像
    plt.subplot(1,2,2)
    plt.imshow(edges,cmap="gray")
    plt.title('EDGES')
    plt.show()

    while True:
        key=cv.waitKey(1)
        if key==ord('q'):
            break
    cap.release()
    cv.destroyAllWindows()
```

2.5.3　开发步骤与验证

2.5.3.1　开发项目部署

开发项目部署同 2.1.3.1 节。

2.5.3.2　项目运行验证

（1）在 SSH 终端中按照 2.1.3.3 节的方法运行启动脚本 start_aicam.sh，通过启动主程序

aicam.py 来运行本项目的案例工程。

（2）在客户端或者边缘计算网关端打开 Chrome 浏览器，输入页面地址并访问 http://192.168.100.200:4001/static/image_edge_detection/index.html，即可查看运行结果。

1）Sobel 算子

将本项目的样图放在摄像头视窗内，在 AiCam 平台界面中选择菜单"Sobel 算子"，将会返回 Sobel 算子作用后的实时视频图像对象，如图 2.27 所示。

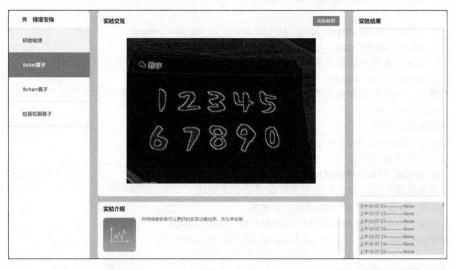

图 2.27　Sobel 算子作用后的实时视频图像对象

2）Scharr 算子

将本项目的样图放在摄像头视窗内，在 AiCam 平台界面中选择菜单"Scharr 算子"，将会返回 Scharr 算子作用后的实时视频图像对象，如图 2.28 所示。

图 2.28　Scharr 算子作用后的实时视频图像对象

3）Laplacian 算子

将本项目的样图放在摄像头视窗内，在 AiCam 平台界面中选择菜单"拉普拉斯算子"，将会返回 Laplacian 算子作用后的实时视频图像对象，如图 2.29 所示。

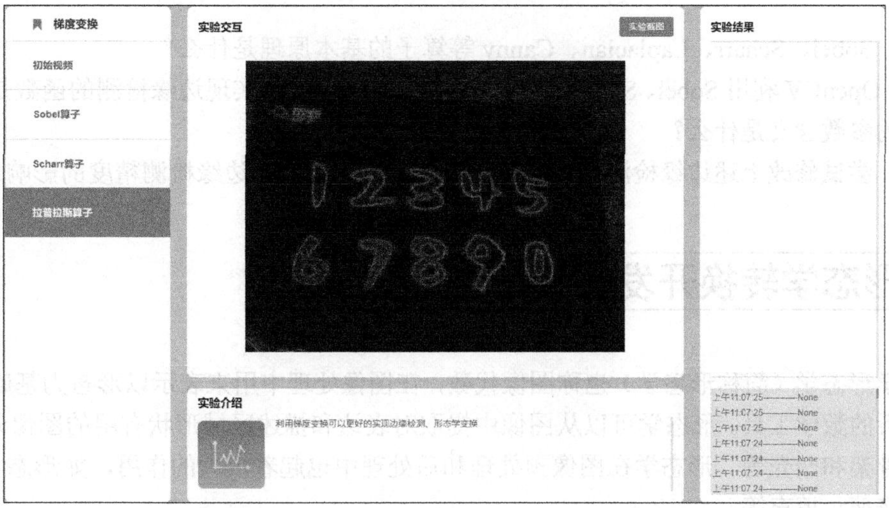

图 2.29　Laplacian 算子作用后的实时视频图像对象

4）图像边缘检测

在 AiCam 平台界面中选择菜单"图像边缘检测"，将返回图像边缘的实时视频图像，如图 2.30 所示。

图 2.30　图像边缘检测效果

2.5.4　小结

本项目首先介绍了使用 Sobel、Scharr、Laplacian、Canny 等算子进行边缘检测的基本原理，以及 OpenCV 利用这些算子实现边缘检测的相关函数和用法；然后介绍了 AiCam 平台实现上述边缘检测方法的核心代码；最后介绍了如何在 SSH 终端中进行工程部署，在浏览器中对摄像头视窗内的目标进行边缘检测。

2.5.5　思考与拓展

（1）Sobel、Scharr、Laplacian、Canny 等算子的基本原理是什么？

（2）OpenCV 利用 Sobel、Scharr、Laplacian、Canny 等算子实现边缘检测的函数是什么？各函数的参数含义是什么？

（3）尝试修改上述边缘检测函数的参数，分析不同参数对边缘检测精度的影响。

2.6　形态学转换开发实例

数学形态学（简称形态学）也称图像代数，在图像处理中用来表示以形态为基础对图像进行分析的数学工具。形态学可以从图像中提取对表达和描述区域形状有用的图像分量，如边界、骨架和凸壳等。形态学在图像预处理和后处理中也起着很大的作用，如形态学过滤、细化、修剪、填充等。

通常，形态学是通过在图像中移动一个结构元素并进行一种类似于卷积操作的方式来实现图像处理的。和卷积核类似，结构元素可以具有任意的大小，也可以是包含任意 0 与 1 的组合。在每个像素位置，结构元素和与之对应的二值化图像中区域进行特定的逻辑运算，运算的结果（二进制数）保存在输出图像中对应的像素上。图像处理的效果取决于结构元素的大小、内容及逻辑运算的性质。常用的形态学转换有四种：腐蚀、膨胀、开运算、闭运算。

本项目要求掌握的知识点如下：

（1）OpenCV 中的图像腐蚀、膨胀、开运算、闭运算等形态学转换方法。

（2）结合 OpenCV 和 AiCam 平台进行图像形态学转换开发。

2.6.1　原理分析

2.6.1.1　算法原理

1）腐蚀

腐蚀是一种消除边界点，使边界向内部收缩的过程。腐蚀的目的是把目标区域范围"变小"，可以用来消除小且无意义的物体。一般意义的腐蚀概念定义为：

$$E = A - B = \{x, y \mid B_{xy} \subseteq A\} \tag{2-38}$$

由结构元素 B 对二值化图像 A 腐蚀所产生的二值化图像 E 是满足以下条件的点 (x,y) 的集合：如果 B 的原点位移到点 (x,y)，那么 B 将完全包含于 A 中。图像腐蚀如图 2.31 所示。

图 2.31（a）所示为一个简单的二值化图像；图 2.31（b）所示为一个正方形结构元素，黑点表示结构元素的原点；图 2.31（c）中的外边界与二值化图像 A 的边界一致，以其作为基准，阴影区域的边界是 B 的原点进一步移动的界限，超出这个界限会使集合不再完全包含于 A 中。因此，在这个边界内（即阴影区域）点的位置构成了使用 B 对 A 进行的腐蚀。图 2.31（d）所示为一个矩形结构元素，图 2.31（e）所示为用矩形结构元素腐蚀 A 的结果，发现原来的图像被腐蚀成一条线。可见，腐蚀结果与结构元素的大小相关。除此之外，结构元素可以有不同的形状，如线条、十字形、矩形、正方形等。

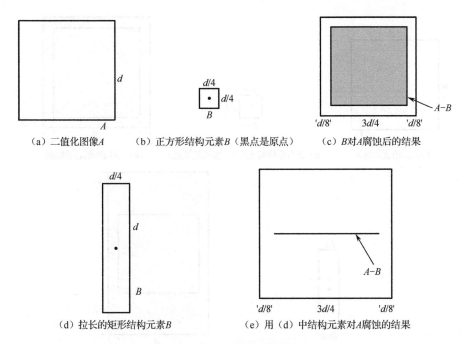

（a）二值化图像A　　　　（b）正方形结构元素B（黑点是原点）　　　（c）B对A腐蚀后的结果

（d）拉长的矩形结构元素B　　　　　（e）用（d）中结构元素对A腐蚀的结果

图 2.31　图像腐蚀示意图

腐蚀的示例如图 2.32 所示，腐蚀过程为：用 3×3 的结构元素扫描图像的每个像素，用结构元素与其覆盖的二值化图像进行与操作，如果都为 1，结果图像的该像素为 1，否则为 0。

2）膨胀

膨胀和腐蚀是一对相反的操作，将与物体接触的所有背景点合并到该物体中，使物体边界向外部扩张。膨胀的定义为：

$$E = A + B = \{x, y \mid B_{xy} \bigcap A \neq \varnothing\}$$

$$(2\text{-}39)$$

B 对 A 膨胀产生的二值化图像 D 是由这样的点 (x, y) 组成的集合，如果 B 的原点位移到 (x, y)，那么它与 A 的交集非空。图像膨胀如图 2.33 所示。

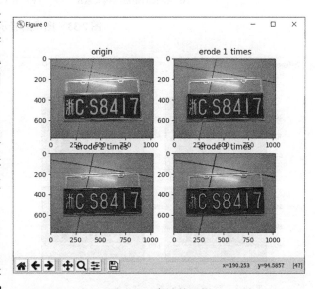

图 2.32　腐蚀的示例

图 2.33（a）所示为二值化图像；图 2.33（b）所示为正方形结构元素，黑点表示结构元素的原点；图 2.33（c）中的内边界与二值化图像 A 的边界一致，以其作为基准，阴影区域的边界表示 B 的原点进一步移动的界限，超出这个界限会使 B_{xy} 和 A 的交集为空。因此，所有处在这个边界内的点构成了使用 B 对 A 进行的膨胀。图 2.33（d）所示为矩形结构元素；图 2.33（e）所示为用矩形结构元素膨胀 A 的结果，此时原始的二值化图像被扩大了。可见，膨胀结果与结构元素的大小相关。除此之外，结构元素可以有不同的形状，如线条、十字形、矩形、正方形等。

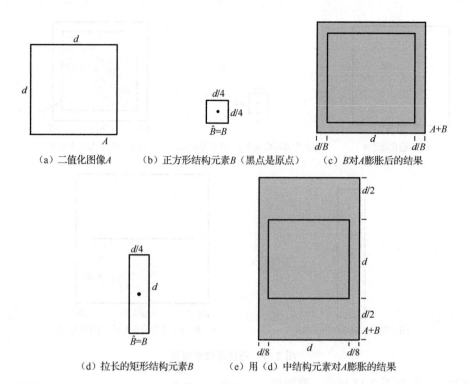

（a）二值化图像A　　　（b）正方形结构元素B（黑点是原点）　　　（c）B对A膨胀后的结果

（d）拉长的矩形结构元素B　　　（e）用（d）中结构元素对A膨胀的结果

图2.33　图像膨胀示意图

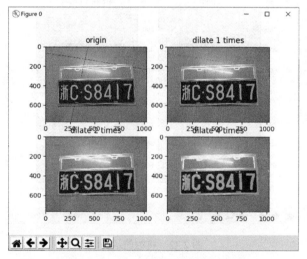

图2.34　膨胀的示例

膨胀会使目标区域范围"变大"，将与目标区域接触的背景点合并到该目标区域中，使目标区域的边界向外部扩张。膨胀可以用来填补目标区域中的某些空洞，以及消除包含在目标区域中的小颗粒噪声。膨胀的示例如图2.34所示。

3）闭运算

先膨胀后腐蚀的过程称为闭运算，用来填充物体内的细小空洞、连接邻近物体，可以在不明显改变物体表面积的情况下平滑物体的边界。

使用结构元素 B 对图像 A 进行闭运算的定义为：

$$A \cdot B = (A + B) - B \qquad (2\text{-}40)$$

4）开运算

先腐蚀后膨胀的过程称为开运算，用来消除小物体、在纤细点处分离物体，可以在不明显改变物体表面积的情况下平滑物体的边界。开运算一般会使对象的轮廓变得光滑、断开狭窄的间断和消除细的突出物。

使用结构元素 B 对图像 A 进行开运算的定义为：

$$A \circ B = (A - B) + B \qquad (2\text{-}41)$$

2.6.1.2　常用方法

1）腐蚀

在 OpenCV 中，通过 erode 函数可以对图像进行腐蚀，说明如下：

```
#dst 表示处理的结果；src 表示原始图像；kernel 表示卷积核；iterations 表示迭代次数
cv2.erode(src,kernel,iternations)
```

2）膨胀

在 OpenCV 中，通过 dilate 函数可以对图像进行膨胀，说明如下：

```
#src 表示原始图像；kernel 表示卷积核；iterations 表示迭代次数
cv2.dilate(src,kernel,iternations)
```

3）开运算

在 OpenCV 中，通过 morphologyEx 函数可以对图像进行开运算，说明如下：

```
#src 表示原始图像；kernel 表示卷积核；cv2.MOPRH_OPEN 表示开运算；iterations 表示迭代次数
cv2.morphologyEx (src, cv2. MOPRH_OPEN, kernel, iterations)
```

4）闭运算

在 OpenCV 中，通过 morphologyEx 函数可对图像进行闭运算，说明如下：

```
#src 表示原始图像；kernel 表示卷积核；cv2.MOPRH_CLOSE 表示闭运算；iterations 表示迭代次数
cv2.morphologyEx (src, cv2. MOPRH_CLOSE, kernel, iterations)
```

2.6.2　开发设计与实践

2.6.2.1　架构设计

本项目基于 AiCam 平台的开发框架（见图 1.3）进行开发，开发流程如下：

（1）在 aicam 工程包的配置文件中添加摄像头（config\app.json），详细代码请参考 2.1.2.1 节。

（2）在 aicam 工程包中添加：

- 腐蚀算法：algorithm\image_eroch\image_eroch.py。
- 膨胀算法：algorithm\image_dilate\image_dilate.py。
- 开运算算法：algorithm\image_opening\image_opening.py。
- 闭运算算法：algorithm\image_closing\image_closing.py

（3）在 aicam 工程包中添加项目前端应用 static\image_mathematical。

（4）前端应用采用 RESTFul 接口获取处理后的视频流，返回 base64 编码的图像和结果数据。访问 URL 地址格式如下（IP 地址为边缘计算网关的地址）：

```
http://192.168.100.200:4001/stream/[algorithm_name]?camera_id=0
```

前端应用 JS（js\index.js）处理代码请参考 2.2.2.1 节。

2.6.2.2　功能与核心代码设计

1）腐蚀

通过 OpenCV 的 erode 函数实现图像腐蚀的算法文件如下（algorithm\image_eroch\image_eroch.py）：

```python
################################################################
#文件：image_eroch.py
#说明：对图像进行腐蚀处理，并返回结果
################################################################
import cv2 as cv
import numpy as np
import base64
import json
import matplotlib.pyplot as plt


class ImageEroch(object):
    def __init__(self):
        pass

    def image_to_base64(self, img):
        image = cv.imencode('.jpg', img, [cv.IMWRITE_JPEG_QUALITY, 60])[1]
        image_encode = base64.b64encode(image).decode()
        return image_encode

    def base64_to_image(self, b64):
        img = base64.b64decode(b64.encode('utf-8'))
        img = np.asarray(bytearray(img), dtype="uint8")
        img = cv.imdecode(img, cv.IMREAD_COLOR)
        return img

    def inference(self, image, param_data):
        #code：识别成功返回 200
        #msg：相关提示信息
        #origin_image：原始图像
        #result_image：处理之后的图像
        #result_data：结果数据
        return_result = {'code': 200, 'msg': None, 'origin_image': None, 'result_image': None, 'result_data': None}

        #二值化
        gray = cv.cvtColor(image, cv.COLOR_BGR2GRAY)
        res, thresh = cv.threshold(gray, 0, 255, cv.THRESH_OTSU)

        #腐蚀
        kernel = np.ones((3, 3), np.uint8)
        erode = cv.erode(thresh, kernel, iterations=1)

        return_result["result_image"] = self.image_to_base64(erode)
        #返回图像处理结果和数据列表（如果没有数据，就返回空列表）
        return return_result


#单元测试，注意在处理类中如果有文件引用，则要修改单元测试的文件路径
if __name__ == '__main__':
```

```
#读取测试图像
img = cv.imread('test.jpg', cv.IMREAD_COLOR)
#创建图像处理对象
img_object=ImageEroch()
#调用图像处理函数对图像加工处理
result = img_object.inference(img, None)
contour_image = img_object.base64_to_image(result["result_image"])

#显示处理结果
plt.figure(0)
plt.subplot(1,2,1)
#显示原始图像
plt.imshow(img[:,:,[2,1,0]])
plt.title('ORIGIN')
#显示腐蚀结果
plt.subplot(1,2,2)
plt.imshow(contour_image[:,:,[2,1,0]])
plt.title('contour_image')
plt.show()

while True:
    key=cv.waitKey(1)
    if key==ord('q'):
        break
cap.release()
cv.destroyAllWindows()
```

2）膨胀

通过 OpenCV 实现图像膨胀的算法文件如下（algorithm\image_dilate\image_dilate.py）：

```
#####################################################################
#文件：image_dilate.py
#说明：对图像进行膨胀处理，并返回结果
#####################################################################
import cv2 as cv
import numpy as np
import base64
import json
import matplotlib.pyplot as plt
class ImageDilate(object):
    def __init__(self):
        pass

    def image_to_base64(self, img):
        image = cv.imencode('.jpg', img, [cv.IMWRITE_JPEG_QUALITY, 60])[1]
        image_encode = base64.b64encode(image).decode()
        return image_encode
```

```python
    def base64_to_image(self, b64):
        img = base64.b64decode(b64.encode('utf-8'))
        img = np.asarray(bytearray(img), dtype="uint8")
        img = cv.imdecode(img, cv.IMREAD_COLOR)
        return img

    def inference(self, image, param_data):
        #code：识别成功返回 200
        #msg：相关提示信息
        #origin_image：原始图像
        #result_image：处理之后的图像
        #result_data：结果数据
        return_result = {'code': 200, 'msg': None, 'origin_image': None, 'result_image': None, 'result_data': None}

        #二值化
        gray = cv.cvtColor(image, cv.COLOR_BGR2GRAY)
        res, thresh = cv.threshold(gray, 0, 255, cv.THRESH_OTSU)

        #膨胀
        kernel = np.ones((3, 3), np.uint8)
        dilata = cv.dilate(thresh, kernel, iterations=1)

        return_result["result_image"] = self.image_to_base64(dilata)
        #返回图像处理结果和数据列表（如果没有数据，就返回空列表）
        return return_result
#单元测试，注意在处理类中如果有文件引用，则要修改单元测试的文件路径
if __name__ == '__main__':
    #读取测试图像
    img = cv.imread('test.jpg', cv.IMREAD_COLOR)
    #创建图像处理对象
    img_object=ImageDilate()
    #调用图像处理函数对图像加工处理
    result = img_object.inference(img, None)
    dilate_image = img_object.base64_to_image(result["result_image"])

    #显示处理结果
    plt.figure(0)
    #显示原始图像
    plt.subplot(1,2,1)
    plt.imshow(img[:,:,[2,1,0]])
    plt.title('ORIGIN')
    #显示膨胀结果
    plt.subplot(1,2,2)
    plt.imshow(dilate_image[:,:,[2,1,0]])
    plt.title('dilate_image')
    plt.show()

    while True:
```

```
            key=cv.waitKey(1)
            if key==ord('q'):
                break
        cap.release()
    cv.destroyAllWindows()
```

3）开运算

通过 OpenCV 实现图像开运算的算法文件如下（algorithm\image_opening\image_opening.py）：

```
###############################################################################
#文件：image_opening.py
#说明：对图像进行开运算处理，并返回结果
###############################################################################
import cv2 as cv
import numpy as np
import base64
import json
import matplotlib.pyplot as plt

class ImageOpening(object):
    def __init__(self):
        pass

    def image_to_base64(self, img):
        image = cv.imencode('.jpg', img, [cv.IMWRITE_JPEG_QUALITY, 60])[1]
        image_encode = base64.b64encode(image).decode()
        return image_encode

    def base64_to_image(self, b64):
        img = base64.b64decode(b64.encode('utf-8'))
        img = np.asarray(bytearray(img), dtype="uint8")
        img = cv.imdecode(img, cv.IMREAD_COLOR)
        return img

    def inference(self, image, param_data):
        #code：识别成功返回200
        #msg：相关提示信息
        #origin_image：原始图像
        #result_image：处理之后的图像
        #result_data：结果数据
        return_result = {'code': 200, 'msg': None, 'origin_image': None, 'result_image': None, 'result_data': None}

        #二值化
        gray = cv.cvtColor(image, cv.COLOR_BGR2GRAY)
        res, thresh = cv.threshold(gray, 0, 255, cv.THRESH_OTSU)

        #开运算
        kernel = np.ones((3, 3), np.uint8)
```

```
        opening = cv.morphologyEx(thresh, cv.MORPH_OPEN, kernel, iterations=1)

        return_result["result_image"] = self.image_to_base64(opening)
        #返回图像处理结果和数据列表（如果没有数据，就返回空列表）
        return return_result
#单元测试，注意在处理类中如果有文件引用，则要修改单元测试的文件路径
if __name__ == '__main__':
    #读取测试图像
    img = cv.imread('test.jpg', cv.IMREAD_COLOR)
    #创建图像处理对象
    img_object=ImageOpening()
    #调用图像处理函数对图像加工处理
    result = img_object.inference(img, None)
    open_image = img_object.base64_to_image(result["result_image"])

    #显示处理结果
    plt.figure(0)
    #显示原始图像
    plt.subplot(1,2,1)
    plt.imshow(img[:,:,[2,1,0]])
    plt.title('ORIGIN')
    #显示开运算结果
    plt.subplot(1,2,2)
    plt.imshow(open_image[:,:,[2,1,0]])
    plt.title('opening_image')
    plt.show()

    while True:
        key=cv.waitKey(1)
        if key==ord('q'):
            break
    cap.release()
    cv.destroyAllWindows()
```

4）闭运算

通过 OpenCV 实现图像闭运算的算法文件如下（algorithm\image_closing\image_closing.py）：

```
###############################################################################
#文件：image_closing.py
#说明：对图像进行闭运算
###############################################################################
import cv2 as cv
import numpy as np
import base64
import json
import matplotlib.pyplot as plt
```

```python
class ImageClosing(object):
    def __init__(self):
        pass

    def image_to_base64(self, img):
        image = cv.imencode('.jpg', img, [cv.IMWRITE_JPEG_QUALITY, 60])[1]
        image_encode = base64.b64encode(image).decode()
        return image_encode

    def base64_to_image(self, b64):
        img = base64.b64decode(b64.encode('utf-8'))
        img = np.asarray(bytearray(img), dtype="uint8")
        img = cv.imdecode(img, cv.IMREAD_COLOR)
        return img

    def inference(self, image, param_data):
        #code：识别成功返回 200
        #msg：相关提示信息
        #origin_image：原始图像
        #result_image：处理之后的图像
        #result_data：结果数据
        return_result = {'code': 200, 'msg': None, 'origin_image': None, 'result_image': None, 'result_data': None}

        #二值化
        gray = cv.cvtColor(image, cv.COLOR_BGR2GRAY)
        res, thresh = cv.threshold(gray, 0, 255, cv.THRESH_OTSU)

        #闭运算
        kernel = np.ones((3, 3), np.uint8)
        closing = cv.morphologyEx(thresh, cv.MORPH_CLOSE, kernel, iterations=1)

        return_result["result_image"] = self.image_to_base64(closing)
        #返回图像处理结果和数据列表（如果没有数据，就返回空列表）
        return return_result
#单元测试，注意在处理类中如果有文件引用，则要修改单元测试的文件路径
if __name__ == '__main__':
    #读取测试图像
    img = cv.imread('test.jpg', cv.IMREAD_COLOR)
    #创建图像处理对象
    img_object=ImageClosing()
    #调用图像处理函数对图像加工处理
    result = img_object.inference(img, None)
    close_image = img_object.base64_to_image(result["result_image"])

    #显示处理结果
    plt.figure(0)
    #显示原始图像
    plt.subplot(1,2,1)
```

```
plt.imshow(img[:,:,[2,1,0]])
plt.title('ORIGIN')
#显示闭运算结果
plt.subplot(1,2,2)
plt.imshow(close_image[:,:,[2,1,0]])
plt.title('closing_image')
plt.show()

while True:
    key=cv.waitKey(1)
    if key==ord('q'):
        break
cap.release()
cv.destroyAllWindows()
```

2.6.3　开发步骤与验证

2.6.3.1　开发项目部署

开发项目部署同 2.1.3.1 节。

2.6.3.2　项目运行验证

（1）在 SSH 终端中按照 2.1.3.3 节的方法运行启动脚本 start_aicam.sh，通过启动主程序 aicam.py 来运行本项目的案例工程。

（2）在客户端或者边缘计算网关端打开 Chrome 浏览器，输入页面地址并访问 http://192.168.100.200:4001/static/image_mathematical/index.html，即可查看运行结果，如图 2.35 所示。

图 2.35　项目运行效果

1）腐蚀

（1）把样图放在摄像头视窗内，在 AiCam 平台界面中选择菜单"腐蚀"，将返回腐蚀后的实时视频图像，如图 2.36 所示。我们可以看到通过腐蚀操作，目标边界向内部收缩。

图 2.36　腐蚀后的实时视频图像

（2）修改算法文件（algorithm\image_eroch\image_eroch.py）的 kernel 和 iterations 参数来查看腐蚀效果。

2）膨胀

（1）把样图放在摄像头视窗内，在 AiCam 平台界面中选择菜单"膨胀"，将返回膨胀后的实时视频图像，如图 2.37 所示。

图 2.37　膨胀后的实时视频图像

（2）修改算法文件（algorithm\image_dilate\image_dilate.py）的 kernel 和 iterations 参数

来查看膨胀效果。

3）开运算

（1）把样图放在摄像头视窗内，在 AiCam 平台界面中选择菜单"开运算"，将返回开运算后的实时视频图像，如图 2.38 所示。

图 2.38　开运算后的实时视频图像

（2）修改算法文件（algorithm\image_opening\image_opening.py）的 kernel 和 iterations 参数来查看开运算效果。

4）闭运算

（1）把样图放在摄像头视窗内，在 AiCam 平台界面中选择菜单"闭运算"，将返回闭运算后的实时视频图像，如图 2.39 所示。

图 2.39　闭运算后的实时视频图像

（2）修改算法文件（algorithm\image_closing\image_closing.py）的 kernel 和 iterations 来查看闭运算效果。

2.6.4　小结

本项目首先介绍了图像的腐蚀、膨胀、开运算、闭运算等的原理，并介绍了 OpenCV 实现形态学转换的相关函数和用法；然后介绍了 AiCam 平台实现图像形态学处理的相关核心代码；最后介绍了如何在 SSH 终端中进行工程部署，在浏览器中返回上述形态学处理的实时视频图像。

2.6.5　思考与拓展

（1）图像的腐蚀、膨胀的原理及其在 OpenCV 中的实现函数是什么？
（2）图像的开运算、闭运算的原理及其在 OpenCV 中的实现函数是什么？
（3）如何在 SSH 终端中实现工程以及上述图像形态学的处理？
（4）尝试修改上述形态学处理函数的结构元素及迭代次数，并观察其效果。

2.7 图像轮廓提取开发实例

图像轮廓可以简单看成将连续的点（连着边界）连在一起的曲线，具有相同的颜色或者灰度。轮廓是图像目标的外部特征，这种特征对我们进行图像分析、目标识别和理解等更深层次的处理有很重要的意义。

边缘检测和轮廓检测的区别是：边缘检测主要通过一些手段检测图像中明暗变化剧烈（即梯度变化比较大）的像素，偏向于图像中的像素变化。如 Canny 边缘检测，结果通常保存在和原始图像一样尺度、类型的边缘图中；轮廓检测指检测图像中的对象边界，更偏向于关注上层语义对象。边缘检测虽然能够检测边缘，但其反映的是零散的点，边缘并不是连续的；图像轮廓可以反映一个目标的整体，用于后续进行其他处理。例如，OpenCV 中的 findContours 函数，该函数不仅可以得到图像中的每一个轮廓并以点向量的方式存储这些轮廓；还可以得到图像的拓扑信息，即某个轮廓的后一个轮廓、前一个轮廓等的索引编号。

本项目要求掌握的知识点如下：
（1）获取图像轮廓的方法。
（2）OpenCV 提取轮廓的凸包、外接矩形、最小外接矩形、最小外接圆等方法。
（3）结合 OpenCV 和 AiCam 平台进行图像轮廓提取。

2.7.1　原理分析

图像轮廓是图像中的一个非常重要的特征，通过对图像轮廓进行操作，我们能够获取目标图像的大小、位置、方向等信息。提取轮廓一般需要二值化图像，所以通常会使用阈值分割或 Canny 边缘检测来得到二值化图像。二值化图像的轮廓提取原理非常简单，就是掏空内部点：如果原始图像中有一点为黑点，且它的 8 个相邻点皆为黑点，则将该点删除。轮廓提取的方法有很多，本书介绍一种最基本、最容易实现的算法。该算法的原理是：在提取轮廓提取时，使用一个一维数组来记录像素周围 8 个邻域的像素信息；若 8 个邻域的像素灰度和中心像素的灰度相同，则认为该像素在物体的内部，可以删除；否则认为该像素在图像边缘，需要保留；依次处理图像中每一个像素，最后留下来的就是图像轮廓。

2.7.1.1　常见轮廓

1）外接矩形

外接矩形是指某个轮廓的最小外接矩形，即最小的能包含轮廓的矩形，如图 2.40 所示

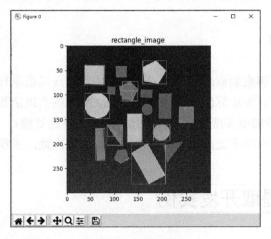

图 2.40　外接矩形

2）最小外接矩形

最小外接矩形是指以二维坐标表示的若干二维形状（例如点、直线、多边形）的最大范围，即以给定的二维形状各顶点中的最大横坐标、最小横坐标、最大纵坐标、最小纵坐标来确定边界的矩形。这样的一个矩形包含给定的二维形状，且边与坐标轴平行。最小外接矩形是最小外接框的二维形式，如图 2.41 所示。

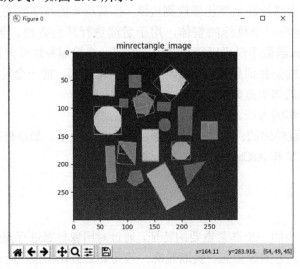

图 2.41　最小外接矩形

3）最小外接圆

最小外接圆是指能包含平面中给定点集中的所有点，且半径最小的那个圆，如图 2.42 所示。

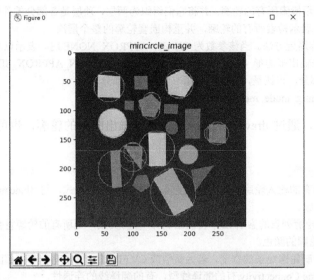

图 2.42　最小外接圆

4）凸包

凸包（Convex Hull，见图 2.43）是计算几何（图形学）中的一个概念，它严格的数学定义为：在一个向量空间 V 中，对于给定集合 X，所有包含 X 的凸集的交集 S 被称为 X 的凸包。在图像处理过程中，我们常常需要寻找图像中包围某个物体的凸包。凸包跟多边形逼近很像，只不过它是包围物体最外层的一个凸集，这个凸集是所有能包围这个物体的凸集的交集。

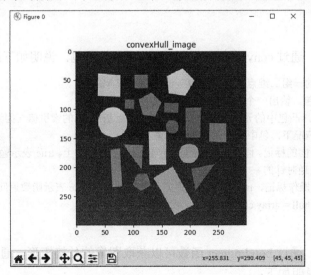

图 2.43　凸包

2.7.1.2　OpenCV 方法接口

1）轮廓提取

在 OpenCV 中，通过 findContours 函数可以提取图像的轮廓，说明如下：

#img 表示输入的图像。

#mode 表示轮廓检索模式，有下面六个检索模式，通常都使用 RETR_TREE 找出所有的轮廓。RETR_EXTERNAL 表示只检索最外面的轮廓；RETR_LIST 表示检索所有的轮廓，并将其保存到一条链表中；RETR_CCOMP 表示检索所有的轮廓，并将它们组织为两层，顶层是各部分的外部边界，第二层是空洞的边界；RETR_TREE 表示检索所有的轮廓，并重构嵌套轮廓的整个层次。

#method 表示轮廓逼近方法。当该参数为 CHAIN_APPROX_NONE 时，表示以 Freeman 链码的方式输出轮廓，所有其他方法输出多边形（顶点的序列）；当该参数为 CHAIN_APPROX_SIMPLE 时，表示压缩水平的、垂直的和斜的部分，也就是，函数只保留它们的终点部分。

cv2.findContours(img, mode, method)

在 OpenCV 中，通过 drawContours 函数可以画出图像的轮廓，也可以画出轮廓的近似值，说明如下：

#image 表示目标图像。

#contours 表示所有的输入轮廓，每个轮廓为点矢量/点向量的形式，与 findcontours 函数中的返回值 contours 的列表形式一致。

#contourIdx 表示轮廓列表的索引 ID（将被绘制），若为负数，则所有的轮廓将会被绘制。

#color 表示绘制轮廓的颜色。

#thickness 表示绘制轮廓线条的宽度，若为负值或 CV.FILLED 则填充轮廓内部区域。

#lineType 表示 Line Connectivity,有的翻译线型，有的翻译线的连通性。

#hierarchy 表示层次结构信息，与函数 findcontours 的 hierarchy 有关。

#maxLevel 表示绘制轮廓的最高级别。若为 0，则绘制指定轮廓；若为 1，则绘制该轮廓和所有嵌套轮廓（Nested Contours）；若为 2，则绘制该轮廓、嵌套轮廓/子轮廓和嵌套-嵌套轮廓（Nested-to-Nested Contours）/孙轮廓等。该参数只有在层级结构中才有用。

#offset 表示按照偏移量移动所有的轮廓（点坐标）。

#返回值：经过函数处理后的图像。

cv2.drawContours(image, contours, contourIdx, color[, thickness[, lineType[, hierarchy[, maxLevel[, offset]]]]]) -> image

2）凸包

在 OpenCV 中，通过 convexHull 函数可获取图像的凸包，说明如下：

#points 表示输入的一组二维点集，存储为 vector(C++)或 Mat。

#hull 表示输出凸包。输出一个整型向量的索引或者点集向量。

#在第一种情况下，凸包中的元素是原始数组中的凸包点基于 0 的索引值（因为凸包的点集是原始数组的子集）。在第二种情况下，包中的元素是凸包点集本身。

#clockwise 表示方向的标记。假设坐标系的 x 方向向右，y 方向向上。true 表示输出的凸包是顺时针的，false 表示输出的凸包是逆时针的。

#returnPoints 表示操作标记，true 表示函数返回凸包的点集，false 表示函数返回凸包点集的索引。

convexHull(points,hull = array,clockwise = false,returnPoints = true)

3）外接矩形

在 OpenCV 中，通过 boudingrect 函数可以获取图像的外接矩形，通过 rectangle 函数可以绘制外接矩形，说明如下：

#x、y、w、h 分别表示外接矩形的 x 方向和 y 方向的坐标，以及矩形的宽度和高度，

#cnt 表示输入的配置文件值

x, y, w, h = cv2.boudingrect(cnt)

```
#img 表示收到的图像；(x, y)表示左上角的位置；(x+w, y+h )表示右下角的位置;(0, 255, 0)表示颜色，
cv2.rectangle(img, (x, y), (x+w, y+h), (0, 255, 0),2)
```

4）最小外接矩形

在 OpenCV 中，通过 cv.minAreaRect 函数可以获取最小外接矩形的顶点坐标以及长宽，说明如下：

```
#cnt 是点集数组或向量（里面存放的是点的坐标）
cv2.minAreaRect(cnt)
```

5）最小外接圆

在 OpenCV 中，通过 minEnclosingCircle 函数可以获取圆心和半径，说明如下：

```
#(x, y)表示外接圆的圆心；radius 表示外接圆的半径；cnt 表示输入的配置文件
(x, y), radius = cv2.minEnclosingCircle(cnt)
```

2.7.2　开发设计与实践

2.7.2.1　架构设计

本项目基于 AiCam 平台的开发框架（见图 1.3）进行开发，开发流程如下：

（1）在 aicam 工程包的配置文件中添加摄像头（config\app.json），详细代码请参考 2.1.2.1 节。

（2）在 aicam 工程包中添加：

⮑ 查找图像轮廓：algorithm\image_contour_experiment\image_contour_experiment.py。

⮑ 外接矩形：algorithm\image_contour_search_rectangle\image_contour_search_rectangle.py。

⮑ 最小外接矩形：algorithm\image_contour_search_minrectangle\image_contour_search_minrectangle.py。

⮑ 最小外接圆：algorithm\image_contour_search_mincircle\image_contour_search_mincircle.py。

⮑ 凸包：algorithm\image_convex_hull_detection\image_convex_hull_detection.py。

（3）在 aicam 工程包中添加项目前端应用 static\image_contour。

（4）前端应用采用 RESTFul 接口获取处理后的视频流，返回 base64 编码的图像和结果数据。访问 URL 地址格式如下（IP 地址为边缘计算网关的地址）：

```
http://192.168.100.200:4001/stream/[algorithm_name]?camera_id=0
```

前端应用 JS（js\index.js）处理代码请参考 2.2.2.1 节。

2.7.2.2　功能与核心代码设计

1）获取图像轮廓

图像轮廓的提取过程是：首先将原始视频流转为灰度图；然后对灰度图进行二值化处理，利用 OpenCV 中 findContours 函数查找图像轮廓；最后在视频流上进行处理。通过 OpenCV 提取图像轮廓显示算法文件如下（algorithm\image_contour_experiment\image_contour_experiment.py）：

```
###############################################################################
#文件：image_contour_experiment.py
#说明：返回视频流中物体的轮廓
###############################################################################
```

```python
import cv2 as cv
import numpy as np
import base64
import json
import matplotlib.pyplot as plt


class ImageContourExperiment(object):
    def __init__(self):
        pass

    def image_to_base64(self, img):
        image = cv.imencode('.jpg', img, [cv.IMWRITE_JPEG_QUALITY, 60])[1]
        image_encode = base64.b64encode(image).decode()
        return image_encode

    def base64_to_image(self, b64):
        img = base64.b64decode(b64.encode('utf-8'))
        img = np.asarray(bytearray(img), dtype="uint8")
        img = cv.imdecode(img, cv.IMREAD_COLOR)
        return img

    def inference(self, image, param_data):
        #code：识别成功返回 200
        #msg：相关提示信息
        #origin_image：原始图像
        #result_image：处理之后的图像
        #result_data：结果数据
        return_result = {'code': 200, 'msg': None, 'origin_image': None, 'result_image': None, 'result_data': None}

        image_np_gray = cv.cvtColor(image, cv.COLOR_BGR2GRAY)    #转为灰度图
        image_np_thresh = cv.threshold(image_np_gray, 127, 255, cv.THRESH_BINARY)    #进行二值化
处理
        hierarchy = cv.findContours(image_np_thresh, cv.RETR_TREE, cv.CHAIN_APPROX_SIMPLE)
#查找轮廓
        cv.drawContours(image, contours, -1, (0, 255, 0), 1)    #绘制轮廓

        return_result["result_image"] = self.image_to_base64(image)
        #返回处理后的图像和结果数据列表（如果没有结果数据，就返回空列表）
        return return_result
#单元测试，注意在处理类中如果有文件引用，则要修改单元测试的文件路径
if __name__ == '__main__':
    #读取测试图像
    img = cv.imread('test.jpg', cv.IMREAD_COLOR)
    #创建图像处理对象
    img_object=ImageContourExperiment()
    #调用图像处理函数对图像加工处理
    result = img_object.inference(img, None)
    contour_image = img_object.base64_to_image(result["result_image"])
```

```
#显示处理结果
plt.figure(0)
plt.imshow(contour_image[:,:,[2,1,0]])
plt.title('contour_image')
plt.show()

while True:
    key=cv.waitKey(1)
    if key==ord('q'):
        break
cap.release()
cv.destroyAllWindows()
```

2）绘制外接矩形

绘制外接矩形的过程是：首先利用 cv.boundingRect 函数获取矩形左上角坐标和长宽，然后用 cv.rectangle 函数绘制矩形。通过 OpenCV 的 rectangle 函数绘制外接矩形的算法文件如下（algorithm\image_contour_search_rectangle\image_contour_ search_rectangle.py）：

```
##########################################################################
#文件：image_contour_search_rectangle.py
#说明：在轮廓提取的基础上做进一步的处理，将图像中物体用外接矩形进行标注
##########################################################################
import cv2 as cv
import numpy as np
import base64
import matplotlib.pyplot as plt

class ImageContourSearchRectangle(object):
    def __init__(self):
        pass

    def image_to_base64(self, img):
        image = cv.imencode('.jpg', img, [cv.IMWRITE_JPEG_QUALITY, 60])[1]
        image_encode = base64.b64encode(image).decode()
        return image_encode

    def base64_to_image(self, b64):
        img = base64.b64decode(b64.encode('utf-8'))
        img = np.asarray(bytearray(img), dtype="uint8")
        img = cv.imdecode(img, cv.IMREAD_COLOR)
        return img

    def inference(self, image, param_data):
        #code：识别成功返回 200
        #msg：相关提示信息
        #origin_image：原始图像
        #result_image：处理之后的图像
```

```
            #result_data：结果数据
            return_result={'code':200,'msg':None,'origin_image':None,'result_image':None,'result_data':None}

            image_np_gray = cv.cvtColor(image, cv.COLOR_BGR2GRAY)    #转为灰度图
            image_np_thresh = cv.threshold(image_np_gray, 127, 255, cv.THRESH_BINARY)    #进行二值化
处理

            hierarchy = cv.findContours(image_np_thresh, cv.RETR_TREE, cv.CHAIN_APPROX_SIMPLE)
#查找轮廓

            #绘制外接矩形
            for cnt in contours:
                x, y, w, h = cv.boundingRect(cnt)
                cv.rectangle(image, (x, y), (x + w, y + h), (0, 255, 0), 1)
            return_result["result_image"] = self.image_to_base64(image)

            #返回处理后的图像和结果数据列表（如果没有结果数据，就返回空列表）
            return return_result
```

3）最小外接矩形

绘制最小外接矩形的过程是：首先利用 cv.minAreaRect 函数获取矩形左上角坐标和长宽，接着利用 np.int0 函数进行取整操作，最后利用 cv.drawContours 函数绘制矩形。通过 OpenCV 的 minAreaRect 函数提取图像最小外接矩形的算法文件如下（algorithm\image_contour_search_minrectangle\image_contour_search_minrectangle.py）：

```
##################################################################################
#文件：image_contour_search_minrectangle.py
#说明：在轮廓提取的基础上做进一步处理，将图像中物体用最小外接矩形进行标注
##################################################################################
import cv2 as cv
import numpy as np
import base64
import json
import matplotlib.pyplot as plt

class ImageContourSearchMinrectangle(object):
    def __init__(self):
        pass

    def image_to_base64(self, img):
        image = cv.imencode('.jpg', img, [cv.IMWRITE_JPEG_QUALITY, 60])[1]
        image_encode = base64.b64encode(image).decode()
        return image_encode

    def base64_to_image(self, b64):
        img = base64.b64decode(b64.encode('utf-8'))
        img = np.asarray(bytearray(img), dtype="uint8")
        img = cv.imdecode(img, cv.IMREAD_COLOR)
        return img
```

```python
        def inference(self, image, param_data):
            #code: 识别成功返回 200
            #msg: 相关提示信息
            #origin_image: 原始图像
            #result_image: 处理之后的图像
            #result_data: 结果数据
            return_result = {'code': 200, 'msg': None, 'origin_image': None, 'result_image': None, 'result_data': None}

            image_np_gray = cv.cvtColor(image, cv.COLOR_BGR2GRAY)   #转为灰度图
            image_np_thresh = cv.threshold(image_np_gray, 127, 255, cv.THRESH_BINARY)   #进行二值化
处理
            hierarchy = cv.findContours(image_np_thresh, cv.RETR_TREE, cv.CHAIN_APPROX_SIMPLE)
#查找轮廓

            #绘制最小外接矩形
            for cnt in contours:
                rect = cv.minAreaRect(cnt)
                box = np.int0(cv.boxPoints(rect))
                cv.drawContours(image, [box], -1, (0, 255, 0), 1)
            return_result["result_image"] = self.image_to_base64(image)

            #返回处理后的图像和结果数据列表（如果没有结果数据，就返回空列表）
            return return_result
    #单元测试，注意在处理类中如果有文件引用，则要修改单元测试的文件路径
    if __name__=='__main__':
        #读取测试图像
        img = cv.imread('test.jpg', cv.IMREAD_COLOR)
        #创建图像处理对象
        img_object=ImageContourSearchRectangle()
        #调用图像处理函数对图像加工处理
        result = img_object.inference(img, None)
        rect_image = img_object.base64_to_image(result["result_image"])

        #显示处理结果
        plt.figure(0)
        plt.imshow(rect_image[:,:,[2,1,0]])
        plt.title('rectangle_image')
        plt.show()

        while True:
            key=cv.waitKey(1)
            if key==ord('q'):
                break
        cap.release()
        cv.destroyAllWindows()
```

4）最小外接圆

绘制最小外接圆的过程是：首先利用 cv.minEnclosingCircle 函数获取圆心和半径，然后利用 np.int0 函数进行取整操作，最后利用 cv.circle 函数画圆。通过 OpenCV 获取图像最小外接圆的算法文件如下（algorithm\image_contour_search_mincircle\image_contour_search_mincircle.py）：

```python
###############################################################################
#文件：image_contour_search_mincircle.py
#说明：在轮廓提出的实验基础上进一步处理，将图像中物体用最小的外接圆进行标注。
#注释：
###############################################################################
import cv2 as cv
import numpy as np
import base64
import json
import matplotlib.pyplot as plt

class ImageContourSearchMincircle(object):
    def __init__(self):
        pass

    def image_to_base64(self, img):
        image = cv.imencode('.jpg', img, [cv.IMWRITE_JPEG_QUALITY, 60])[1]
        image_encode = base64.b64encode(image).decode()
        return image_encode

    def base64_to_image(self, b64):
        img = base64.b64decode(b64.encode('utf-8'))
        img = np.asarray(bytearray(img), dtype="uint8")
        img = cv.imdecode(img, cv.IMREAD_COLOR)
        return img

    def inference(self, image, param_data):
        #code：识别成功返回 200
        #msg：相关提示信息
        #origin_image：原始图像
        #result_image：处理之后的图像
        #result_data：结果数据
        return_result = {'code': 200, 'msg': None, 'origin_image': None, 'result_image': None, 'result_data': None}

        image_np_gray = cv.cvtColor(image, cv.COLOR_BGR2GRAY)    #转为灰度图
        image_np_thresh = cv.threshold(image_np_gray, 127, 255, cv.THRESH_BINARY)    #进行二值化
        hierarchy = cv.findContours(image_np_thresh, cv.RETR_TREE, cv.CHAIN_APPROX_SIMPLE)
#查找轮廓

        #绘制最小外接圆
        for cnt in contours:
```

```
            (x, y), radius = cv.minEnclosingCircle(cnt)
            (x, y, radius) = np.int0((x, y, radius))   #圆心和半径取整
            cv.circle(image, (x, y), radius, (0, 255, 0), 1)
        return_result["result_image"] = self.image_to_base64(image)

        #返回处理后的图像和结果数据列表（如果没有结果数据，就返回空列表）
        return return_result
#单元测试，注意在处理类中如果有文件引用，则要修改单元测试的文件路径
if __name__ == '__main__':
    #读取测试图像
    img = cv.imread('test.jpg', cv.IMREAD_COLOR)
    #创建图像处理对象
    img_object=ImageContourSearchMinrectangle()
    #调用图像处理函数对图像加工处理
    result = img_object.inference(img, None)
    minrec_image = img_object.base64_to_image(result["result_image"])


    #显示处理结果
    plt.figure(0)
    plt.imshow(minrec_image[:,:,[2,1,0]])
    plt.title('minrectangle_image')
    plt.show()


    while True:
        key=cv.waitKey(1)
        if key==ord('q'):
            break
    cap.release()
    cv.destroyAllWindows()
```

5）凸包

通过 OpenCV 提取图像凸包的算法文件如下（algorithm\image_convex_hull_detection\
image_convex_hull_detection.py）：

```
################################################################################
#文件：image_convex_hull_detection.py
#说明：在一个多变形边缘或者内部任意两个点的连线都包含在多边形边界或者内部，包含点集合 S
中所有点的最小凸多边形称为凸包
#注释：在图像轮廓提取的基础上，首先利用 cv.convexHull 寻找图像中的凸包，然后利用 cv.polylines
绘制凸包，最后将处理之后的图像结果返回
################################################################################
import cv2 as cv
import numpy as np
import base64
import json
import matplotlib.pyplot as plt

class ImageConvexHullDetection(object):
```

```python
    def __init__(self):
        pass

    def image_to_base64(self, img):
        image = cv.imencode('.jpg', img, [cv.IMWRITE_JPEG_QUALITY, 60])[1]
        image_encode = base64.b64encode(image).decode()
        return image_encode

    def base64_to_image(self, b64):
        img = base64.b64decode(b64.encode('utf-8'))
        img = np.asarray(bytearray(img), dtype="uint8")
        img = cv.imdecode(img, cv.IMREAD_COLOR)
        return img

    def inference(self, image, param_data):
        #code: 识别成功返回 200
        #msg: 相关提示信息
        #origin_image: 原始图像
        #result_image: 处理之后的图像
        #result_data: 结果数据
        return_result = {'code': 200, 'msg': None, 'origin_image': None, 'result_image': None, 'result_data': None}

        convex_image = image.copy()
        image_np_gray = cv.cvtColor(image, cv.COLOR_BGR2GRAY)   #转为灰度图
        image_np_thresh = cv.threshold(image_np_gray, 127, 255, cv.THRESH_BINARY)   #进行二值化
处理
         hierarchy = cv.findContours(image_np_thresh, cv.RETR_TREE, cv.CHAIN_APPROX_SIMPLE)
#查找轮廓
        cnt = contours[0]


        #绘制外接矩形
        for cnt in contours:
            #寻找凸包
            hull = cv.convexHull(cnt)
            #绘制凸包
            cv.polylines(image, [hull], True, (0, 255, 0), 1)
        return_result["result_image"] = self.image_to_base64(image)

        #返回处理后的图像和结果数据列表（如果没有结果数据，就返回空列表）
        return return_result
#单元测试，注意在处理类中如果有文件引用，则要修改单元测试的文件路径
if __name__ == '__main__':
    #读取测试图像
    img = cv.imread('test.jpg', cv.IMREAD_COLOR)
    #创建图像处理对象
    img_object=ImageConvexHullDetection()
    #调用图像处理函数对图像加工处理
```

```
result = img_object.inference(img, None)
convexHull_image = img_object.base64_to_image(result["result_image"])

#显示处理结果
plt.figure(0)
plt.imshow(convexHull_image[:,:,[2,1,0]])
plt.title('convexHull_image')
plt.show()

while True:
    key=cv.waitKey(1)
    if key==ord('q'):
        break
cap.release()
cv.destroyAllWindows()
```

2.7.3　开发步骤与验证

2.7.3.1　开发项目部署

开发项目部署同 2.1.3.1 节。

2.7.3.2　项目运行验证

（1）在 SSH 终端中按照 2.1.3.3 节的方法运行启动脚本 start_aicam.sh，通过启动主程序 aicam.py 来运行本项目的案例工程。

（2）在客户端或者边缘计算网关端打开 Chrome 浏览器，输入页面地址并访问 http://192.168.100.200:4001/static/image_contour/index.html，即可查看运行结果。

1）图像轮廓

（1）把样图放在摄像头视窗内，在 AiCam 平台界面中选择菜单"图像轮廓"，将返回图像轮廓的实时视频图像，如图 2.44 所示。

图 2.44　图像轮廓的实时视频图像

2）外接矩形

（1）把样图放在摄像头视窗内，在 AiCam 平台界面中选择菜单"外接矩形"，将返回外接矩形的实时视频图像，如图 2.45 所示。

图 2.45　外接矩形的实时视频图像

3）最小外接矩形

（1）把样图放在摄像头视窗内，在 AiCam 平台界面中选择菜单"最小外接矩形"，将返回最小外接矩形的实时视频图像，如图 2.46 所示。

图 2.46　最小外接矩形的实时视频图像

4）最小外接圆

（1）把样图放在摄像头视窗内，在 AiCam 平台界面中选择菜单"最小外接圆"，将返回最小外接圆的实时视频图像，如图 2.47 所示。

图 2.47　最小外接圆的实时视频图像

5）凸包

（1）把样图放在摄像头视窗内，在 AiCam 平台界面中选择菜单"凸包"，将返回凸包的实时视频图像，如图 2.48 所示。

图 2.48　凸包的实时视频图像

2.7.4　小结

本项目首先介绍了图像轮廓提取的基本原理，包括图像目标的外接矩形、最小外接矩形、最小外接圆、凸包等，并介绍了 OpenCV 中的轮廓提取函数 findContours 的用法；然后介绍了在 AiCam 平台中实现图像目标轮廓提取的核心代码；最后介绍了如何在 SSH 终端中实现工程部署，以及在终端浏览器中返回对摄像头视窗内的图像轮廓。

2.7.5　思考与拓展

（1）图像轮廓的提取原理是什么？

（2）OpenCV 的 findContours 函数实现轮廓检索的模式有哪些？轮廓逼近的方法有哪些？

（3）如何在 SSH 终端中实现工程部署以及图像轮廓的提取？

（4）当视频区无画面时，请在 SSH 终端中按下组合键"Ctrl+Z"退出程序，检查摄像头是否正确插入 USB 3.0 接口，然后重新启动应用进行测试。

2.8 直方图均衡开发实例

直方图是图像的灰度像素数统计图，即对于每个灰度，在图像中统计具有该灰度的像素个数，并绘制成图形，也称为灰度直方图。直方图是图像的一种统计特性，它能体现图像中不同灰度级出现的相对频率。

由于大多自然图像的灰度集中分布在较窄的区域（太亮或太暗），使得一些细节不够清晰。为了增加图像的对比度，使其变得更加清晰，通常采用均衡化直方图。均衡化直方图可以将图像的灰度间距变大，使灰度分布均匀，从而增加图像的清晰度。

本项目要求掌握的知识点如下：

（1）直方图的用途。

（2）OpenCV 的绘制直方图、均衡化直方图、自适应均衡化直方图方法。

（3）结合 OpenCV 和 AiCam 平台进行直方图的均衡提取。

2.8.1　原理分析

直方图可以表示图像中亮度分布的情况，统计了每个灰度所具有的像素个数。不同图像的直方图可能是相同的。计算直方图算法原理为：一幅图像实际上就是一个数字矩阵，如 256×256 的灰度图像由 65536 个像素组成，每个像素都取 0～255 之间的一个值，0 表示黑色，255 表示白色，中间值是介于黑色和白色之间的灰度，统计 0～255 这 256 个灰度出现的次数，并将其以柱状图的形式显示出来，即可得到该图像的直方图。

2.8.1.1　专业术语

1）直方图

由于直方图的计算代价较小，且具有图像平移、旋转、缩放不变性等众多优点，广泛地应用于图像处理的各个领域，特别是灰度图像的阈值分割、基于颜色的图像检索以及图像分类等领域。直方图如图 2.49 所示。

计算直方图的步骤是：加载图像；统计图像三个通道灰度出现次数，定义归一化数的数组；遍历图像，计算三个通道灰度出现的次数；将图像灰度次数量化到 0～255；绘制直方图。

2）均衡化直方图

均衡化直方图（见图 2.50）是一种增强图像对比度的方法，其主要思想是将一幅图像的直方图分布通过累计分布函数变成近似均匀分布，从而增强图像的对比度。

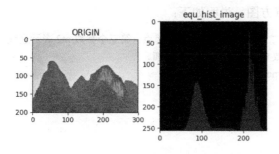

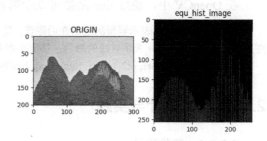

图 2.49　直方图　　　　　　　　　　　　　图 2.50　均衡化直方图

均衡化直方图处理的步骤如下：

（1）统计原始图像的直方图。

$$P_r(r_k) = n_k/N, \quad k = 0,1,\cdots,L-1 \tag{2-42}$$

式中，r_k 是原始图像的灰度；n_k 表示灰度为 r_k 的像素的个数；N 为原始图像像素的个数；L 为原始图像灰度级数。

（2）计算映射函数——直方图累计分布函数为

$$s_k = T(r_k) = (L-1)\sum_{j=0}^{k} P_r(r_j) = \sum_{j=0}^{k} \frac{n_j}{N} \tag{2-43}$$

式中，s_k 为变换后的灰度，$T(r_k)$ 为映射函数，计算过程使用了累计直方图。

（3）利用得到的映射函数，对图像进行灰度变换。

均衡化直方图的实质是通过减少图像的灰度级来获得对比度的增加。在均衡化直方图的过程中，原来的直方图上频数较小的灰度级被归入很少几个或一个灰度级内，故得不到增强。若这些灰度级所构成的图像细节比较重要，则需采用局部区域直方图均衡。

根据实际的需要，可采用自适应均衡化直方图，即先对图像的局部块进行均衡化直方图，然后利用双线性插值方法把各个小块拼接起来，以消除局部块造成的边界。

2.8.1.2　OpenCV 方法接口

1）直方图

在 OpenCV 中，通过 calcHist 函数可以产生直方图，说明如下：

#计算直方图函数参数。第一个参数必须用方括号括起来，表示被计算的图像，可以是多幅图像；第二个参数用于计算直方图的通道，这里使用灰度图计算直方图，所以就直接使用第一个通道，多幅图像相当于多通道；第三个参数是 mask，与原始图像维度相同，取值为 1 时表示计算，取值为 0 表示不计算，本书没有使用该参数，所以使用 None；第四个参数是 histSize，表示直方图分成多少份（即多少个直方柱）；第五个参数表示直方图中各个像素的值，[0.0, 256.0] 表示直方图能表示的像素值为 0~256。
cv2.calcHist(images, channels, mask, histSize, ranges[, hist[, accumulate]])

2）均衡化直方图

在 OpenCV 中，通过 equalizeHist 函数可以对直方图进行均衡化，说明如下：

#参数 src 表示要均衡地输入图像，必须是 8 bit 单通道图像，即灰度图。

```
#dst 表示原始图像经过直方图均衡处理后的输出图像，参数 dst 可以不传入。
cv.equalizeHist( src[, dst] )
```

3）绘制直方图

在 OpenCV 中，通过 line 函数可以绘制直方图，说明如下：

```
#第一个参数 img 表示要画的线所在的图像；第二个参数 pt1 表示直线起点；第三个参数 pt2 表示直线
终点；第四个参数 color 表示直线的颜色；第五个参数 thickness 表示线条粗细。
img=cv.line(img, pt1, pt2, color[, thickness[, lineType[, shift]]])
```

2.8.2　开发设计与实践

2.8.2.1　架构设计

本项目基于 AiCam 平台的开发框架（见图 1.3）进行开发，开发流程如下：

（1）在 aicam 工程包的配置文件中添加摄像头（config\app.json），详细代码请参考 2.1.2.1 节。

（2）在 aicam 工程包中添加：

⊃ 直方图算法：algorithm\image_simple_histogram\image_simple_histogram.py。

⊃ 均衡化直方图算法：algorithm\image_equalization_histogram\image_equalization_histogram.py。

⊃ 自适应均衡化直方图算法：algorithm\image_self_adaption_equalization_histogram\image_self_adaption_equalization_histogram.py。

（3）在 aicam 工程包中添加项目前端应用 static\image_histogram。

（4）前端应用采用 RESTFul 接口获取处理后的视频流，返回 base64 编码的图像和结果数据。访问 URL 地址格式如下（IP 地址为边缘计算网关的地址）：

```
http://192.168.100.200:4001/stream/[algorithm_name]?camera_id=0
```

前端应用 JS（js\index.js）处理代码请参考 2.2.2.1 节。

2.8.2.2　功能与核心代码设计

1）直方图

直方图是数值数据分布的精确图形表示，是一个连续变量（定量变量）的概率分布的估计，由卡尔·皮尔逊首先提出。通过直方图，可以了解图像的整体灰度分布。

通过 OpenCV 绘制直方图的算法文件如下（algorithm\image_simple_histogram\image_simple_histogram.py）：

```
###############################################################################
#文件：image_simple_histogram.py
#说明：直方图是数值数据分布的精确图形表示
###############################################################################
import cv2 as cv
import numpy as np
import base64
import json
import matplotlib.pyplot as plt
```

```python
class ImageSimpleHistogram(object):
    def __init__(self):
        pass

    def image_to_base64(self, img):
        image = cv.imencode('.jpg', img, [cv.IMWRITE_JPEG_QUALITY, 60])[1]
        image_encode = base64.b64encode(image).decode()
        return image_encode

    def base64_to_image(self, b64):
        img = base64.b64decode(b64.encode('utf-8'))
        img = np.asarray(bytearray(img), dtype="uint8")
        img = cv.imdecode(img, cv.IMREAD_COLOR)
        return img

    #绘制直方图
    def image_simple_histogram(self,image):
        hist = cv.calcHist([image], [0], None, [256], [0.0, 255.0])
        minVal, maxVal, minLoc, maxLoc = cv.minMaxLoc(hist)
        histImg = np.zeros([256, 256, 3], np.uint8)
        hpt = int(0.9 * 256)
        for h in range(256):
            intensity = int(hist[h] * hpt / maxVal)
            cv.line(histImg, (h, 256), (h, 256 - intensity), (255, 0, 0))
        #返回绘制好的图像数据
        return histImg

    def inference(self, image, param_data):
        #code：识别成功返回 200
        #msg：相关提示信息
        #origin_image：原始图像
        #result_image：处理之后的图像
        #result_data：结果数据
        return_result = {'code': 200, 'msg': None, 'origin_image': None, 'result_image': None, 'result_data': None}

        #灰度化处理
        gray = cv.cvtColor(image, cv.COLOR_BGR2GRAY)
        #绘制直方图
        histogram = self.image_simple_histogram(gray)

        #返回图像处理结果和数据列表
        return_result["origin_image"] = self.image_to_base64(image)
        return_result["result_image"] = self.image_to_base64(histogram)
        return return_result
#单元测试，注意在处理类中如果有文件引用，则要修改单元测试的文件路径
if __name__ == '__main__':
    #读取测试图像
    img = cv.imread('test.jpg', cv.IMREAD_COLOR)
```

```
#创建图像处理对象
img_object=ImageSimpleHistogram()
#调用图像处理对象处理函数对图像进行加工处理
result = img_object.inference(img, None)
origin = img_object.base64_to_image(result["origin_image"])
histogram = img_object.base64_to_image(result["result_image"])

#显示处理结果
plt.figure(0)
plt.subplot(1,2,1)
#显示原始图像
plt.imshow(origin[:,:,[2,1,0]])
plt.title('ORIGIN')
#显示直方图
plt.subplot(1,2,2)
plt.imshow(histogram[:,:,[2,1,0]])
plt.title('histogram')
plt.show()

while True:
    key=cv.waitKey(1)
    if key==ord('q'):
        break
cap.release()
cv.destroyAllWindows()
```

2）均衡化直方图

均衡化直方图是指对原始图像进行某种变换，得到一幅灰度直方图为均匀分布的新图像。通过 OpenCV 实现均衡化直方图的算法文件如下（algorithm\image_equalization_histogram\image_equalization_histogram.py）：

```
##############################################################################
#文件：image_equalization_histogram.py
##############################################################################
import cv2 as cv
import numpy as np
import base64
import json
import matplotlib.pyplot as plt

class ImageEqualizationHistogram(object):
    def __init__(self):
        pass
    def image_to_base64(self, img):
        image = cv.imencode('.jpg', img, [cv.IMWRITE_JPEG_QUALITY, 60])[1]
        image_encode = base64.b64encode(image).decode()
        return image_encode
    def base64_to_image(self, b64):
        img = base64.b64decode(b64.encode('utf-8'))
```

```
        img = np.asarray(bytearray(img), dtype="uint8")
        img = cv.imdecode(img, cv.IMREAD_COLOR)
        return img
    #绘制直方图
    def image_simple_histogram(self,image):
        hist = cv.calcHist([image], [0], None, [256], [0.0, 255.0])
        minVal, maxVal, minLoc, maxLoc = cv.minMaxLoc(hist)
        histImg = np.zeros([256, 256, 3], np.uint8)
        hpt = int(0.9 * 256)
        for h in range(256):
            intensity = int(hist[h] * hpt / maxVal)
            cv.line(histImg, (h, 256), (h, 256 - intensity), (255, 0, 0))
        #返回绘制好的图像数据
        return histImg
    def inference(self, image, param_data):
        #code：识别成功返回 200
        #msg：相关提示信息
        #origin_image：原始图像
        #result_image：处理之后的图像
        #result_data：结果数据
        return_result = {'code': 200, 'msg': None, 'origin_image': None, 'result_image': None, 'result_data': None}
        #灰度处理
        gray = cv.cvtColor(image, cv.COLOR_BGR2GRAY)
        #图像均衡化
        equ_hist_image_np = cv.equalizeHist(gray)
        #绘制直方图
        histogram =self.image_simple_histogram(equ_hist_image_np)
        #返回图像处理结果和数据列表（如果没有数据，就返回空列表）
        return_result["origin_image"] = self.image_to_base64(image)
        return_result["result_image"] = self.image_to_base64(histogram)
        return return_result
#单元测试,注意在处理类中如果有文件引用，则要修改单元测试的文件路径
if __name__ == '__main__':
    #读取测试图像
    img = cv.imread('test.jpg', cv.IMREAD_COLOR)
    #创建图像处理对象
    img_object=ImageEqualizationHistogram()
    #调用图像处理对象处理函数对图像进行加工处理
    result = img_object.inference(img, None)
    origin = img_object.base64_to_image(result["origin_image"])
    histogram = img_object.base64_to_image(result["result_image"])

    #显示处理结果
    plt.figure(0)
    plt.subplot(1,2,1)
    #显示原始图像
    plt.imshow(origin[:,:,[2,1,0]])
    plt.title('ORIGIN')
    #显示均衡化后的直方图
    plt.subplot(1,2,2)
    plt.imshow(histogram[:,:,[2,1,0]])
    plt.title('histogram')
```

```
        plt.show()

        while True:
            key=cv.waitKey(1)
            if key==ord('q'):
                break
        cap.release()
        cv.destroyAllWindows()
```

3）自适应均衡化直方图

自适应均衡化直方图是指在均衡化直方图的过程中只利用局部区域窗口的直方图分布来构建映射函数，从而获取更好的处理效果。通过 OpenCV 可以实现自适应均衡化直方图，算法文件如下（algorithm\image_self_adaption_equalization_histogram\image_self_adaption_equalization_histogram.py）：

```
###############################################################################
#文件：image_self_adaption_equalization_histogram.py
###############################################################################
import cv2 as cv
import numpy as np
import base64
import json
import matplotlib.pyplot as plt

class ImageSelfAdaptionEqualizationHistogram(object):
    def __init__(self):
        pass
    def image_to_base64(self, img):
        image = cv.imencode('.jpg', img, [cv.IMWRITE_JPEG_QUALITY, 60])[1]
        image_encode = base64.b64encode(image).decode()
        return image_encode
    def base64_to_image(self, b64):
        img = base64.b64decode(b64.encode('utf-8'))
        img = np.asarray(bytearray(img), dtype="uint8")
        img = cv.imdecode(img, cv.IMREAD_COLOR)
        return img
    #绘制直方图
    def image_simple_histogram(self,image):
        hist = cv.calcHist([image], [0], None, [256], [0.0, 255.0])
        minVal, maxVal, minLoc, maxLoc = cv.minMaxLoc(hist)
        histImg = np.zeros([256, 256, 3], np.uint8)
        hpt = int(0.9 * 256)
        for h in range(256):
            intensity = int(hist[h] * hpt / maxVal)
            cv.line(histImg, (h, 256), (h, 256 - intensity), (255, 0, 0))
        #返回绘制好的图像数据
        return histImg
    def inference(self, image, param_data):
        #code：识别成功返回 200
        #msg：相关提示信息
        #origin_image：原始图像
```

```
                    #result_image：处理之后的图像
                    #result_data：结果数据
                    return_result = {'code': 200, 'msg': None, 'origin_image': None, 'result_image': None, 'result_data': None}
                    #灰度处理
                    gray = cv.cvtColor(image, cv.COLOR_BGR2GRAY)
                    #自适应均衡化
                    clahe = cv.createCLAHE(clipLimit=1, tileGridSize=(3, 3))
                    self_adaption_equ_hist_image_np = clahe.apply(gray)
                    #绘制直方图
                    histogram =self.image_simple_histogram(self_adaption_equ_hist_image_np)
                    return_result["origin_image"] = self.image_to_base64(image)
                    return_result["result_image"] = self.image_to_base64(histogram)
                    return return_result
#单元测试，注意在处理类中如果有文件引用，则要修改单元测试的文件路径
if __name__=='__main__':
        #读取测试图像
        img = cv.imread('test.jpg', cv.IMREAD_COLOR)
        #创建图像处理对象
        img_object=ImageSelfAdaptionEqualizationHistogram()
        #调用图像处理对象处理函数对图像进行加工处理
        result = img_object.inference(img, None)
        origin = img_object.base64_to_image(result["origin_image"])
        histogram = img_object.base64_to_image(result["result_image"])

        #显示处理结果
        plt.figure(0)
        plt.subplot(1,2,1)
        #显示原始图像
        plt.imshow(origin[:,:,[2,1,0]])
        plt.title('ORIGIN')
        #显示直方图
        plt.subplot(1,2,2)
        plt.imshow(histogram[:,:,[2,1,0]])
        plt.title('histogram')
        plt.show()

        while True:
                key=cv.waitKey(1)
                if key==ord('q'):
                        break
        cap.release()
        cv.destroyAllWindows()
```

2.8.3　开发步骤与验证

2.8.3.1　开发项目部署

开发项目部署同 2.1.3.1 节。

2.8.3.2　项目运行验证

（1）在 SSH 终端中按照 2.1.3.3 节的方法运行启动脚本 start_aicam.sh，通过启动主程序 aicam.py 来运行本项目的案例工程。

（2）在客户端或者边缘计算网关端打开 Chrome 浏览器，输入页面地址并访问 http://192.168.100.200:4001/static/image_histogram/index.html，即可查看运行结果。

1）原始视频

（1）把样图放在摄像头视窗内，在 AiCam 平台界面中选择菜单"原始视频"，将获取实时视频图像，如图 2.51 所示。

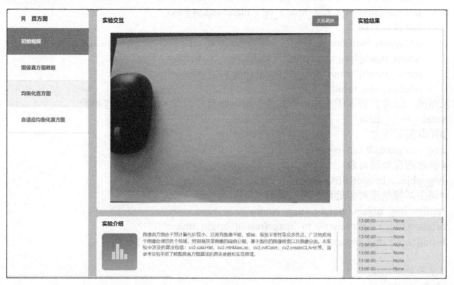

图 2.51　实时视频图像

2）直方图数据

（1）在 AiCam 平台界面中选择菜单"图像直方图数据"，将返回直方图数据的实时视频图像，如图 2.52 所示。

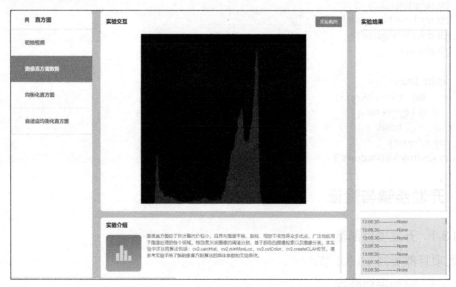

图 2.52　直方图数据的实时视频图像

（2）分析并理解实验样图与直方图的关系，更换实验样图，查看直方图的变化。

3）均衡化直方图

在 AiCam 平台界面中选择菜单"均衡化直方图"，将返回均衡化后的实时视频图像，如图 2.53 所示。

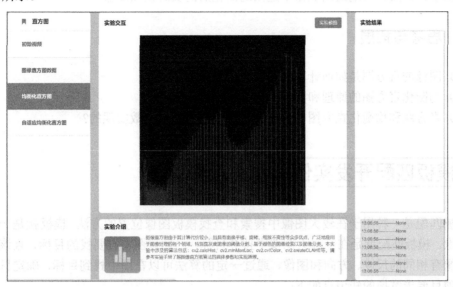

图 2.53　均衡化后的实时视频图像

4）自适应均衡化直方图

在 AiCam 平台界面中选择菜单"自适应均衡化直方图"，将返回自适应均衡化后的实时视频图像，如图 2.54 所示。

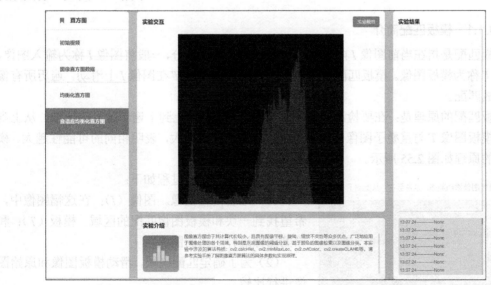

图 2.54　自适应均衡化后的实时视频图像

2.8.4　小结

本项目首先介绍了直方图的计算方法和均衡化直方图的原理及步骤，以及在 OpenCV 中实现直方图和均衡化直方图的相关函数及其用法；然后介绍了在 AiCam 平台中分别实现图像全局均衡化直方图和自适应均衡化直方图的核心代码；最后介绍了如何在 SSH 终端中实现工程部署，以及在终端的浏览器中返回均衡化后的实时视频图像。

2.8.5　思考与拓展

（1）图像的直方图是如何计算的？其作用是什么？
（2）均衡化直方图的原理和实现步骤是什么？
（3）直方图和均衡化直方图在 OpenCV 中是通过什么函数实现的？

2.9 模板匹配开发实例

模板匹配是一种用于在较大图像中搜索和查找模板图像位置的方法。模板就是一幅已知的小图像。模板匹配就是在一幅大图像中搜寻目标，已知该图中有要找的目标，且该目标同模板图像有相同的尺度、方向和图像，通过一定的算法可以在图中找到目标，确定目标的位置。本项目要求掌握的知识点如下：

（1）OpenCV 的模板匹配方法。
（2）结合 OpenCV 和 AiCam 平台进行模板匹配。

2.9.1　原理分析

2.9.1.1　模板匹配简介

模板匹配是指在当前图像 I 内寻找与图像 T 最相似的部分，一般将图像 I 称为输入图像，将图像 T 称为模板图像。模板匹配的操作方法是将模板图像 T 在图像 I 上滑动，遍历所有像素以完成匹配。

模板匹配的原理是：在要检测的图像 I 上从左至右、从上到下遍历这一幅图像，从上到下计算模板图像 T 与重叠子图像的像素匹配度，匹配程度越大，表明相同的可能性越大。模板匹配的原理如图 2.55 所示。

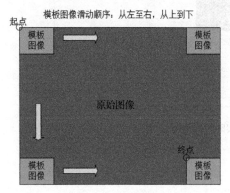

图 2.55　模板匹配

模板匹配的实现过程如下：

（1）准备两幅图像。图像（I）：在这幅图像中，希望找到一块和模板图像匹配的区域。模板（T）：和原始图像进行对比的图像。

（2）为了确定匹配区域，滑动模板图像和原始图像进行比较。

（3）使用模板遍历图像。通过滑动模板，从左至右、从上往下，在每一个位置都进行一次度量计算来判断模板和原始图像特定区域的相似性。对于 T 覆盖在 I 上的每个位置，把度量值保存到结果图像 R 中，在 R 中的每个位置（x, y）都包含匹配度量值。

2.9.1.2　OpenCV 的模板匹配方法

在 OpenCV 中，通过 matchTemplat 函数可以实现模板与目标图像的最佳匹配，说明如下：

#image 表示输入的待匹配图像，支持 8U 或者 32F 格式。templ 表示输入的模板图像，与 image 类型系统。Result 表示输出保存结果的图像，32F 格式。method 表示要使用的模板匹配方式，OpenCV 的匹配方式有 6 种可供选择：cv::TM_SQDIFF 表示计算模板与目标图像的方差，由于采用的是像素差值的平方的和，所以值越小匹配程度越高；cv::TM_SQDIFF_NORMED 表示使用范化的 cv::TM_SQDIFF，取值为 0~1，完美匹配则返回值为 0；cv::TM_CCORR 表示使用 dot product 计算匹配度，值越高匹配度就越好；cv::TM_CCORR_NORMED 表示使用范化的 cv::TM_CCORR，取值为 0~1；cv::TM_CCOEFF 表示采用模板与目标图像像素与各自图像的平均值计算 dot product，正值越大匹配度越高，负值越大图像的区别越大，但如果图像没有明显的特征（即图像中的像素值与平均值接近）则返回值越接近 0；cv::TM_CCOEFF_NORMED 表示使用范化的 cv::TM_CCOEFF，取值为-1~1。
matchTemplate(InputArray image, InputArray templ, OutputArray result, int method)

（1）平方差匹配方式。该匹配方式是利用平方差来进行匹配的，完美匹配时匹配值为 0，匹配越差匹配值越大。

$$R(x,y) = \sum_{x',y'} [T(x',y') - I(x+x',y+y')]^2 \tag{2-44}$$

（2）标准平方差匹配方式。

$$R(x,y) = \frac{\sum_{x',y'} [T(x',y') - I(x+x',y+y')]^2}{\sqrt{\sum_{x',y'} T(x',y')^2 \cdot \sum_{x',y'} I(x+x',y+y')^2}} \tag{2-45}$$

（3）相关匹配方式。该匹配方式采用模板和图像间的乘法操作，所以较大的数表示匹配程度较高，0 表示最差的匹配效果。

$$R(x,y) = \sum_{x',y'} [T(x',y') \cdot I(x+x',y+y')] \tag{2-46}$$

（4）标准相关匹配方式。

$$R(x,y) = \frac{\sum_{x',y'} [T(x',y') \cdot I(x+x',y+y')]}{\sqrt{\sum_{x',y'} T(x',y')^2 \cdot \sum_{x',y'} I(x+x',y+y')^2}} \tag{2-47}$$

（5）相关匹配方式。该匹配方式使用模板均值与图像均值进行匹配，1 表示完美匹配，-1 表示匹配很差，0 表示没有任何相关性（随机序列）。

$$R(x,y) = \sum_{x',y'} [T'(x',y') \cdot I'(x+x',y+y')] \tag{2-48}$$

式中，

$$T'(x',y') = T(x',y') - \frac{1}{N}\sum_{x'',y''} T(x'',y'')$$
$$I'(x+x',y+y') = I(x+x',y+y') - \frac{1}{N}\sum_{x'',y''} I(x+x'',y+y'') \tag{2-49}$$

（6）标准相关匹配方式。

$$R(x,y) = \frac{\sum_{x',y'} [T'(x',y') \cdot I'(x+x',y+y')]}{\sqrt{\sum_{x',y'} T'(x',y')^2 \cdot \sum_{x',y'} I'(x+x',y+y')^2}} \tag{2-50}$$

2.9.2　开发设计与实践

2.9.2.1　架构设计

本项目基于 AiCam 平台的开发框架（见图 1.3）进行开发，开发流程如下：

（1）在 aicam 工程包的配置文件中添加摄像头（config\app.json），详细代码请参考 2.1.2.1 节。

（2）在 aicam 工程包中添加图像匹配算法 algorithm\image_template_matching\image_template_matching.py。

（3）在 aicam 工程包中添加项目前端应用 static\image_template_matching。

（4）前端应用采用 RESTFul 接口获取处理后的视频流，返回 base64 编码的图像和结果数据。访问 URL 地址格式如下（IP 地址为边缘计算网关的地址）：

```
http://192.168.100.200:4001/stream/[algorithm_name]?camera_id=0
```

前端应用 JS（js\index.js）处理代码请参考 2.2.2.1 节。

2.9.2.2　功能与核心代码设计

通过 OpenCV 实现模板匹配的算法文件如下（algorithm\image_template_matching\image_template_matching.py）：

```python
################################################################################
#文件：image_template_matching.py
#说明：读取一个模板，返回视频图像中的模板的位置，将识别框画到图像上，并返回结果
################################################################################
import cv2 as cv
import numpy as np
import base64
import json

class ImageTemplateMatching(object):
    def __init__(self, template_path="algorithm/image_template_matching/template.jpg"):
        self.template_path = template_path

    def image_to_base64(self, img):
        image = cv.imencode('.jpg', img, [cv.IMWRITE_JPEG_QUALITY, 60])[1]
        image_encode = base64.b64encode(image).decode()
        return image_encode

    def base64_to_image(self, b64):
        img = base64.b64decode(b64.encode('utf-8'))
        img = np.asarray(bytearray(img), dtype="uint8")
        img = cv.imdecode(img, cv.IMREAD_COLOR)
        return img

    def inference(self, image, param_data):
        #code：识别成功返回 200
        #msg：相关提示信息
        #origin_image：原始图像
        #result_image：处理之后的图像
```

```
#result_data：结果数据
return_result = {'code': 200, 'msg': None, 'origin_image': None, 'result_image': None, 'result_data': None}
#读取模板
template = cv.imread(self.template_path)
#获得模板的高宽尺度
theight, twidth = template.shape[:2]
#执行模板匹配，采用的匹配方式 cv.TM_SQDIFF_NORMED
result = cv.matchTemplate(image, template, cv.TM_SQDIFF_NORMED)
#寻找矩阵（一维数组当成向量，用 Mat 定义）中的最大值和最小值的匹配结果及其位置
min_val, max_val, min_loc, max_loc = cv.minMaxLoc(result)
#min_loc：矩形定点
#(min_loc[0]+twidth,min_loc[1]+theight)：矩形的宽高
#(0,0,225)：矩形的边框颜色；2：矩形边框宽度
cv.rectangle(image, min_loc, (min_loc[0] + twidth, min_loc[1] + theight), (0, 255, 0), 1)

return_result["result_image"] = self.image_to_base64(image)
return return_result
#单元测试，注意在处理类中如果有文件引用，则要修改单元测试的文件路径
if __name__ == '__main__':
    c_dir = os.path.split(os.path.realpath(__file__))[0]
    #创建图像处理对象
    img_object = ImageTemplateMatching(c_dir+"/template.jpg")

    #创建视频捕获对象
    cap = cv.VideoCapture(0)
    if cap.isOpened()!=1:
        pass

    #循环获取图像、处理图像、显示图像
    while True:
        ret,img = cap.read()
        if ret == False:
            break

        #调用图像处理对象处理函数对图像进行加工处理
        result = img_object.inference(img, None)
        frame = img_object.base64_to_image(result["result_image"])

        #图像显示
        cv.imshow('frame',frame)
        key = cv.waitKey(1)
        if key == ord('q'):
            break
    cap.release()
    cv.destroyAllWindows()
```

2.9.3　开发步骤与验证

2.9.3.1　开发项目部署

开发项目部署同 2.1.3.1 节。

2.9.3.2　项目运行验证

（1）在 SSH 终端中按照 2.1.3.3 节的方法运行启动脚本 start_aicam.sh，通过启动主程序 aicam.py 来运行本项目的案例工程。

（2）在客户端或者边缘计算网关端打开 Chrome 浏览器，输入页面地址并访问 http://192.168.100.200:4001/static/image_template_matching/index.html，即可查看运行结果。

（3）把样图放在摄像头视窗内，截取一个目标图像并命名为 template.jpg，如图 2.56 所示。

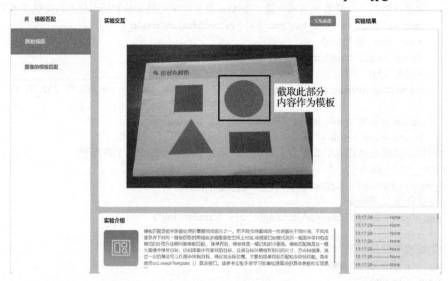

图 2.56　截取目标图像

（2）通过 MobaXterm 工具创建的 SSH 连接，将模板 template.jpg 上传到边缘计算网关。

（3）在 AiCam 平台界面中选择菜单"模板匹配"，把样图放在摄像头视窗内，将标注出模板匹配的目标，如图 2.57 所示。

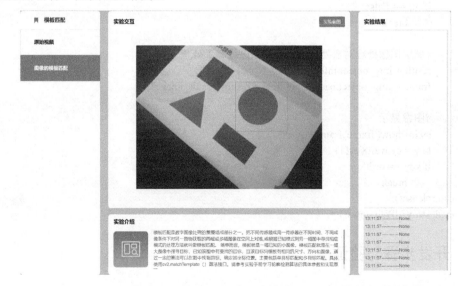

图 2.57　模板匹配结果

（4）在算法文件中，修改 matchTemplate 函数的 method 参数（模板匹配方式）来查看不同匹配方式的效果。

2.9.4　小结

本项目首先介绍了模板匹配的原理，以及 OpenCV 实现模板匹配的相关函数和用法；然后介绍了在 AiCam 平台中实现模板匹配的核心代码；最后介绍了如何在 SSH 终端中实现工程部署，以及在终端的浏览器中标注出模板匹配的目标。

2.9.5　思考与拓展

（1）模板匹配的原理和实现步骤是什么？
（2）模板匹配在 OpenCV 中的实现函数是什么？具体的匹配方式有哪些？
（3）尝试修改匹配函数的参数，查看不同匹配方式的差异性。

2.10 霍夫变换开发实例

霍夫（Hough）变换是一种特征提取方式，被广泛应用在图像分析、计算机视觉以及数字影像处理中，用来识别物件的特征，如线条、圆形。通过霍夫变换可以检测间断点边界形状，该变换通过将图像坐标空间变换到参数空间实现了直线与曲线的拟合。

霍夫变换的实质是将图像空间内具有一定关系的像元进行聚类，寻找能把这些像元用某一解析形式联系起来的参数空间累计对应点。在参数空间不超过二维的情况下，霍夫变换的效果比较理想。一旦参数空间增大，计算量便会急剧上升，同时耗费巨大的存储空间和时间。多年来，国内外众多学者针对具体情况对霍夫变换进行了多方面的探索，并提出了许多有价值的改进方法。

本项目要求掌握的知识点如下：
（1）霍夫变换的原理。
（2）OpenCV 的检测直线、圆的方法。
（3）结合 OpenCV 和 AiCam 平台进行霍夫变换。

2.10.1　原理分析

2.10.1.1　基本描述

1）霍夫线变换

霍夫线变换是一种能够提供查找直线、圆的方法。在使用霍夫线变换之前，首先要对图像进行边缘检测，即霍夫线变换的直接输入只能是边缘二值化图像。

（1）直线检测的基本原理。一条直线可由两个点 $A=(x_1,y_1)$ 和 $B=(x_2,y_2)$ 确定（笛卡儿坐标系），如图 2.58 所示。

直线 $y=kx+q$ 也可以写成关于 (k,q) 函数表达式（霍夫空间）：

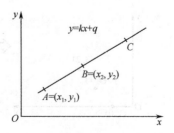

图 2.58　笛卡儿坐标系中的直线

$$\begin{cases} q = -kx_1 + y_1 \\ q = -kx_2 + y_2 \end{cases}$$

笛卡儿坐标系到霍夫空间的变换如图 2.59 所示。

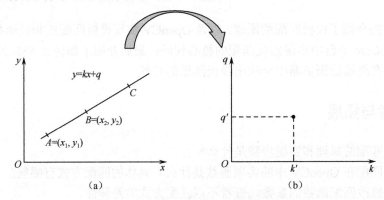

图 2.59　笛卡儿坐标系到霍夫空间的变换

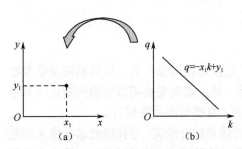

图 2.60　霍夫空间到笛卡儿坐标系的变换

通过图 2.59 所示的变换，笛卡儿坐标系中一条直线将对应到霍夫空间的一个点。上述变换的反过来同样成立，霍夫空间的一条直线将对应到笛卡儿坐标系的一个点。霍夫空间到笛卡儿坐标系的变换如图 2.60 所示。

笛卡儿坐标系中的两个点到霍夫空间的对应情况如图 2.61 所示。

笛卡儿坐标系中共线的三个点到霍夫空间的对应情况如图 2.62 所示。可以看出，如果笛卡儿坐标系的三点共线，那么这些点在霍夫空间对应的直线交于一点，这说明共线只有一种取值可能。

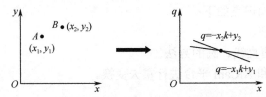

图 2.61　笛卡儿坐标系在的两个点到霍夫空间的对应情况

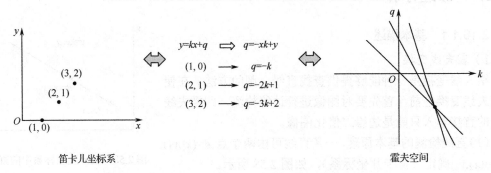

图 2.62　笛卡儿坐标系中共线的三个点到霍夫空间的对应情况

如果笛卡儿坐标系中的多个点分布在不同的直线上，此时该如何处理呢？这里以分布在两条直线的点情况为例进行说明，如图 2.63 所示。可以看出，图中的点（1,1）、（2,1）、（4,1）在一条直线上，点（1,0）、（2,1）、（3,2）在另一条直线上。当然，点（3,2）与点（4,1）也可以组成直线，只不过它由两个点确定，而霍夫空间中 A、B 两点是由三条直线交汇的，这也是霍夫变换的基本处理方式，即选择由尽可能多直线交汇的点。

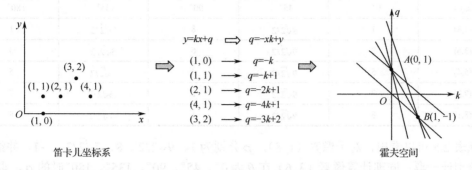

图 2.63　笛卡儿坐标系中不共线的点到霍夫空间的对应情况

霍夫空间中由三条交汇直线确定的点（中间图）到笛卡儿坐标系的对应情况如图 2.64 所示。

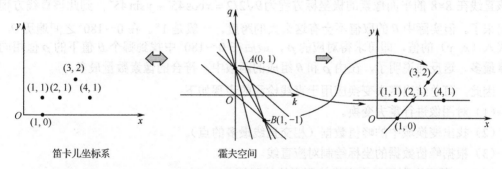

图 2.64　霍夫空间中由三条交汇直线确定的点（中间图）到笛卡儿坐标系的对应情况

到这里问题似乎解决了，已经完成了霍夫变换的求解。但如果出现垂直的直线，则 $k=\infty$，q 也无法取值，因此考虑将笛卡儿坐标系换为极坐标。

在极坐标系中，直线可表示为：

$$\rho = x\cos\theta + y\sin\theta \qquad (2\text{-}51)$$

式中，ρ 为从原点到直线最近距离的向量；θ 为向量与 x 轴的夹角。

对于竖直方向的直线，ρ 为 x 轴的截距；对于水平直线，ρ 为 y 轴的截距。极坐标的点在霍夫空间中对应的是直线，只不过霍夫空间的参数不再是 (k,q)，而是极坐标的参数 (ρ,θ)。

在极坐标系中，某点处相交的正弦曲线的数量等于相应的笛卡儿坐标系中共线点的数量。

假定在图 2.65 所示的 8×8 的平面像素中有一条直线（由深色区域的像素构成），从左上角的像素（1,8）

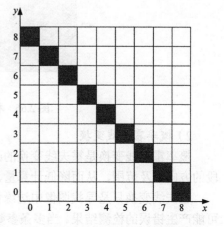

图 2.65　8×8 的平面像素

开始取 5 个像素，然后分别计算 θ 为 0°、45°、90°、135°、180°时的 ρ，结果如表 2.5 所示。
　　计算公式为：

$$y = kx + b, \qquad \rho = x\cos\theta + y\sin\theta$$

表 2.5　计算结果

(x, y)	0°	45°	90°	135°	180°
$(1,8)$	1	$9\sqrt{2}/2$	8	$7\sqrt{2}/2$	-1
$(3,6)$	3	$9\sqrt{2}/2$	6	$3\sqrt{2}/2$	-3
$(5,4)$	5	$9\sqrt{2}/2$	4	$-\sqrt{2}/2$	-5
$(7,2)$	7	$9\sqrt{2}/2$	2	$-5\sqrt{2}/2$	-7
$(8,1)$	8	$9\sqrt{2}/2$	1	$-7\sqrt{2}/2$	-8

　　从表 2.5 可以看出，对于像素 $(1,8)$，ρ 分别为 1、$9\sqrt{2}/2$、8、$7\sqrt{2}/2$、-1，并给这 5 个值分别计一票；同理计算像素 $(3,6)$ 在 θ 为 0°、45°、90°、135°、180°时的 ρ，再给计算出来的 5 个 ρ 值分别记一票，此时会发现 $\rho = 9\sqrt{2}/2$ 的这个值已经记了两票。以此类推，遍历完整个 8×8 的平面像素时 $\rho = 9\sqrt{2}/2$ 就记了 5 票，其他 ρ 值的票数均小于 5 票，所以得到该直线在 8×8 的平面像素的极坐标方程为 $9\sqrt{2}/2 = x\cos 45° + y\sin 45°$，到此该直线方程就求出来了。但实际中 θ 的取值不会有这么大的跨度，一般是 1°。在 0～180°之间遍历 θ，同时代入 (x, y) 的值，即可求得对应的 ρ，最后在 0～180°中找到哪个 θ 值下的 ρ 值相同的数量最多。这反向说明了，在由 ρ 和 θ 组成的函数中，符合的像素数量最多。

　　因此，可总结出霍夫变换应用于直线检测的步骤如下：
　　（1）对图像进行霍夫变换。
　　（2）找出变换域中的峰值数据（相交直线最多的点）。
　　（3）根据峰值数据的坐标绘制对应直线。
　　图 2.66 所示为利用霍夫变换检测直线的示例。

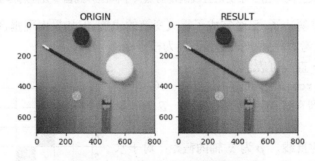

图 2.66　利用霍夫变换检测直线的示例

　　2）概率霍夫线变换
　　概率霍夫线变换是霍夫线变换的改进，它在一定的范围内进行霍夫线变换，计算单独线段的方向以及范围，从而降低计算量、缩短计算时间。
　　霍夫线变换只是寻找图像中边缘像素的对齐区域，有些像素只是碰巧排成了直线，因此可能产生错误的检测结果。当多条参数相近的直线穿过同一个像素的对齐区域时，就会导致重复的结果。

为了解决上述问题并检测到线段，可以利用概率霍夫线变换，该变换的特点如下：

（1）概率霍夫线变换在二值分布图上随机选择像素，而不是逐行扫描图像。

（2）一旦累加器的某个入口处到达了预设的最小值，就沿着对应的直线扫描图像，并移除这条直线上的所有像素（包括还没投票的像素）。

（3）在扫描过程中还能够检测可以接受的线段长度。

为此，概率霍夫线变换定义两个额外的参数：一个是允许的线段最小长度；另一个是组成线段时允许的最大像素距离。

虽然概率霍夫线变换增加了复杂度，但可以在扫描直线的过程中清除部分像素，减少投票过程中用到的像素。利用概率霍夫检测直线的示例如图 2.67 所示。

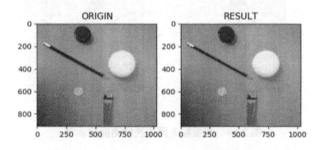

图 2.67 利用概率霍夫线变换检测直线的示例

3）霍夫圆变换

霍夫圆变换的基本原理和霍夫线变换是很类似的，只是点对应的二维极径、极角空间被三维的圆心 (x, y) 和半径 r 空间（三维参数空间）取代。

圆方程可表示为：

$$(x-a)^2 + (y-b)^2 = r^2 \tag{2-52}$$

霍夫圆变换的特点如下：

（1）笛卡儿坐标系中一个圆对应三维参数空间一个点 (a, b, r)。

（2）笛卡儿坐标系中圆上一个点 (x, y) 对应三维参数空间中的一条曲线。

（3）笛卡儿坐标系中圆上的 n 个点在三维参数空间对应的是 n 条相交于一点的曲线。

注意：原始图像中圆上的每一个点在三维参数空间都对应一条曲线，经过曲线最多的点就是原始图像中圆的参数。

霍夫圆变换的步骤如下：

（1）假设原始图像已经被处理成二值化边缘图像，扫描原始图像上的每一个像素：若为背景点，则不进行任何处理；若为目标点，则确定为曲线，三维参数空间上对应曲线上所有点的值累加为 1。

（2）循环扫描所有的像素。

（3）三维参数空间上累计值为最大的点 (a^*, b^*, r^*) 为所求圆参数。

（4）按照该参数，在原始图像上的同等大小空白处上绘制圆。

需要注意的是，霍夫圆变换对噪声比较敏感，因此需要先对图像进行中值滤波，去除椒盐噪声。由于霍夫圆变换需要三维参数空间，计算量大，因此可以采样其他形式（如极坐标形式）做进一步的简化。霍夫圆变换的原理如图 2.68 所示。

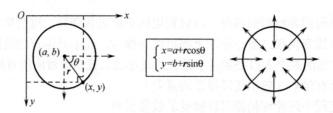

图 2.68　霍夫圆变换

利用霍夫圆变换检测圆的示例如图 2.69 所示。

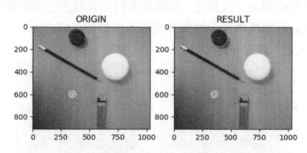

图 2.69　利用霍夫圆变换检测圆的示例

2.10.1.2　OpenCV 方法接口

1）霍夫线变换

OpenCV 提供的函数 cv2.HoughLines 可以实现霍夫线变换，该函数要求所操作的原始图像是一个二值化图像，因此要求在进行霍夫线变换前先对原始图像进行二值化处理或者进行 Canny 边缘检测，说明如下：

> #img 表示为输入的图像，需要先进行二值化处理或 Canny 边缘检测。Rho 表示距离分辨率。theta 表示角度范围。threshold 表示累加器阈值
>
> HoughLines(img, rho, theta, threshold)

2）概率霍夫线变换

在 OpenCV 中，通过函数 cv2.HoughLinesP 可以实现概率霍夫线变换，说明如下：

> #image 表示边缘检测的输出图像，该图像为单通道 8 位二进制图像。rho 表示极径的分辨率以像素值为单位，这里一般使用 1 像素。theta 表示极角的分辨率以弧度为单位，这里使用 1°。hreshold 表示检测一条直线所需的最少曲线交点。lines 表示存储检测到的直线的参数对的容器，也就是线段两个端点的坐标。minLineLength 表示能组成一条直线的最少的点数量，点数量不足的直线将被抛弃。maxLineGap 表示可被认为在一条直线上的点的最大距离。
>
> HoughLinesP(image, rho, theta, threshold[, lines[, minLineLength[, maxLineGap]]])

3）霍夫圆变换

在 OpenCV 中，通过函数 HoughCircles 可实现霍夫圆变化，说明如下：

> #image 表示 8 位单通道灰度输入图像。method 表示检测圆的方法，目前唯一实现的方法是 HOUGH_GRADIENT（霍夫梯度）。dp 表示累加器的分辨率，如果 dp = 1，则表示累加器具有与输入图像相同的分辨率；如果 dp=2，则表示累加器的分辨率是原始图像分辨率的一半，宽度和高度也缩减为原来的一半。minDist 表示检测到的两个圆心之间的最小距离，如果该参数太小，则除了检测到一个正确的圆，还可能错误地检测到多个相邻的圆；如果该参数太大，则可能会遗漏一些圆。circles 表示检测到的圆的输出向量，向量内第一个元素是圆心横坐标，第二个元素是圆心纵坐标，第三个元素是圆半径。param1 表示 Canny

边缘检测的高阈值，低阈值自动被设置为高阈值的一半。param2 表示圆心检测的累加阈值，该参数越小，可能会检测越多的假圆，但返回的是与较大累加器值对应的圆。minRadius 表示检测到的圆的最小半径。maxRadius 表示检测到的圆的最大半径。

HoughCircles(image, method, dp, minDist[, circles[, param1[, param2[, minRadius[, maxRadius]]]]])

2.10.2　开发设计与实践

2.10.2.1　架构设计

本项目基于 AiCam 平台的开发框架（见图 1.3）进行开发，开发流程如下：

（1）在 aicam 工程包的配置文件中添加摄像头（config\app.json），详细代码请参考 2.1.2.1 节。

（2）在 aicam 工程包中添加：

- ⊃ 霍夫线变换算法：algorithm\image_standard_hough_transform\image_standard_hough_transform.py。
- ⊃ 概率霍夫线变换算法：algorithm\image_asymptotic_probabilistic_hough_transform\image_asymptotic_probabilistic_hough_transform.py。
- ⊃ 霍夫圆变换算法：algorithm\image_hough_transform_circular\image_hough_transform_circular.py。

（3）在 aicam 工程包中添加项目前端应用 static\image_hough_transform。

（4）前端应用采用 RESTFul 接口获取处理后的视频流，数据返回为 base64 编码的图像和结果数据。访问 URL 地址格式如下（IP 地址为边缘计算网关的地址）：

http://192.168.100.200:4001/stream/*[algorithm_name]*?camera_id=0

前端应用 JS（js\index.js）处理代码请参考 2.2.2.1 节。

2.10.2.2　功能与核心代码设计

1）霍夫线变换

在 OpenCV 中，通过霍夫线变换实现直线检测的算法文件如下（algorithm\image_standard_hough_transform\ image_standard_hough_transform.py）：

```
##############################################################################
#文件：image_standard_hough_transform.py
#说明：通过霍夫线变换检测图像中的直线
#注释：函数 cv.HoughLines 用来实现霍夫线变换，该函数要求所操作的原始图像是一个二值化图像，
所以在进行霍夫线变换之前要先对原始图像进行二值化处理或者进行 Canny 边缘检测。
##############################################################################
import cv2 as cv
import numpy as np
import base64
import json
import matplotlib.pyplot as plt

class ImageStandardHoughTransform(object):
    def __init__(self):
        pass
```

```python
    def image_to_base64(self, img):
        image = cv.imencode('.jpg', img, [cv.IMWRITE_JPEG_QUALITY, 60])[1]
        image_encode = base64.b64encode(image).decode()
        return image_encode

    def base64_to_image(self, b64):
        img = base64.b64decode(b64.encode('utf-8'))
        img = np.asarray(bytearray(img), dtype="uint8")
        img = cv.imdecode(img, cv.IMREAD_COLOR)
        return img

    def inference(self, image, param_data):
        #code：识别成功返回200
        #msg：相关提示信息
        #origin_image：原始图像
        #result_image：处理之后的图像
        #result_data：结果数据
        return_result = {'code': 200, 'msg': None, 'origin_image': None, 'result_image': None, 'result_data': None}

        #将原始图像转换成灰度图像（二值化图像）
        gray = cv.cvtColor(image, cv.COLOR_BGR2GRAY)
        #灰度图像边缘检测处理
        edges = cv.Canny(gray, 50, 150)

        #霍夫变换
        lines = cv.HoughLines(edges, 1, np.pi / 180, 200)   #霍夫线变换返回是极坐标系的两个参数：
rho 和 theta
        try:
            lines = lines[:, 0, :]   #将数据转换到二维参数空间
            for rho, theta in lines:
                a = np.cos(theta)
                b = np.sin(theta)
                #x0 = rho x cos(theta)
                #y0 = rho x sin(theta)
                x0 = a * rho
                y0 = b * rho
                #由三维参数空间向实际坐标点转换
                x1 = int(x0 + 1000 * (-b))
                y1 = int(y0 + 1000 * a)
                x2 = int(x0 - 1000 * (-b))
                y2 = int(y0 - 1000 * a)
                cv.line(image, (x1, y1), (x2, y2), (0, 255, 0), 2)
        #如果没有检测的直线，就直接返回原始图像
        except Exception as e:
            image = image

        return_result["result_image"] = self.image_to_base64(image)
        #返回图像处理结果和数据列表（如果没有数据，就返回空列表）
```

```
        return return_result
#单元测试，注意在处理类中如果有文件引用，则要修改单元测试的文件路径
if __name__=='__main__':
    #读取测试图像
    img = cv.imread('test.jpg', cv.IMREAD_COLOR)
    image = img.copy()

    #创建图像处理对象
    img_object = ImageStandardHoughTransform()
    #调用图像处理对象处理函数对图像进行加工处理
    result = img_object.inference(img, None)
    asy_image = img_object.base64_to_image(result["result_image"])

    #显示处理结果
    plt.figure(0)
    plt.subplot(1,2,1)
    #显示原始图像
    plt.imshow(image[:,:,[2,1,0]])
    plt.title('ORIGIN')
    #经过霍夫线变换检测到直线后展示效果图像
    plt.subplot(1,2,2)
    plt.imshow(asy_image [:,:,[2,1,0]])
    plt.title('RESULT')
    plt.show()

    while True:
        key=cv.waitKey(1)
        if key==ord('q'):
            break
    cap.release()
    cv.destroyAllWindows()
```

2）概率霍夫线变换

在 OpenCV 中，通过概率霍夫线变换实现直线检测的算法文件如下（algorithm\image_asymptotic_probabilistic_hough_transform\image_asymptotic_probabilistic_hough_transform.py）：

```
################################################################
#文件：image_asymptotic_probabilistic_hough_transform.py
#说明：通过概率霍夫线变换检测图像中的直线
#注释：通过概率霍夫线变换检测直线的效果比霍夫线变换的效果更好
################################################################
import cv2 as cv
import numpy as np
import base64
import json
import matplotlib.pyplot as plt

class ImageAsymptoticProbabilisticHoughTransform(object):
```

```python
    def __init__(self):
        pass

    def image_to_base64(self, img):
        image = cv.imencode('.jpg', img, [cv.IMWRITE_JPEG_QUALITY, 60])[1]
        image_encode = base64.b64encode(image).decode()
        return image_encode

    def base64_to_image(self, b64):
        img = base64.b64decode(b64.encode('utf-8'))
        img = np.asarray(bytearray(img), dtype="uint8")
        img = cv.imdecode(img, cv.IMREAD_COLOR)
        return img

    def inference(self, image, param_data):
        #code：识别成功返回 200
        #msg：相关提示信息
        #origin_image：原始图像
        #result_image：处理之后的图像
        #result_data：结果数据
        return_result = {'code': 200, 'msg': None, 'origin_image': None, 'result_image': None, 'result_data': None}

        #将原始图像转换成灰度图像
        gray = cv.cvtColor(image, cv.COLOR_BGR2GRAY)
        #灰度图像边缘检测处理
        edges = cv.Canny(gray, 50, 150)

        #概率霍夫线变换
        lines = cv.HoughLinesP(edges, 1, np.pi / 180, 30, minLineLength=60, maxLineGap=10)
        try:
            lines = lines[:, 0, :]
            #将检测到的直线循环画到图像上
            for x1, y1, x2, y2 in lines:
                cv.line(image, (x1, y1), (x2, y2), (0, 255, 0), 2)
        #如果没有检测的直线，就直接返回原始图像
        except Exception as e:
            image = image

        return_result["result_image"] = self.image_to_base64(image)
        return return_result
#单元测试，注意在处理类中如果有文件引用，则要修改单元测试的文件路径
if __name__ == '__main__':
    #读取测试图像
    img = cv.imread('test.jpg', cv.IMREAD_COLOR)
    image = img.copy()

    #创建图像处理对象
    img_object = ImageAsymptoticProbabilisticHoughTransform()
```

```
#调用图像处理对象处理函数对图像进行加工处理
result = img_object.inference(img, None)
asy_image = img_object.base64_to_image(result["result_image"])


#显示处理结果
plt.figure(0)
plt.subplot(1,2,1)
#显示原始图像
plt.imshow(image[:,:,[2,1,0]])
plt.title('ORIGIN')
#通过概率霍夫线变换检测到直线后展示效果图像
plt.subplot(1,2,2)
plt.imshow(asy_image [:,:,[2,1,0]])
plt.title('RESULT')
plt.show()


while True:
    key=cv.waitKey(1)
    if key==ord('q'):
        break
cap.release()
cv.destroyAllWindows()
```

3）霍夫圆变换

在 OpenCV 中，通过霍夫圆变换检测圆形的算法文件如下（algorithm\image_hough_transform_circular\image_hough_transform_circular.py）：

```
########################################################################
#文件：image_hough_transform_circular.py
#说明：霍夫圆变换，将在图像中绘制圆并返回结果
#注释：通过霍夫圆变换检测到的圆心之间的最小距离，就是能明显区分的两个不同圆之间的最小距离
########################################################################
import cv2 as cv
import numpy as np
import base64
import json
import matplotlib.pyplot as plt


class ImageHoughTransformCircular(object):
    def __init__(self):
        pass

    def image_to_base64(self, img):
        image = cv.imencode('.jpg', img, [cv.IMWRITE_JPEG_QUALITY, 60])[1]
        image_encode = base64.b64encode(image).decode()
        return image_encode


    def base64_to_image(self, b64):
```

```python
        img = base64.b64decode(b64.encode('utf-8'))
        img = np.asarray(bytearray(img), dtype="uint8")
        img = cv.imdecode(img, cv.IMREAD_COLOR)
        return img


    def inference(self, image, param_data):
        #code：识别成功返回 200
        #msg：相关提示信息
        #origin_image：原始图像
        #result_image：处理之后的图像
        #result_data：结果数据
        return_result = {'code': 200, 'msg': None, 'origin_image': None, 'result_image': None, 'result_data': None}

        #灰度化处理
        gray = cv.cvtColor(image, cv.COLOR_BGR2GRAY)
        #高斯滤波平滑处理
        gaussian = cv.GaussianBlur(gray, (3, 3), 0)

        #通过霍夫圆变换检测图像中的圆
        circles = cv.HoughCircles(gaussian, cv.HOUGH_GRADIENT, 1, 100, param1=100, param2=30, minRadius=15,maxRadius=80)
        try:
            circles = circles[0, :, :]
            circles = np.uint16(np.around(circles))
            #将检测到的圆循环画到图像上
            for i in circles[:]:
                cv.circle(image, (i[0], i[1]), i[2], (0, 255, 0), 2)
                cv.circle(image, (i[0], i[1]), 2, (255, 0, 255), 10)
        except Exception as e:
            image = image

        return_result["result_image"] = self.image_to_base64(image)
        return return_result
#单元测试，注意在处理类中如果有文件引用，则要修改单元测试的文件路径
if __name__ == '__main__':
    #读取测试图像
    img = cv.imread('test.jpg', cv.IMREAD_COLOR)
    image = img.copy()

    #创建图像处理对象
    img_object = ImageHoughTransformCircular()
    #调用图像处理对象处理函数对图像进行加工处理
    result = img_object.inference(img, None)
    asy_image = img_object.base64_to_image(result["result_image"])

    #显示处理结果
    plt.figure(0)
    plt.subplot(1,2,1)
```

```
#显示原始图像
plt.imshow(image[:,:,[2,1,0]])
plt.title('ORIGIN')
#通过概率霍夫圆变换检测到圆后展示效果图像
plt.subplot(1,2,2)
plt.imshow(asy_image [:,:,[2,1,0]])
plt.title('RESULT')
plt.show()

while True:
    key=cv.waitKey(1)
    if key==ord('q'):
        break
cv.destroyAllWindows()
```

2.10.3　开发步骤与验证

2.10.3.1　开发项目部署

开发项目部署同 2.1.3.1 节。

2.10.3.2　项目运行验证

（1）在 SSH 终端中按照 2.1.3.3 节的方法运行启动脚本 start_aicam.sh，通过启动主程序 aicam.py 来运行本项目的案例工程。

（2）在客户端或者边缘计算网关端打开 Chrome 浏览器，输入页面地址并访问 http://192.168.100.200:4001/static/image_hough_transform/index.html，即可查看运行结果。

1）霍夫线变换

（1）把样图放在摄像头视窗内，在 AiCam 平台界面中选择菜单"霍夫线变换"，将标注检测图像中的直线，如图 2.70 所示。

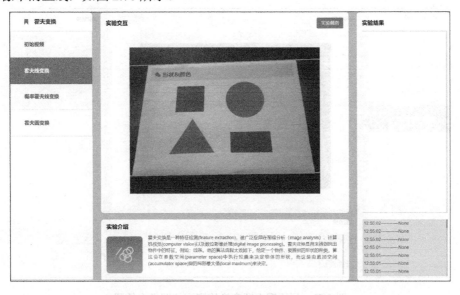

图 2.70　标注通过霍夫线变换检测到的直线

（2）理解霍夫线变换原理，针对需要识别的目标图像，优化参数或算法实现更精准的检测。

2）概率霍夫线变换

（1）把样图放在摄像头视窗内，在 AiCam 平台界面中选择菜单"概率霍夫线变换"，标注检测到的图像中的直线，如图 2.71 所示。

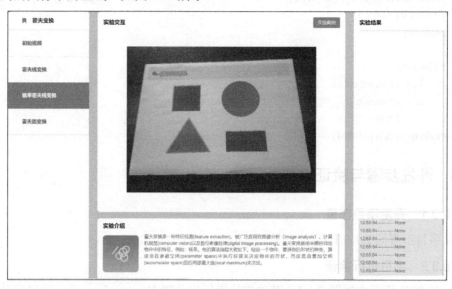

图 2.71　标注通过概率霍夫线变换检测到的图像中的直线

（2）理解概率霍夫线变换原理，针对需要识别的目标图像，优化参数或算法实现更精准的检测。

3）霍夫圆变换

（1）把样图放在摄像头视窗内，在 AiCam 平台界面中选择菜单"霍夫圆变换"，标注检测到的图像中的圆，如图 2.72 所示。

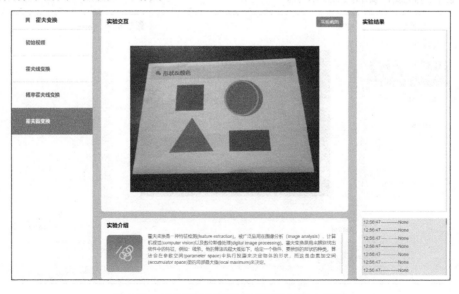

图 2.72　标注霍夫圆变换检测到的图像中的圆

（2）理解霍夫圆变换原理，针对需要识别的目标图像，优化参数或算法实现更精准的检测。

2.10.4　小结

本项目首先介绍了霍夫线变换、概率霍夫线变换、霍夫圆变换的基本原理，以及在 OpenCV 中的实现上述变换的相关函数和用法；然后介绍了在 AiCam 平台中分别实现这些变换的核心代码；最后介绍了如何在 SSH 终端中实现工程部署，以及在终端的浏览器中通过霍夫变换检测直线和圆。

2.10.5　思考与拓展

（1）霍夫线变换、概率霍夫线变换、霍夫圆变换的基本原理是什么？

（2）在 OpenCV 中，霍夫线变换、概率霍夫线变换、霍夫圆变换是通过什么函数实现的？

（3）尝试修改实现上述变换的函数参数，比较不同参数下检测结果的差异性，并优化参数或算法实现更精准的检测。

2.11　图像矫正开发实例

图像矫正是指对失真图像进行的复原性处理。实现图像矫正的方法有很多，如基于透视变换的图像矫正、基于霍夫变换的图像矫正等。本项目采用基于透视变换的图像矫正。

本项目要求掌握的知识点如下：

（1）OpenCV 实现图像矫正的方法。

（2）结合 OpenCV 和 AiCam 平台进行图像矫正。

2.11.1　原理分析

2.11.1.1　图像矫正的步骤

图像矫正是借助一组控制点对一幅图像进行的矫正。简要步骤如下：

（1）对图像进行二值化处理。

（2）检测图像轮廓，筛选出目标轮廓（通过横纵比或面积去除干扰轮廓）。

（3）获取目标轮廓的最小外接矩形。

（4）获取最小外接矩形的 4 个顶点，并定义矫正图像后的 4 个顶点。

（5）进行透视变换（四点变换）。

图像校正的效果如图 2.73 所示。

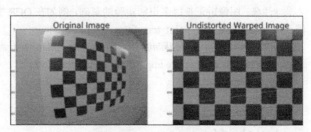

图 2.73　图像矫正的效果

2.11.1.2　OpenCV 实现图像校正的方法

1）获取顶点坐标

```
#edged 表示传入的图像边缘。函数返回图像边缘 4 个顶点坐标。
Get_cnt(edged)
```

2）图像矫正

在 OpenCV 中，通过函数 four_point_transform 可以实现透视变换，获得矫正后的图像。说明如下：

```
#第一个参数表示输入的图像；第二个参数表示得到的最大矩形的顶点信息
four_point_transform(image,pts)
```

2.11.2　开发设计与实践

2.11.2.1　架构设计

本项目基于 AiCam 平台的开发框架（见图 1.3）进行开发，开发流程如下：

（1）在 aicam 工程包的配置文件中添加摄像头（config\app.json），详细代码请参考 2.1.2.1 节。

（2）在 aicam 工程包中添加算法文件 algorithm\image_correction\image_correction.py。

（3）在 aicam 工程包中添加项目前端应用 static\image_correction。

（4）前端应用采用 RESTFul 接口获取处理后的视频流，返回 base64 编码的图像和结果数据。访问 URL 地址格式如下（IP 地址为边缘计算网关的地址）：

```
http://192.168.100.200:4001/stream/[algorithm_name]?camera_id=0
```

前端应用 JS（js\index.js）处理示例见 2.2.2.1 节。

2.11.2.2　功能与核心代码设计

通过 OpenCV 实现图像矫正的算法文件如下（algorithm\image_correction\image_correction.py）：

```
####################################################################################
#文件：image_correction.py
#说明：在机器视觉中，在进行图像处理时有时会因为图像放置的原因导致 ROI 区域倾斜，这就需要
进行图像矫正
#注释：图像矫正是很多识别实验的基础，例如在 OCR 文字识别中，在预处理时就要对图像进行矫正，
涉及的算法主要是 our_point_transform、cv.findContours
####################################################################################
from imutils.perspective import four_point_transform
import imutils
import cv2 as cv
import numpy as np
import base64
import json
import matplotlib.pyplot as plt

class ImageCorrection(object):
```

```python
    def __init__(self):
        pass


    def image_to_base64(self, img):
        image = cv.imencode('.jpg', img, [cv.IMWRITE_JPEG_QUALITY, 60])[1]
        image_encode = base64.b64encode(image).decode()
        return image_encode


    def base64_to_image(self, b64):
        img = base64.b64decode(b64.encode('utf-8'))
        img = np.asarray(bytearray(img), dtype="uint8")
        img = cv.imdecode(img, cv.IMREAD_COLOR)
        return img


    #返回图像变换之后的 4 个顶点坐标
    def Get_cnt(self, edged):
        #进行轮廓查找
        cnts = cv.findContours(edged.copy(), cv.RETR_EXTERNAL, cv.CHAIN_APPROX_SIMPLE)
        cnts = cnts[0] if imutils.is_cv2() else cnts[1]
        docCnt = None
        if len(cnts) > 0:
            #对可迭代的对象进行排序操作
            cnts = sorted(cnts, key=cv.contourArea, reverse=True)
            for c in cnts:
                peri = cv.arcLength(c, True)    #轮廓按大小降序排序
                approx = cv.approxPolyDP(c, 0.02* peri, True)   #获取近似的轮廓
                if len(approx) == 4:    #近似轮廓有 4 个顶点
                    docCnt = approx
                    break
        return docCnt


    def inference(self, image, param_data):
        #code：识别成功返回 200
        #msg：相关提示信息
        #origin_image：原始图像
        #result_image：处理之后的图像
        #result_data：结果数据
        return_result = {'code': 200, 'msg': None, 'origin_image': None, 'result_image': None, 'result_data': None}

        #二值化处理
        gray = cv.cvtColor(image, cv.COLOR_BGR2GRAY)
        #高斯滤波平滑处理
        blurred = cv.GaussianBlur(gray, (3, 3), 0)
        #边缘检测处理
        edged = cv.Canny(blurred, 75, 200)
        #调用 Get_cnt 函数，获取 4 个定点的坐标
        docCnt = self.Get_cnt(edged)
        try:
```

```
                    result_img = four_point_transform(image, docCnt.reshape(4, 2))  #对原始图像进行透视变换
            except Exception as e:
                result_img = image

            return_result["result_image"] = self.image_to_base64(result_img)
            #返回图像处理结果和数据列表（如果没有数据，就返回空列表）
            return return_result
#单元测试，注意在处理类中如果有文件引用，则要修改单元测试的文件路径
if __name__ == '__main__':
    #读取测试图像
    img = cv.imread('test.jpg', cv.IMREAD_COLOR)
    img_copy = img.copy()
    #创建图像处理对象
    img_object=ImageCorrection()
    #调用图像处理函数对图像加工处理
    result = img_object.inference(img, None)
    corr_image = img_object.base64_to_image(result["result_image"])

    #显示处理结果
    plt.figure(0)
    #显示原始图像
    plt.subplot(1,2,1)
    plt.imshow(img_copy[:,:,[2,1,0]])
    plt.title('ORIGIN')
    #显示矫正后的图像
    plt.subplot(1,2,2)
    plt.imshow(corr_image[:,:,[2,1,0]])
    plt.title('corr_image')
    plt.show()

    while True:
        key=cv.waitKey(1)
        if key==ord('q'):
            break
    cap.release()
    cv.destroyAllWindows()
```

2.11.3　开发步骤与验证

2.11.3.1　开发项目部署

开发项目部署同 2.1.3.1 节。

2.11.3.2　项目运行验证

（1）在 SSH 终端中按照 2.1.3.3 节的方法运行启动脚本 start_aicam.sh，通过启动主程序 aicam.py 来运行本项目的案例工程。

（2）在客户端或者边缘计算网关端打开 Chrome 浏览器，输入页面地址并访问

http://192.168.100.200:4001/static/image_correction/index.html，即可查看运行结果。

2.11.3.3　图像矫正

（1）原始视频如图 2.74 所示。

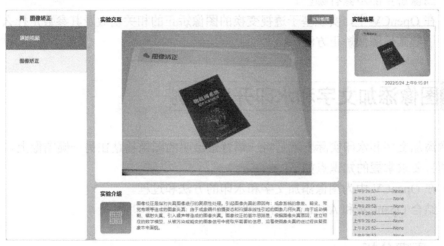

图 2.74　原始视频

（2）把样图放在摄像头视窗内，在 AiCam 平台界面中选择菜单"图像矫正"，将返回矫正后的实时视频图像，如图 2.75 所示。

图 2.75　矫正后的实时视频图像

（3）读者可以在网上查阅基于霍夫变换的图像矫正资料，实现基于霍夫变换的图像矫正。

2.11.4　小结

本项目首先介绍了图像矫正的步骤和在 OpenCV 中实现基于透视变换的图像矫正的相关函数及用法；然后介绍了在 AiCam 平台中实现基于透视变换的图像矫正核心代码；最后介绍了如何在 SSH 终端中实现工程部署，以及在终端的浏览器中实现图像矫正。

2.11.5 思考与拓展

（1）图像矫正的步骤有哪些？

（2）在 OpenCV 中，实现基于透视变换的图像矫正的相关函数及其参数是什么？

（3）了解其他图像矫正方法。

2.12 图像添加文字和水印开发实例

图像添加文字和水印实际上就是将一幅背景透明的图像粘贴在另一幅图像上。

本项目要求掌握的知识点如下：

（1）在 OpenCV 中为图像添加文字和水印的方法和过程。

（2）结合 OpenCV 和 AiCam 平台为图像添加文字和水印。

2.12.1 原理分析

图像添加文字和水印的步骤如下：

（1）读取水印图像。

（2）对水印图像进行二值化处理。

（3）获取水印图像的掩膜。

（4）通过与操作获取除掩膜以外的背景图。

（5）图像融合。

1）水印

水印是有意叠加在不同图像上的标志、签名、文本或图案，用于保护图像的版权，如图 2.76 所示。

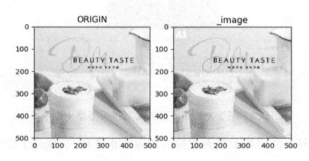

图 2.76　水印

2）图像掩膜

图像掩膜是指用选定的图像、图形或物体，对待处理的图像（全部或局部）进行遮挡，从而控制图像处理的区域或处理过程。用于覆盖的特定图像或物体称为掩模或模板，如图 2.77 所示。

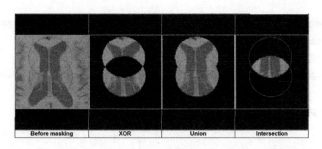

图 2.77　掩模

2.12.1.2　OpenCV 实现图像添加文字和水印的方法

1）图像掩膜与操作

在 OpenCV 中，通过 bitwise_and 函数可获取掩膜以外的背景，说明如下：

#src1、src2 表示输入图像或标量，标量可以是单个数值或一个四元组。dst 表示可选输出变量，如果需要使用非 None 则要先定义，且其大小与输入变量相同。mask 表示掩膜，可选参数，为 8 位单通道的灰度图像，用于指定要更改的输出图像数组的元素，即输出图像像素只有 mask 对应位置元素不为 0 的部分才输出，否则该位置像素的所有通道分量都设置为 0。
bitwise_and(src1, src2, dst=None, mask=None)

2）图像融合

在 OpenCV 中，通过 add 函数可以实现图像融合，说明如下：

#src1、src2 表示需要相加的两幅大小和通道数相等的图像或一幅图像和一个标量。dst 是可选参数，表示用于保存输出结果的变量，默认值为 None，如果为非 None，则输出图像保存到 dst 对应的实参中，该实参的大小和通道数与输入图像相同，图像的深度（即图像像素的位数）由 dtype 参数或输入图像确定。dtype 是可选参数，表示输出图像数组的深度，即图像单个像素值的位数。返回值为融合后的结果图像
add(src1, src2, dst=None, mask=None, dtype=None)

2.12.2　开发设计与实践

2.12.2.1　架构设计

本项目基于 AiCam 平台的开发框架（见图 1.3）进行开发，开发流程如下：

（1）在 aicam 工程包的配置文件中添加摄像头（config\app.json），详细代码请参考 2.1.2.1 节。

（2）在 aicam 工程包中添加算法文件 algorithm\image_watermark\image_watermark.py。

（3）在 aicam 工程包中添加项目前端应用 static\image_watermark。

（4）前端应用采用 RESTFul 接口获取处理后的视频流，返回 base64 编码的图像和结果数据。访问 URL 地址格式如下（IP 地址为边缘计算网关的地址）：

http://192.168.100.200:4001/stream/*[algorithm_name]*?camera_id=0

前端应用 JS（js\index.js）处理示例见 2.2.2.1 节。

2.12.2.2　功能与核心代码设计

通过 OpenCV 为图像添加水印的算法文件如下（algorithm\image_watermark\image_watermark.py）：

```
################################################################################
#文件：image_watermark.py
#说明：为图像上添加水印
################################################################################
import cv2 as cv
import numpy as np
import base64
import json
import matplotlib.pyplot as plt


class ImageWatermark(object):
    def __init__(self):
        pass

    def image_to_base64(self, img):
        image = cv.imencode('.jpg', img, [cv.IMWRITE_JPEG_QUALITY, 60])[1]
        image_encode = base64.b64encode(image).decode()
        return image_encode

    def base64_to_image(self, b64):
        img = base64.b64decode(b64.encode('utf-8'))
        img = np.asarray(bytearray(img), dtype="uint8")
        img = cv.imdecode(img, cv.IMREAD_COLOR)
        return img

    def inference(self, image, param_data):
        #code：识别成功返回 200
        #msg：相关提示信息
        #origin_image：原始图像
        #result_image：处理之后的图像
        #result_data：结果数据
        return_result = {'code': 200, 'msg': None, 'origin_image': None, 'result_image': None, 'result_data': None}

        #读取水印图像
        path_logo = "algorithm/image_watermark/logo.png"
        logo = cv.imread(path_logo)
        rows, cols = logo.shape[:2]
        roi = image[:rows, :cols]
        gray_logo = cv.cvtColor(logo, cv.COLOR_BGR2GRAY)   #转为二值化图像
        ret, mask_logo = cv.threshold(gray_logo, 127, 255, cv.THRESH_BINARY)   #得到掩膜
        image_np_bg = cv.bitwise_and(roi, roi, mask=mask_logo)   #通过与操作得到图像除掩膜以外的
背景

        #图像融合
        dst = cv.add(image_np_bg, roi)
        image[:rows, :cols] = dst
        return_result["result_image"] = self.image_to_base64(image)
        #返回图像处理结果和数据列表（如果没有数据，就返回空列表）
```

```
                    return return_result
#单元测试，注意在处理类中如果有文件引用，则要修改单元测试的文件路径
if __name__=='__main__':
    c_dir = os.path.split(os.path.realpath(__file__))[0]
    #读取测试图像
    image = cv.imread(c_dir+'/test.jpg', cv.IMREAD_COLOR)
    img = image.copy()
    #创建图像处理对象
    img_object=ImageWatermark(c_dir+'/logo.png')
    #调用图像处理函数对图像加工处理
    result = img_object.inference(img, None)
    water_image = img_object.base64_to_image(result["result_image"])


    #显示处理结果
    plt.figure(0)
    #显示原始图像
    plt.subplot(1,2,1)
    plt.imshow(image[:,:,[2,1,0]])
    plt.title('ORIGIN')
    #显示图像掩膜后的图像

    plt.subplot(1,2,2)
    plt.imshow(water_image[:,:,[2,1,0]])
    plt.title('WATER')
    plt.show()

    while True:
        key=cv.waitKey(1)
        if key==ord('q'):
            break
    cap.release()
    cv.destroyAllWindows()
```

2.12.3　开发步骤与验证

2.12.3.1　开发项目部署

开发项目部署同 2.1.3.1 节。

2.12.3.2　项目运行验证

（1）在 SSH 终端中输入以下命令运行本项目案例工程：

```
$ cd ~/aicam-exp/image_watermark
$ chmod 755 start_aicam.sh
$ ./start_aicam.sh
```

（2）在客户端或者边缘计算网关端打开 Chrome 浏览器，输入页面地址并访问 http://192.168.100.200:4001/static/image_watermark/index.html，即可查看运行结果。

2.12.3.2　添加水印

（1）把样图放在摄像头视窗内，在 AiCam 平台界面中选择菜单"图像添加水印"，将返回添加水印后的实时视频图像，如图 2.78 所示。

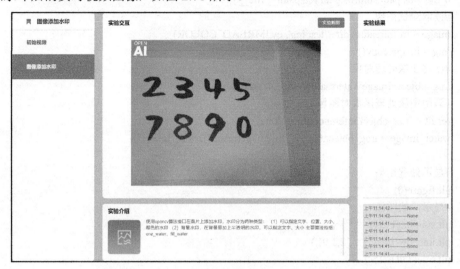

图 2.78　添加水印后的实时视频图像

（2）请读者为图像添加文本水印，相关资料可从网上自行查阅学习。

2.12.4　小结

本项目首先介绍了图像添加文字和水印的步骤，以及 OpenCV 实现图像添加水印的相关函数及用法；然后介绍了在 AiCam 平台中实现图像添加水印的核心代码；最后介绍了如何在 SSH 终端中实现工程部署，以及在终端的浏览器中为图像添加水印。

2.12.5　思考与拓展

（1）图像添加文字和水印的步骤是什么？
（2）在 OpenCV 中实现图像添加水印的相关函数及其参数是什么？

2.13 图像去噪开发实例

噪声是干扰图像的重要原因，一幅图像在实际应用中可能存在各种各样的噪声，这些噪声可能在传输中产生，也可能在量化等处理中产生。为了使图像更逼真，有必要去除噪声或者防止产生噪声。滤波是指在信号和图像处理中根据应用环境的不同，选择性地提取图像中某些重要的信息。滤波可以去除或削弱图像中的噪声，提取感兴趣的可视特征。常用滤波方法有方框滤波、均值滤波、高斯滤波、高斯双边滤波等。

本项目要求掌握的知识点如下：

（1）图像噪声的消除原理。

（2）OpenCV 中的方框滤波、均值滤波、高斯滤波、高斯双边滤波、中值滤波等噪声消除方式。

（3）结合 OpenCV 和 AiCam 平台进行图像去噪。

2.13.1　原理分析

1）专业术语

（1）噪声。在图像中，噪声通常是指亮度或颜色信息的随机变化（被拍摄物体本身并没有），通常是电子噪声的表现。常见的随机噪声包括高斯噪声、均匀分布噪声、脉冲噪声（椒盐噪声）等。

（2）均值滤波。均值滤波是最简单的滤波方法，它将滤波器中所有的像素值求和后的平均值作为滤波结果。

（3）方框滤波。方框滤波是均值滤波的一般形式。在均值滤波中，将滤波器中所有的像素值求和后的平均值作为滤波后结果。方框滤波也是求滤波器内所有像素值的之和，但方框滤波可以选择不进行归一化，将所有像素值的和作为滤波结果，而不是将像素值的平均值作为滤波结果。

对于方框滤波，若选择归一化处理，则其效果与均值滤波一样；若不选择归一化处理且滤波器的核选择得较大，则可能会导致像素的值溢出，造成图像偏白。

（4）高斯滤波。高斯滤波是一种线性平滑滤波，适用于消除高斯噪声，广泛应用于图像处理的减噪过程。通俗地讲，高斯滤波对整幅图像进行加权平均，每一个像素的值都由其本身和邻域内的其他像素值经过加权平均后得到。高斯滤波的具体操作是：用一个模板扫描图像中的每一个像素，用模板确定的邻域内像素的加权平均灰度去替代模板中心像素的值。

均值滤波对邻域内的像素一视同仁，为了减少平滑处理中的模糊，得到更自然的平滑效果，应适当加大模板中心的权重，远离模板中心的位置权重应迅速减小，从而可以确保中心点看起来更接近与它距离更近的点，高斯模板是基于这种考虑得到的。常用的 3×3 的高斯模板如下所示：

$$m = \frac{1}{16}\begin{bmatrix} 1 & 2 & 1 \\ 2 & 4 & 2 \\ 1 & 2 & 1 \end{bmatrix} \tag{2-53}$$

高斯模板名字来自二维高斯函数，即我们熟悉的二维正态分布密度函数，一个均值为 0、方差为 δ^2 的二维高斯函数为：

$$\phi(x, y) = \frac{1}{2\pi\delta^2}\exp\left[-\frac{x^2 + y^2}{2\delta^2}\right] \tag{2-54}$$

高斯模板是对连续二维高斯函数进行离散化后得到的，因此任意大小的高斯模板都可以通过建立一个 $(2k+1) \times (2k+1)$ 的矩阵 M 得到，其 (i, j) 位置的元素值可如下确定：

$$M(i, j) = \frac{1}{2\pi\delta^2}\exp\left[-\frac{(i-k-1)^2 + (j-k-1)^2}{2\delta^2}\right] \tag{2-55}$$

（5）高斯双边滤波。高斯双边滤波是一种非线性的滤波方法，是结合图像的空间邻近度和像素值相似度的一种折衷处理，同时考虑空域信息和灰度相似性，达到保边去噪的目的。高斯双边滤波具有简单、非迭代、局部的特点。高斯双边滤波之所以能够在平滑去噪的同时很好地保存边缘，是由于其滤波器的核由两个函数生成：空间域核（又称定义域核，空间系数或空间域）和值域核（又称像素范围域）。一个函数可以通过几何空间距离决定滤波的空域参数，而另一个函数可以通过像素的差决定滤波的值域参数。这两个函数提供了空域滤波以及值域滤波。

空间域核是由像素位置欧氏距离决定的模板权值，计算公式为：

$$\omega_d(i,j,k,l) = \exp\left[-\frac{(i-k)^2 + (j-l)^2}{2\delta_d^2} \right] \tag{2-56}$$

式中，i、j、k、l 代表的是坐标点 $q(i,j)$ 和 $p(k,l)$。$q(i,j)$ 是卷积核模板窗口的其他系数的坐标；$p(k,l)$ 为模板窗口的中心坐标点；δ_d 为高斯函数的标准差。ω_d 是邻近点 q 到中心点 p 的邻近程度，因此空间域核是用于衡量空间邻近的程度。

值域核是由像素值的差值决定的模板权值，公式如下：

$$\omega_r(i,j,k,l) = \exp\left[-\frac{\|f(i,j) - f(k,l)\|^2}{2\delta_r^2} \right] \tag{2-57}$$

式中，$q(i,j)$ 为模板窗口的其他系数的坐标，$f(i,j)$ 表示图像在点 $a(i,j)$ 处的像素值；$p(k,l)$ 为模板窗口的中心坐标点，对应的像素值为 $f(k,l)$；δ_r 为高斯函数的标准差，值域核范围为[0, 1]。

两个模板相乘就得到了高斯双边滤波器的模板权值：

$$\omega(i,j,k,l) = \omega_d(i,j,k,l) * \omega_r(i,j,k,l) = \exp\left[-\frac{(i-k)^2 + (j-l)^2}{2\delta_d^2} - \frac{\|f(i,j) - f(k,l)\|^2}{2\delta_r^2} \right] \tag{2-58}$$

化简的高斯双边滤波的计算公式，可得：

$$g(i,j) = \frac{\sum_{k,l} f(k,l)\omega(i,j,k,l)}{\sum_{k,l} \omega(i,j,k,l)} \tag{2-59}$$

从上述可知，高斯双边滤波综合了高斯滤波和 α-截尾均值滤波器的特点，同时考虑了空间域与值域的差别；而高斯滤波和 α 均值滤波分别只考虑了空间域和值域差别。高斯滤波只考虑像素间的欧氏距离，其使用的模板系数随着和窗口中心的距离增大而减小；α-截尾均值滤波则只考虑了像素灰度之间的差值，去掉像素灰度的最小值和最大值后再计算均值。

空域权重 ω_d 衡量的是 p、q 两点之间的距离，距离越远权重越低；而值域权重 ω_r 衡量的是 p、q 两点之间的像素值相似程度，越相似权重越大。在图像上直观的理解就是，当图像处于没有边缘跳变的平坦区域时，邻近像素的像素值的差值较小，对应的值域 ω_r 就比较小，接近于 1，此时的空域权重 ω_d 起主要作用，相当于直接对该区域进行高斯滤波。因此，在平坦区域高斯双边滤波相当于高斯滤波。在有边缘的区域，邻近像素的差值较大，对应的值域权重 ω_r 就接近于 0，导致此处函数下降，即高斯双边滤波的模板权值 w 接近于 0，当前像素受到的影响就越小，从而保持了原始图像的边缘细节信息。

（6）中值滤波。中值滤波把数字图像或数字序列中一点的值用该点的一个邻域中各点值的中值代替，让周围的像素值接近真实值，从而消除孤立的噪声点。

2）OpenCV 方法接口

（1）方框滤波。在 OpenCV 中，通过 boxFilter 函数可以去消除图像噪声，说明如下：

#src 表示输入图像。ddepth 表示输出图像深度，如果目标图像深度和输入图像深度相同，则为-1。dst 表示结果图像，其大小和类型都与输入图像相同。ksize 表示卷积核（Convolution Kernel）矩阵大小。anchor 表示卷积核矩阵的锚点，用于定位卷积核中心与当前处理像素对齐的点，默认值为（-1，-1）表示锚点位于卷积核中心，否则就是卷积核矩阵锚点位置坐标，锚点位置对卷积核处理的结果有非常大的影响。normalize 表示卷积核矩阵是否进行归一化处理，当该参数为 true 时表示进行归一化处理，否则不进行归一化处理，该参数的默认值为 true。borderType 表示在扩充输入图像矩阵边界时采用的像素取值方法，当卷积核矩阵锚点与像素重合但卷积核矩阵覆盖范围超出图像范围时，函数可以根据指定的边界模式进行插值运算。

cv.boxFilter(src, ddepth, ksize[, dst[, anchor[, normalize[, borderType]]]])

（2）均值滤波。在 OpenCV 中，通过 blur 函数可以去除图像噪声，说明如下：

#src 表示输入图像。dst 表示结果图像，其大小和类型都与输入图像相同。ksize 表示卷积核矩阵大小。anchor 表示卷积核矩阵的锚点，用于定位卷积核中心与当前处理像素对齐的点，默认值为（-1，-1）表示锚点位于卷积核中心，否则就是卷积核矩阵锚点位置坐标，锚点位置对卷积核处理的结果有非常大的影响。borderType 表示在扩充输入图像矩阵边界时采用的像素取值方法，当卷积核矩阵锚点与像素重合但卷积核矩阵覆盖范围超出图像范围时，函数可以根据指定的边界模式进行插值运算。

cv.blur(src, ksize[, dst[, anchor[, borderType]]])

（3）高斯滤波。在 OpenCV 中，我们通过 boudingrect 来获取图像外接矩形，用 rectangle 方法来绘制外接矩形。

#src 表示输入图像。dst 表示输出图像，其大小和类型与 src 相同。ksize 表示高斯内核大小，ksize.width 和 ksize.height 可以不同，但它们必须都为正数和奇数，也可以为零，然后根据 sigma 计算得出。sigmaX 表示 x 方向上的高斯核标准偏差。sigmaY 表示 y 方向上的高斯核标准差，如果 sigmaY 为零，则将其设置为等于 sigmaX；如果 sigmaX 和 sigmaY 都为零，则根据 ksize.width 和 ksize.height 计算 ksize；为了完全控制结果，而不管将来可能对所有这些语义进行的修改，建议指定所有的 ksize、sigmaX 和 sigmaY。

GaussianBlur(src, ksize.sigmaX [, dst [, sigmaY [, borderType]]])

（4）高斯双边滤波。在 OpenCV 中，通过 bilateralFilter 函数可以去除图像噪声，说明如下：

#src 表示输入图像。d 表示在过滤时周围每个像素领域的直径。sigmaColor 表示在 color space 中过滤 sigma，该参数越大，邻近像素将会在越远的地方越小。sigmaSpace 表示在 coordinate space 中过滤 sigma，该参数越大，那些颜色足够相近的颜色的影响越大。

dst=cv2.bilateralFilter(src,d,sigmaColor,sigmaSpace,borderType)

（5）中值滤波。在 OpenCV 中，通过 medianBlur 函数可以去除图像噪声，说明如下：

#src 表示待处理的输入图像。ksize 表示滤波窗口尺度，必须是奇数并且大于 1，如果该参数为 5，则中值滤波就会使用 5×5 的范围来进行计算，即由像素的中心值及其 5×5 邻域组成了一个数值集，对其进行处理计算，当前像素被其中值替换掉。dst 表示输出与 src 相同大小和类型的图像。

cv2.medianBlur(src, ksize[, dst])

2.13.2　开发设计与实践

2.13.2.1　架构设计

本项目基于 AiCam 平台的开发框架（见图 1.3）进行开发，开发流程如下：

（1）在 aicam 工程包的配置文件中添加摄像头（config\app.json），详细代码请参考 2.1.2.1 节。

（2）在 aicam 工程包中添加：

○ 噪声图像算法：algorithm\image_noise\image_noise.py。

○ 方框滤波算法：algorithm\image_box_filter\image_box_filter.py。

○ 均值滤波算法：algorithm\image_blur_filter\image_blur_filter.py。

○ 高斯滤波算法：algorithm\image_gaussian_filter\image_gaussian_filter.py。

○ 高斯双边滤波算法：algorithm\image_bilateral_filter\image_bilateral_filter.py。

○ 中值滤波算法：algorithm\image_medianblur\image_medianblur.py。

（3）在 aicam 工程包中添加项目前端应用 static\image_noise_reduction。

（4）前端应用采用 RESTFul 接口获取处理后的视频流，返回 base64 编码的图像和结果数据。访问 URL 地址格式如下（IP 地址为边缘计算网关的地址）：

```
http://192.168.100.200:4001/stream/[algorithm_name]?camera_id=0
```

前端应用 JS（js\index.js）处理代码见 2.2.2.1 节。

2.13.2.2　功能与核心代码设计

1）噪声图像

通过 OpenCV 为图像添加噪声的算法文件如下（algorithm\image_noise\image_noise.py）：

```
##############################################################################
#文件：image_noise.py
#说明：模拟图像中的噪声，随机在图像中添加一些噪声，以便后续对图像进行滤波平滑处理
##############################################################################
import cv2 as cv
import random
import cv2 as cv
import numpy as np
import base64
import json
import matplotlib.pyplot as plt

class ImageNoise(object):
    def __init__(self):
        pass

    def image_to_base64(self, img):
        image = cv.imencode('.jpg', img, [cv.IMWRITE_JPEG_QUALITY, 60])[1]
        image_encode = base64.b64encode(image).decode()
        return image_encode

    def base64_to_image(self, b64):
        img = base64.b64decode(b64.encode('utf-8'))
        img = np.asarray(bytearray(img), dtype="uint8")
        img = cv.imdecode(img, cv.IMREAD_COLOR)
        return img

    def inference(self, image, param_data):
```

```
        #code：识别成功返回 200
        #msg：相关提示信息
        #origin_image：原始图像
        #result_image：处理之后的图像
        #result_data：结果数据
        return_result = {'code': 200, 'msg': None, 'origin_image': None, 'result_image': None, 'result_data': None}

        NoiseImg = image.copy()
        for k in range(5000):    #Create 5000 noisy pixels
            i = random.randint(0, image.shape[0] - 1)
            j = random.randint(0, image.shape[1] - 1)
            #添加随机噪声
            color = (random.randrange(256), random.randrange(256), random.randrange(256))
            NoiseImg[i, j] = color

        return_result["result_image"] = self.image_to_base64(NoiseImg)
        #返回图像处理结果和数据列表（如果没有数据，就返回空列表）
        return return_result
#单元测试，注意在处理类中如果有文件引用，则要修改单元测试的文件路径
if __name__ =='__main__':
    #读取测试图像
    img = cv.imread('test.jpg', cv.IMREAD_COLOR)
    #创建图像处理对象
    img_object=ImageNoise()
    #调用图像处理函数对图像加工处理
    result = img_object.inference(img, None)
    noise_image = img_object.base64_to_image(result["result_image"])

    #显示处理结果
    plt.figure(0)
    #显示原始图像
    plt.subplot(1,2,1)
    plt.imshow(img[:,:,[2,1,0]])
    plt.title('ORIGIN')
    #显示噪声图像
    plt.subplot(1,2,2)
    plt.imshow(noise_image[:,:,[2,1,0]])
    plt.title('noise_image')
    plt.show()

    while True:
        key=cv.waitKey(1)
        if key==ord('q'):
            break
    cap.release()
    cv.destroyAllWindows()
```

2）方框滤波

通过 OpenCV 去除图像噪声的算法文件如下（algorithm\image_box_filter\image_box_filter.py）：

```
####################################################################################
#文件：image_box_filter.py
#说明：方框滤波，返回方框滤波处理之后的图像结果
####################################################################################
import cv2 as cv
import numpy as np
import base64
import json
import random
import matplotlib.pyplot as plt

class ImageBoxFilter(object):
    def __init__(self):
        pass

    def image_to_base64(self, img):
        image = cv.imencode('.jpg', img, [cv.IMWRITE_JPEG_QUALITY, 60])[1]
        image_encode = base64.b64encode(image).decode()
        return image_encode

    def base64_to_image(self, b64):
        img = base64.b64decode(b64.encode('utf-8'))
        img = np.asarray(bytearray(img), dtype="uint8")
        img = cv.imdecode(img, cv.IMREAD_COLOR)
        return img

    def image_noise(self,image):
        NoiseImg = image.copy()
        #随机添加噪声
        for k in range(5000):    #Create 5000 noisy pixels
            i = random.randint(0, image.shape[0] - 1)
            j = random.randint(0, image.shape[1] - 1)
            color = (random.randrange(256), random.randrange(256), random.randrange(256))
            NoiseImg[i, j] = color
        #返回噪声图像
        return NoiseImg

    def inference(self, image, param_data):
        #code: 识别成功返回 200
        #msg：相关提示信息
        #origin_image：原始图像
        #result_image：处理之后的图像
        #result_data：结果数据
        return_result = {'code': 200, 'msg': None, 'origin_image': None, 'result_image': None, 'result_data': None}
```

```
            NoiseImgCopy = self.image_noise(image)
            #方框滤波函数
            #当 normalize=True 时，与均值滤波结果相同， normalize=False，表示不进行平均操作，大
于 255 时使用 255 表示。
            boxFilter = cv.boxFilter(NoiseImgCopy, -1, (5, 5), normalize=1)

            return_result["result_image"] = self.image_to_base64(boxFilter)
            #返回图像处理结果和数据列表（如果没有数据，就返回空列表）
            return return_result
#单元测试，注意在处理类中如果有文件引用，则要修改单元测试的文件路径
if __name__ =='__main__':
    #读取测试图像
    img = cv.imread('test.jpg', cv.IMREAD_COLOR)
    #创建图像处理对象
    img_object=ImageBoxFilter()
    #调用图像处理函数对图像加工处理
    result = img_object.inference(img, None)
    box_image = img_object.base64_to_image(result["result_image"])

    #显示处理结果
    plt.figure(0)
    #显示原始图像
    plt.subplot(1,2,1)
    plt.imshow(img[:,:,[2,1,0]])
    plt.title('ORIGIN')
    #显示方框滤波处理后的图像
    plt.subplot(1,2,2)
    plt.imshow(box_image[:,:,[2,1,0]])
    plt.title('box_image')
    plt.show()

    while True:
        key=cv.waitKey(1)
        if key==ord('q'):
            break
    cap.release()
    cv.destroyAllWindows()
```

3）均值滤波

通过 OpenCV 去除图像噪声的算法文件如下（algorithm\image_blur_filter\image_blur_filter.py）：

```
##############################################################################
#文件：image_blur_filter.py
#说明：均值滤波，返回均值滤波处理之后的图像结果
##############################################################################
import cv2 as cv
```

```python
import numpy as np
import base64
import json
import random
import matplotlib.pyplot as plt

class ImageBlurFilter(object):
    def __init__(self):
        pass

    def image_to_base64(self, img):
        image = cv.imencode('.jpg', img, [cv.IMWRITE_JPEG_QUALITY, 60])[1]
        image_encode = base64.b64encode(image).decode()
        return image_encode

    def base64_to_image(self, b64):
        img = base64.b64decode(b64.encode('utf-8'))
        img = np.asarray(bytearray(img), dtype="uint8")
        img = cv.imdecode(img, cv.IMREAD_COLOR)
        return img

    def image_noise(self,image):
        NoiseImg = image.copy()
        #随机添加噪声
        for k in range(5000):    #Create 5000 noisy pixels
            i = random.randint(0, image.shape[0] - 1)
            j = random.randint(0, image.shape[1] - 1)
            color = (random.randrange(256), random.randrange(256), random.randrange(256))
            NoiseImg[i, j] = color
        #返回噪声图像
        return NoiseImg

    def inference(self, image, param_data):
        #code: 识别成功返回 200
        #msg: 相关提示信息
        #origin_image: 原始图像
        #result_image: 处理之后的图像
        #result_data: 结果数据
        return_result = {'code': 200, 'msg': None, 'origin_image': None, 'result_image': None, 'result_data': None}

        NoiseImgCopy = self.image_noise(image)
        #均值滤波处理,    (5, 5)为卷积核
        Blur = cv.blur(NoiseImgCopy, (5, 5))

        return_result["result_image"] = self.image_to_base64(Blur)
        #返回图像处理结果和数据列表（如果没有数据，就返回空列表）
        return return_result
#单元测试，注意在处理类中如果有文件引用，则要修改单元测试的文件路径
```

```
if __name__=='__main__':
    #读取测试图像
    img = cv.imread('test.jpg', cv.IMREAD_COLOR)
    #创建图像处理对象
    img_object=ImageBlurFilter()
    #调用图像处理函数对图像加工处理
    result = img_object.inference(img, None)
    blur_image = img_object.base64_to_image(result["result_image"])

    #显示处理结果
    plt.figure(0)
    #显示原始图像
    plt.subplot(1,2,1)
    plt.imshow(img[:,:,[2,1,0]])
    plt.title('ORIGIN')
    #显示均值滤波处理后的图像
    plt.subplot(1,2,2)
    plt.imshow(blur_image[:,:,[2,1,0]])
    plt.title('blur_image')
    plt.show()

    while True:
        key=cv.waitKey(1)
        if key==ord('q'):
            break
    cap.release()
    cv.destroyAllWindows()
```

4）高斯滤波

通过 OpenCV 去除消除图像噪声的算法文件如下（algorithm\image_gaussian_filter\image_gaussian_filter.py）：

```
##############################################################################
#文件：image_gaussian_filter.py
#说明：高斯滤波，返回高斯滤波处理之后的图像结果
##############################################################################
import cv2 as cv
import numpy as np
import base64
import json
import random
import matplotlib.pyplot as plt

class ImageGaussianFilter(object):
    def __init__(self):
        pass

    def image_to_base64(self, img):
```

```
            image = cv.imencode('.jpg', img, [cv.IMWRITE_JPEG_QUALITY, 60])[1]
            image_encode = base64.b64encode(image).decode()
            return image_encode

    def base64_to_image(self, b64):
            img = base64.b64decode(b64.encode('utf-8'))
            img = np.asarray(bytearray(img), dtype="uint8")
            img = cv.imdecode(img, cv.IMREAD_COLOR)
            return img

    def image_noise(self,image):
            NoiseImg = image.copy()
            #随机添加噪声
            for k in range(5000):    #Create 5000 noisy pixels
                i = random.randint(0, image.shape[0] - 1)
                j = random.randint(0, image.shape[1] - 1)
                color = (random.randrange(256), random.randrange(256), random.randrange(256))
                NoiseImg[i, j] = color
            #返回噪声图像
            return NoiseImg

    def inference(self, image, param_data):
            #code：识别成功返回 200
            #msg：相关提示信息
            #origin_image：原始图像
            #result_image：处理之后的图像
            #result_data：结果数据
            return_result = {'code': 200, 'msg': None, 'origin_image': None, 'result_image': None, 'result_data': None}

            NoiseImgCopy = self.image_noise(image)
            GaussianBlur = cv.GaussianBlur(NoiseImgCopy, (5, 5), 0)

            return_result["result_image"] = self.image_to_base64(GaussianBlur)
            #返回图像处理结果和数据列表（如果没有数据，就返回空列表）
            return return_result
#单元测试，注意在处理类中如果有文件引用，则要修改单元测试的文件路径
if __name__ == '__main__':
    #读取测试图像
    img = cv.imread('test.jpg', cv.IMREAD_COLOR)
    #创建图像处理对象
    img_object=ImageGaussianFilter()
    #调用图像处理函数对图像加工处理
    result = img_object.inference(img, None)
    gauss_image = img_object.base64_to_image(result["result_image"])

    #显示处理结果
    plt.figure(0)
    #显示原始图像
```

```
            plt.subplot(1,2,1)
            plt.imshow(img[:,:,[2,1,0]])
            plt.title('ORIGIN')
            #显示高斯滤波处理后的图像
            plt.subplot(1,2,2)
            plt.imshow(gauss_image[:,:,[2,1,0]])
            plt.title('gauss_image')
            plt.show()

        while True:
            key=cv.waitKey(1)
            if key==ord('q'):
                break
        cap.release()
        cv.destroyAllWindows()
```

5）高斯双边滤波

通过 OpenCV 去除图像噪声的算法文件如下（algorithm\image_bilateral_filter\image_bilateral_filter.py）：

```
################################################################################
#文件：image_bilateral_filter.py
#说明：高斯双边滤波处理，返回滤波处理后的图像
################################################################################
import cv2 as cv
import numpy as np
import base64
import json
import random
import matplotlib.pyplot as plt

class ImageBilateralFilter(object):
    def __init__(self):
        pass

    def image_to_base64(self, img):
        image = cv.imencode('.jpg', img, [cv.IMWRITE_JPEG_QUALITY, 60])[1]
        image_encode = base64.b64encode(image).decode()
        return image_encode

    def base64_to_image(self, b64):
        img = base64.b64decode(b64.encode('utf-8'))
        img = np.asarray(bytearray(img), dtype="uint8")
        img = cv.imdecode(img, cv.IMREAD_COLOR)
        return img

    def image_noise(self,image):
        NoiseImg = image.copy()
```

```python
        #添加噪声
        for k in range(5000):    #Create 5000 noisy pixels
            i = random.randint(0, image.shape[0] - 1)
            j = random.randint(0, image.shape[1] - 1)
            color = (random.randrange(256), random.randrange(256), random.randrange(256))
            NoiseImg[i, j] = color
        #返回噪声图像
        return NoiseImg


    def inference(self, image, param_data):
        #code: 识别成功返回 200
        #msg: 相关提示信息
        #origin_image: 原始图像
        #result_image: 处理之后的图像
        #result_data: 结果数据
        return_result = {'code': 200, 'msg': None, 'origin_image': None, 'result_image': None, 'result_data': None}

        NoiseImgCopy = self.image_noise(image)
        bilateralFilter = cv.bilateralFilter(image, 40, 75, 75)

        return_result["result_image"] = self.image_to_base64(bilateralFilter)
        #返回图像处理结果和数据列表（如果没有数据，就返回空列表）
        return return_result

#单元测试，注意在处理类中如果有文件引用，则要修改单元测试的文件路径
if __name__ == '__main__':
    #读取测试图像
    img = cv.imread('test.jpg', cv.IMREAD_COLOR)
    #创建图像处理对象
    img_object = ImageBilateralFilter()
    #调用图像处理函数对图像加工处理
    result = img_object.inference(img, None)
    bilateral_image = img_object.base64_to_image(result["result_image"])

    #显示处理结果
    plt.figure(0)
    #显示原始图像
    plt.subplot(1,2,1)
    plt.imshow(img[:,:,[2,1,0]])
    plt.title('ORIGIN')
    #显示高斯双边滤波处理后的图像
    plt.subplot(1,2,2)
    plt.imshow(bilateral_image[:,:,[2,1,0]])
    plt.title('bilateral_image')
    plt.show()

    while True:
        key = cv.waitKey(1)
```

```
            if key==ord('q'):
                break
        cap.release()
        cv.destroyAllWindows()
```

6）中值滤波

通过 OpenCV 去除图像噪声的算法文件如下（algorithm\image_medianblur\image_medianblur.py）：

```
################################################################################
#文件：image_medianblur.py
#说明：中值滤波，对噪声图像进行滤波平滑处理，并将处理结果返回
################################################################################
import cv2 as cv
import numpy as np
import base64
import json
import random
import matplotlib.pyplot as plt

class ImageMedianblur(object):
    def __init__(self):
        pass

    def image_to_base64(self, img):
        image = cv.imencode('.jpg', img, [cv.IMWRITE_JPEG_QUALITY, 60])[1]
        image_encode = base64.b64encode(image).decode()
        return image_encode

    def base64_to_image(self, b64):
        img = base64.b64decode(b64.encode('utf-8'))
        img = np.asarray(bytearray(img), dtype="uint8")
        img = cv.imdecode(img, cv.IMREAD_COLOR)
        return img

    def image_noise(self,image):
        NoiseImg = image.copy()
        #对图像添加噪声
        for k in range(5000):    #Create 5000 noisy pixels
            i = random.randint(0, image.shape[0] - 1)
            j = random.randint(0, image.shape[1] - 1)
            color = (random.randrange(256), random.randrange(256), random.randrange(256))
            NoiseImg[i, j] = color
        #返回噪声图像
        return NoiseImg

    def inference(self, image, param_data):
        #code：识别成功返回 200
```

```
                #msg：相关提示信息
                #origin_image：原始图像
                #result_image：处理之后的图像
                #result_data：结果数据
                return_result = {'code': 200, 'msg': None, 'origin_image': None, 'result_image': None, 'result_data': None}
                NoiseImgCopy = self.image_noise(image)
                medianBlur = cv.medianBlur(NoiseImgCopy, 5)
                return_result["result_image"] = self.image_to_base64(medianBlur)
                #返回图像处理结果和数据列表（如果没有数据，就返回空列表）
                return return_result
    #单元测试，注意在处理类中如果有文件引用，则要修改单元测试的文件路径
    if __name__=='__main__':
            #读取测试图像
            img = cv.imread('test.jpg', cv.IMREAD_COLOR)
            #创建图像处理对象
            img_object=ImageMedianblur()
            #调用图像处理函数对图像加工处理
            result = img_object.inference(img, None)
            medianblur_image = img_object.base64_to_image(result["result_image"])


            #显示处理结果
            plt.figure(0)
            #显示原始图像
            plt.subplot(1,2,1)
            plt.imshow(img[:,:,[2,1,0]])
            plt.title('ORIGIN')
            #显示中值滤波处理后的图像
            plt.subplot(1,2,2)
            plt.imshow(medianblur_image[:,:,[2,1,0]])
            plt.title('medianblur_image')
            plt.show()

            while True:
                key=cv.waitKey(1)
                if key==ord('q'):
                    break
            cap.release()
        cv.destroyAllWindows()
```

2.13.3 开发步骤与验证

2.13.3.1 开发项目部署
开发项目部署同 2.1.3.1 节。

2.13.3.2 项目运行验证
（1）在 SSH 终端中按照 2.1.3.3 节的方法运行启动脚本 start_aicam.sh，通过启动主程序

aicam.py 来运行本项目的案例工程。

（2）在客户端或者边缘计算网关端打开 Chrome 浏览器，输入页面地址并访问 http://192.168.100.200:4001/static/image_noise_reduction/index.html，即可查看运行结果。

1）噪声图像

（1）把样图放在摄像头视窗内，在 AiCam 平台界面中选择菜单"噪声图像"，将返回噪声图像的实时图像对象，如图 2.79 所示。

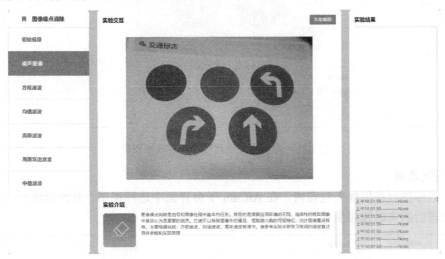

图 2.79 噪声图像的实时图像对象

2）方框滤波

（1）把样图放在摄像头视窗内，在 AiCam 平台界面中选择菜单"方框滤波"，将返回方框滤波处理后的实时视频图像，如图 2.80 所示。

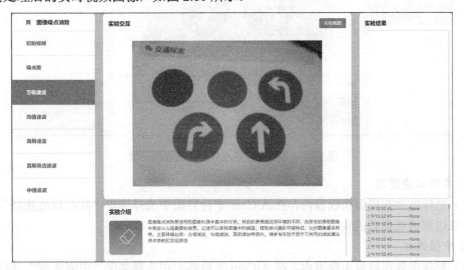

图 2.80 方框滤波处理后的实时视频图像

3）均值滤波

（1）把样图放在摄像头视窗内，在 AiCam 平台界面中选择菜单"均值滤波"，将返回均值滤波处理后的实时视频图像，如图 2.81 所示。

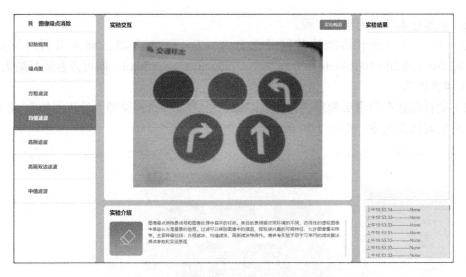

图 2.81　均值滤波处理后的实时视频图像

4）高斯滤波

（1）把样图放在摄像头视窗内，在 AiCam 平台界面中选择菜单"高斯滤波"，将返回高斯滤波处理后的实时视频图像，如图 2.82 所示。

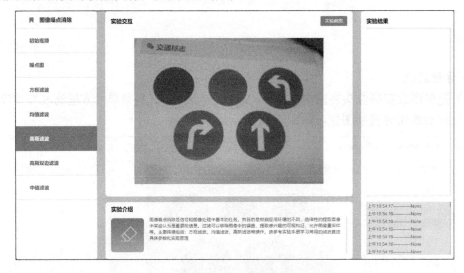

图 2.82　高斯滤波处理后的实时视频图像

5）高斯双边滤波

（1）把样图放在摄像头视窗内，在 AiCam 平台界面中选择菜单"高斯双边滤波"，将返回高斯双边滤波处理后的实时视频图像，如图 2.83 所示。

6）中值滤波

（1）把样图放在摄像头视窗内，在 AiCam 平台界面中选择菜单"中值滤波"，将返回中值滤波处理后的实时视频图像，如图 2.84 所示。

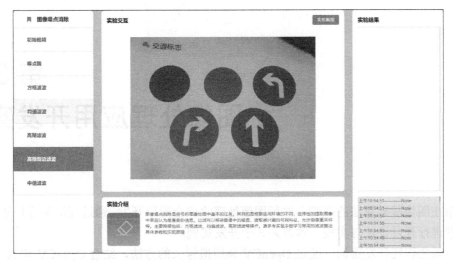

图 2.83 高斯双边滤波处理后的实时视频图像

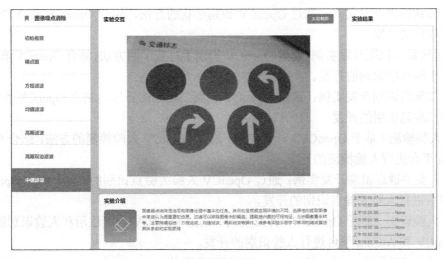

图 2.84 中值滤波处理后的实时视频图像

2.13.4 小结

本项目首先介绍了均值滤波、方框滤波、高斯滤波、高斯双边滤波和中值滤波等进行图像去噪的基本原理,并介绍了 OpenCV 中的利用上述方法实现图像去噪的相关函数和用法;然后介绍了在 AiCam 平台中分别实现上述去噪方法的核心代码;最后介绍了如何在 SSH 终端中进行工程部署,以及在终端的浏览器中进行图像去噪。

2.13.5 思考与拓展

(1)均值滤波、方框滤波、高斯滤波、高斯双边滤波和中值滤波的基本原理是什么?

(2)在 OpenCV 中利用均值滤波、方框滤波、高斯滤波、高斯双边滤波和中值滤波实现图像去噪的函数分别是什么?这些函数的参数含义是什么?

(3)尝试修改上述图像去噪函数的参数,分析不同参数对去噪效果的影响。

第 3 章
图像处理应用开发实例

本章在图像基础算法的基础上进行图像处理的综合应用开发，通过理论学习和算法分析引导读者进行开发设计与实践。本章共 8 个开发实例：

（1）颜色识别开发实例：通过 OpenCV 调用摄像头的方法，结合 OpenCV 和 AiCam 平台进行颜色识别的开发。

（2）形状识别开发实例：通过 OpenCV 识别形状的方法，结合 OpenCV 和 AiCam 平台进行形状识别的开发。

（3）手写数字识别开发实例：通过 OpenCV 识别手写数字的方法，结合 OpenCV 和 AiCam 平台进行手写数字识别的开发。

（4）二维码识别开发实例：通过 OpenCV 识别二维码的方法，结合 OpenCV 和 AiCam 平台进行二维码识别的开发。

（5）人脸检测（基于 OpenCV）开发实例：通过 OpenCV 人脸检测的方法，结合 OpenCV 和 AiCam 平台进行人脸检测的开发。

（6）人脸关键点识别开发实例：通过 OpenCV 人脸关键点识别的方法，结合 OpenCV 和 AiCam 平台进行人脸关键点识别的开发。

（7）人脸识别（基于 OpenCV）开发实例：通过 OpenCV 人脸注册和人脸识别的方法，结合 OpenCV 和 AiCam 平台进行人脸识别的开发。

（8）目标追踪开发实例：通过 OpenCV 目标追踪的方法，结合 OpenCV 和 AiCam 平台进行目标追踪的开发。

3.1 颜色识别开发实例

图像中的目标往往是由许多像素排列形成的连通区域，这些像素的三基色值集中分布在色度图的某一区域，从而在整体上表现出某种颜色。目前，在计算机视觉领域存在多种类型的色彩空间（Color Space），其中，RGB 模型的物理概念清楚、计算简单，可直接用于图像的显示，但不利于人们对颜色的认知；HSL 和 HSV 是另外两种最常见的由圆柱坐标表示的模型，它们重新映射了 RGB 模型，从而比 RGB 模型更具视觉直观性。

HSV 模型依据人类对于色泽、明暗和色调的直观感觉来定义颜色，其中 H（Hue）代表色度、S（Saturation）代表色饱和度、V（Value）代表亮度。HSV 模型比 RGB 模型更接近于人们的经验和对色彩的感知，因而被广泛应用于计算机视觉领域。颜色识别是指将图像由

RGB 模型转换到 HSV 模型，通过判断每个像素是否在所选取的范围内（根据所需的颜色而定），并将其标识出来。

本项目要求掌握的知识点如下：

（1）色彩空间理论。

（2）OpenCV 的颜色识别方法。

（3）结合 OpenCV 和 AiCam 平台进行颜色识别的开发。

3.1.1　原理分析

利用 OpenCV 在视频中检测和识别特定的颜色时，主要用到的算法包括视频的灰度化、滤波、HSV 阈值设定等。颜色识别需要利用基础算法中的图像标记、霍夫变换等基础知识和理论。本项目识别视频中的红、绿两种颜色，并返回识别结果，读者可以在此基础上修改算法，自主增删需要识别的其他颜色。

3.1.1.1　色彩空间

HSV 模型是一种将 RGB 模型中的点在倒圆锥体中表示的方法，HSV 即色调（Hue）、饱和度（Saturation）、亮度（Value）。

色调（H）是用角度度量的，其取值范围为 0°～360°，从红色开始按逆时针方向计算，红色为 0°、绿色为 120°、蓝色为 240°，它们的补色是黄色（60°）、青色（180°）、品红（300°）。

饱和度（S）表示颜色接近光谱色的程度。一种颜色可以看成是某种光谱色与白色混合的结果，其中光谱色所占的比例越大，颜色接近光谱色的程度就越高，颜色的饱和度就越大。饱和度大，颜色则深而艳。光谱色的白光成分为 0，饱和度达到最高。饱和度的取值范围为 0%～100%，值越大，颜色越饱和。

亮度（V）表示颜色的明亮程度，对于光源色，亮度与发光体的光亮度有关；对于物体色，此值和物体的透射比或反射比有关。亮度的取值范围为 0%（黑）～100%（白）。

HSV 模型的三维表示是从 RGB 模型的立方体演化而来的。假设沿着 RGB 模型立方体对角线的白色顶点向黑色顶点观察，就可以看到立方体的六边形外形。六边形的边界表示色彩，水平轴表示纯度，亮度沿垂直轴测量。HSV 模型可以用一个圆锥空间模型来描述，在圆锥顶点处，$V=0$，H 和 S 无定义，代表黑色；在圆锥顶面中心处，$V=100\%$，$S=0$，H 无定义，代表白色。HSV 模型如图 3.1 所示。

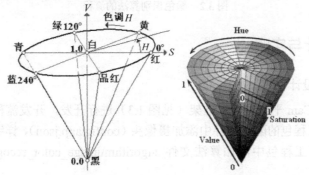

图 3.1　HSV 模型

通常，对色彩空间的图像进行有效处理都是基于 HSV 模型进行的，对于基本色中对应的 HSV 分量需要给定一个严格的范围，表 3.1 给出了 HSV 分量的范围。

表 3.1　HSV 分量的范围

不同颜色的 HSV 分量范围	黑	灰	白	红	橙	黄	绿	青	蓝
$H_{\min}$	0°	0°	0°	0°	11°	26°	35°	78°	100°
$S_{\min}$	0	0	0	43%	43%	43%	43%	43%	43%
$V_{\min}$	0	46%	221%	46%	46%	46%	46%	46%	46%
$H_{\max}$	180°	180°	180°	10°	25°	34°	77°	99°	124°
$S_{\max}$	255%	43%	30%	255%	255%	255%	255%	255%	255%
$V_{\max}$	46%	220%	255%	255%	255%	255%	255%	255%	255%

若已知 RGB 模型，则转换到 HSV 模型的公式为：

$$MAX=max(R, G, B)$$
$$MIN=min(R, G, B)$$
$$S=(MAX-MIN)/MAX$$

如果 R=MAX，则 H=60×$(G-B)$/(MAX-MIN)

如果 G=MAX，则 H=120+60×$(B-R)$/(MAX-MIN)

如果 B=MAX，则 H=240+60×$(R-G)$/(MAX-MIN)

$$V=MAX$$

3.1.1.2　算法逻辑

颜色识别通过将图像转换到 HSV 模型（色彩转换），然后对目标进行颜色筛选，获得图像中的目标。获得目标后，对目标进行中值滤波后查找轮廓，再对目标进行画框标注。颜色识别算法的流程如图 3.2 所示。

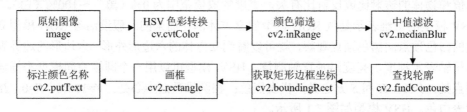

图 3.2　颜色识别算法的流程

3.1.2　开发设计与实践

3.1.2.1　架构设计

本项目基于 AiCam 平台的开发框架（见图 1.3）进行开发，开发流程如下：

（1）在 aicam 工程包的配置文件中添加摄像头（config\app.json），详细代码见 2.1.2.1 节。

（2）在 aicam 工程包中添加算法文件 algorithm\image_color_recognition\image_color_recognition.py。

（3）在 aicam 工程包中添加项目前端应用 static\image_color_recognition。

（4）前端应用采用 RESTFul 接口获取处理后的视频流，返回 base64 编码的图像和结果数据。访问 URL 地址格式如下（IP 地址为边缘计算网关的地址）：

```
http://192.168.100.200:4001/stream/[algorithm_name]?camera_id=0
```

前端应用 JS（js\index.js）处理示例见 2.2.2.1 节。

3.1.2.2　功能与核心代码设计

通过 OpenCV 识别红绿色的算法文件如下（algorithm\image_color_recognition\image_color_recognition.py）：

```python
########################################################################
#文件：image_color_recognition.py
########################################################################
import cv2 as cv
import numpy as np
import base64
import json
import os

class ImageColorRecognition(object):
    def __init__(self):
        self.font = cv.FONT_HERSHEY_SIMPLEX
        self.lower_green = np.array([35,71,80])          #绿色范围低阈值
        self.upper_green = np.array([71,200,200])        #绿色范围高阈值
        self.lower_red = np.array([0,30,77])             #红色范围低阈值
        self.upper_red = np.array([10,255,255])          #红色范围高阈值

    def image_to_base64(self, img):
        image = cv.imencode('.jpg', img, [cv.IMWRITE_JPEG_QUALITY, 60])[1]
        image_encode = base64.b64encode(image).decode()
        return image_encode

    def base64_to_image(self, b64):
        img = base64.b64decode(b64.encode('utf-8'))
        img = np.asarray(bytearray(img), dtype="uint8")
        img = cv.imdecode(img, cv.IMREAD_COLOR)
        return img

    def inference(self, image, param_data):
        #code：识别成功返回 200
        #msg：相关提示信息
        #origin_image：原始图像
        #result_image：处理之后的图像
        #result_data：结果数据
        return_result = {'code': 200, 'msg': None, 'origin_image': None, 'result_image': None, 'result_data': None}

        #色彩空间转换
```

```
hsv_img = cv.cvtColor(image, cv.COLOR_BGR2HSV)
mask_green = cv.inRange(hsv_img, self.lower_green, self.upper_green)    #根据绿色范围筛选
mask_red = cv.inRange(hsv_img, self.lower_red, self.upper_red)          #根据红色范围筛选
mask_green = cv.medianBlur(mask_green, 7)    #中值滤波
mask_red = cv.medianBlur(mask_red, 7)        #中值滤波
#查找轮廓
mask_green, contours, hierarchy = cv.findContours(mask_green, cv.RETR_EXTERNAL,
                       cv.CHAIN_APPROX_NONE)
mask_red, contours2, hierarchy2 = cv.findContours(mask_red, cv.RETR_EXTERNAL,
                       cv.CHAIN_APPROX_NONE)
#将轮廓信息循环标注在图像上
for cnt in contours:
    (x, y, w, h) = cv.boundingRect(cnt)
    cv.rectangle(image, (x, y), (x + w, y + h), (0,255,0), 2)
    cv.putText(image, "Green", (x, y - 5), self.font, 0.7, (0, 255, 0), 2)
    return_result["result_data"] = "Green"

for cnt2 in contours2:
    (x2, y2, w2, h2) = cv.boundingRect(cnt2)
    cv.rectangle(image, (x2, y2), (x2 + w2, y2 + h2), (0, 0, 255), 2)
    cv.putText(image, "Red", (x2, y2 - 5), self.font, 0.7, (0, 0, 255), 2)
    return_result["result_data"] = "Red"
return_result["result_image"] = self.image_to_base64(image)
return return_result
#单元测试，注意在处理类中如果有文件引用，则要修改单元测试的文件路径
if __name__ == '__main__':
    c_dir = os.path.split(os.path.realpath(__file__))[0]
    #读取测试图像
    image = cv.imread(c_dir+"/test.jpg")
    #创建图像处理对象
    img_object = ImageColorRecognition()
    #调用接口进行颜色识别
    result = img_object.inference(image, None)
    frame = img_object.base64_to_image(result["result_image"])
    print(result["result_data"])

    #图像显示
    cv.imshow('frame',frame)
    while True:
        key=cv.waitKey(1)
        if key==ord('q'):
            break
    cv.destroyAllWindows()
```

3.1.3 开发步骤与验证

3.1.3.1 开发项目部署

开发项目部署同 2.1.3.1 节。

3.1.3.2　工程运行

（1）在 SSH 终端中输入以下命令运行本项目案例工程：

```
$ cd ~/aicam-exp/image_color_recognition
$ chmod 755 start_aicam.sh
$ ./start_aicam.sh
```

（2）在客户端或者边缘计算网关端打开 Chrome 浏览器，输入页面地址并访问 http://192.168.100.200:4001/static/image_color_recognition/index.html，即可查看运行结果。

3.1.3.3　颜色校准

（1）由于光线等各种因素的影响，颜色的 HSV 模型需要校准。

（2）把样图放在摄像头视窗内，在 SSH 终端中输入以下命令运行工具调节目标颜色的 HSV 模型，效果如图 3.3 所示。

```
$ cd ~/aicam-exp/image_color_recognition
$ python3 algorithm/image_color_recognition/color_detection.py
```

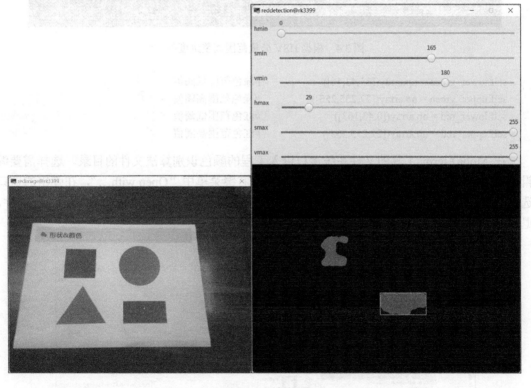

图 3.3　颜色校准

（3）把样图放在摄像头视窗内，根据 HSV 分量范围调整进度条（见图 3.4），使得窗口中目标颜色达到最合适的识别状态，记录此时 HSV 分量的最大值和最小值。

（4）在 SSH 终端中按下组合键"Ctrl+C"或者"Ctrl+Z"退出程序。

（5）修改颜色识别算法文件（algorithm\image_color_recognition\image_color_recognition.py），填写获取到的最佳 HSV 分量范围。

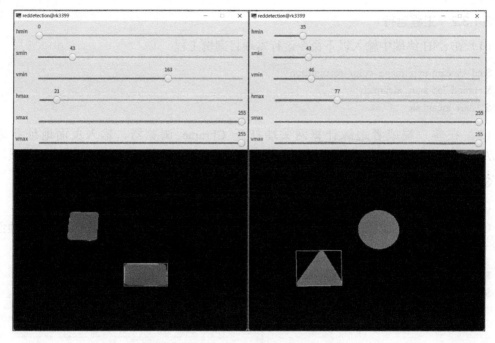

图 3.4 根据 HSV 分量范围调整进度条

```
self.lower_green = np.array([35,43,46])        #绿色范围低阈值
self.upper_green = np.array([77,255,255])      #绿色范围高阈值
self.lower_red = np.array([0,43,163])          #红色范围低阈值
self.upper_red = np.array([21,255,255])        #红色范围高阈值
```

在 MobaXterm 工具的文件系统窗口进入工程的颜色识别算法文件的目录，选择需要编辑的颜色识别算法文件，单击鼠标右键在弹出的右键菜单中"Open with…"，在弹出的窗口选择"Notepad++"打开打开颜色识别算法文件进行编辑，保存修改后的颜色识别算法文件，退出即可完成颜色识别算法文件的修改，如图 3.5 所示。

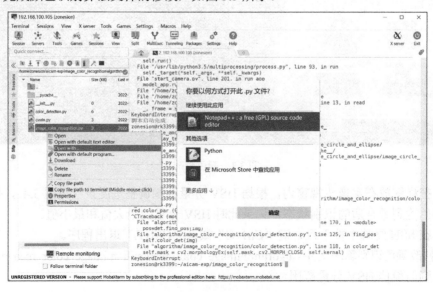

图 3.5 修改颜色识别算法文件

3.1.3.4 颜色识别

（1）在 AiCam 平台界面中选择菜单"颜色识别"，出现实时视频识别画面，把样图放在摄像头视窗内，即可对识别颜色识别并标注（受光线和算法精度的影响，识别准确度不是太高），如图 3.6 所示。

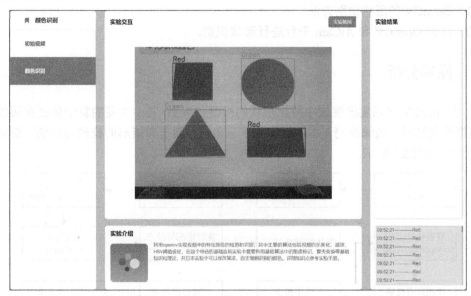

图 3.6　颜色识别实验结果

（2）修改颜色识别算法文件，调整 HSV 分量范围，优化识别的准确度或者识别其他颜色。

3.1.4　小结

本项目首先介绍了 HSVmax 及颜色识别算法的流程；然后给出了在 AiCam 平台中识别红绿颜色的核心代码；最后介绍了如何在 SSH 终端中进行工程部署，以及在终端的浏览器中识别颜色。

3.1.5　思考与拓展

（1）如何将 RGB 模型转换到 HSV 模型？
（2）颜色识别算法的流程是什么？
（3）修改上述的颜色识别算法参数，分析不同参数对识别准确度的影响，在增加颜色种类后进一步测试识别效果。

3.2 形状识别开发实例

形状识别是指依据形状的边数进行的识别，识别到三条边时就被判断为三角形，识别到四条边时就被判定为四边形，当边数大于 4 时就被判定为圆形。为了获取形状的边数，需要对原始图像进行一系列的处理，其中最核心的处理是灰度化、边缘检测、获取轮廓特征点等处理，绘制所有轮廓并进行多边形拟合。

本项目要求掌握的知识点如下：

（1）OpenCV 的形状识别方法。

（2）结合 OpenCV 和 AiCam 平台进行形状识别。

3.2.1　原理分析

利用 OpenCV 可以实现视频中特定形状的检测和识别，其中主要的算法包括视频的灰度化、高斯平滑滤波、边缘检测。本项目实现了三角形、圆形和矩形的检测与识别。形状识别算法的流程如图 3.7 所示。

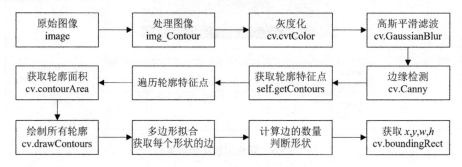

图 3.7　形状识别算法的流程

3.2.2　开发设计与实践

3.2.2.1　架构设计

本项目基于 AiCam 平台的开发框架（见图 1.3）进行开发，开发流程如下：

（1）在 aicam 工程包的配置文件中添加摄像头（config\app.json），详细代码请参考 2.1.2.1 节。

（2）在 aicam 工程包中添加算法文件 algorithm\image_shape_recognition\image_shape_recognition.py。

（3）在 aicam 工程包中添加项目前端应用 static\image_shape_recognition。

（4）前端应用采用 RESTFul 接口获取处理后的视频流，返回 base64 编码的图像和结果数据。访问 URL 地址格式如下（IP 地址为边缘计算网关的地址）：

```
http://192.168.100.200:4001/stream/[algorithm_name]?camera_id=0
```

前端应用 JS（js\index.js）处理代码请参考 2.1.2.1 节。

3.2.2.2　功能与核心代码设计

通过 OpenCV 进行形状识别的算法文件如下（algorithm\image_shape_recognition\image_shape_recognition.py）：

```
###############################################################################
#文件：image_shape_recognition.py
###############################################################################
import cv2 as cv
import numpy as np
import base64
import json
import os

class ImageShapeRecognition(object):
    def __init__(self):
        self.imgContour=None

    def image_to_base64(self, img):
        image = cv.imencode('.jpg', img, [cv.IMWRITE_JPEG_QUALITY, 60])[1]
        image_encode = base64.b64encode(image).decode()
        return image_encode

    def base64_to_image(self, b64):
        img = base64.b64decode(b64.encode('utf-8'))
        img = np.asarray(bytearray(img), dtype="uint8")
        img = cv.imdecode(img, cv.IMREAD_COLOR)
        return img

    def getContours(self,img):
        #查找轮廓，cv.RETR_ExTERNAL 表示获取外部轮廓点，CHAIN_APPROX_NONE 表示得到
所有的像素
        hierarchy = cv.findContours(img, cv.RETR_EXTERNAL, cv.CHAIN_APPROX_NONE)
        #循环轮廓，判断每一个形状
        for cnt in contours:
            #获取轮廓面积
            area = cv.contourArea(cnt)

            #当面积大于 500，代表有形状存在
            if area > 500:
                #绘制所有的轮廓并显示出来
                cv.drawContours(self.imgContour, cnt, -1, (255, 0, 0), 3)
                #计算所有轮廓的周长，用于进行多边形拟合
                peri = cv.arcLength(cnt, True)
                #多边形拟合，获取每个形状的边
                approx = cv.approxPolyDP(cnt, 0.02 * peri, True)
                objCor = len(approx)
                #获取每个形状的 x, y, w, h
                x, y, w, h = cv.boundingRect(approx)
                #计算出边数，边数代表形状，如三角形边数为 3
                if objCor == 3:
                    objectType = "Triangle"
```

```
                    elif objCor == 4:
                        #判断是矩形还是正方形
                        aspRatio = w / float(h)
                        if aspRatio > 0.98 and aspRatio < 1.03:
                            objectType = "Square"
                        else:
                            objectType = "Rectangle"
                    #大于 4 条边的就是圆形
                    elif objCor > 4:
                        objectType = "Circle"
                    else:
                        objectType = "None"
                    #绘制文本时需要图形绘制附件
                    cv.rectangle(self.imgContour, (x, y), (x + w, y + h), (0, 255, 0), 2)
                    cv.putText(self.imgContour, objectType,
                            (x + (w //2) - 10, y + (h //2) - 10), cv.FONT_HERSHEY_COMPLEX, 0.7,
                            (0, 0, 0), 2)
                return objectType

    def inference(self, image, param_data):
        #code: 识别成功返回 200
        #msg: 相关提示信息
        #origin_image: 原始图像
        #result_image: 处理之后的图像
        #result_data: 结果数据
        return_result = {'code': 200, 'msg': None, 'origin_image': None, 'result_image': None, 'result_data':
None}

        self.imgContour = image.copy()
        #灰度化
        imgGray = cv.cvtColor(image, cv.COLOR_BGR2GRAY)
        #高斯平滑滤波
        imgBlur = cv.GaussianBlur(imgGray, (7, 7), 1)
        #边缘检测
        imgCanny = cv.Canny(imgBlur, 50, 50)
        #获取轮廓特征点
        objectType = self.getContours(imgCanny)
        return_result["result_data"]=objectType

        return_result["result_image"] = self.image_to_base64(self.imgContour)
        return return_result
#单元测试，注意在处理类中如果有文件引用，则要修改单元测试的文件路径
if __name__ =='__main__':
    c_dir = os.path.split(os.path.realpath(__file__))[0]
    #读取测试图像
    image = cv.imread(c_dir+"/test.jpg")
    #创建图像处理对象
    img_object = ImageShapeRecognition()
```

```
#调用接口进行形状识别
result = img_object.inference(image, None)
frame = img_object.base64_to_image(result["result_image"])
print(result["result_data"])

#图像显示
cv.imshow('frame',frame)
while True:
    key=cv.waitKey(1)
    if key==ord('q'):
        break
cv.destroyAllWindows()
```

3.2.3　开发步骤与验证

3.2.3.1　开发项目部署

开发项目部署同 2.1.3.1 节。

3.2.3.2　项目运行验证

（1）在 SSH 终端中按照 2.1.3.3 节的方法运行启动脚本 start_aicam.sh，通过启动主程序 aicam.py 来运行本项目的案例工程。

（2）在客户端或者边缘计算网关端打开 Chrome 浏览器，输入页面地址并访问 http://192.168.100.200:4001/static/image_shape_recognition/index.html，即可查看运行结果。

3.2.3.3　形状识别

（1）在 AiCam 平台界面中选择菜单"形状识别"，出现实时视频识别画面，把样图放在摄像头视窗内，即可对识别到的目标进行形状识别并标注，实验结果处会显示识别的结果，如图 3.8 所示。

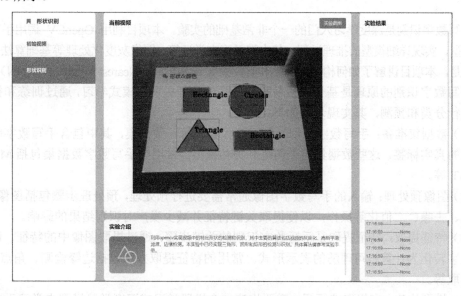

图 3.8　形状识别实验结果

（2）本项目是通过边的数量来判断形状的，具有很大的局限性，修改算法让识别结果更准确。

3.2.4　小结

本项目首先介绍了形状识别算法的流程；然后介绍了在 AiCam 平台中识别三角形、圆形和矩形目标的核心代码；最后介绍了如何在 SSH 终端中进行工程部署，以及在终端的浏览器中识别形状并进行类型标注。

3.2.5　思考与拓展

（1）形状识别算法的流程是什么？
（2）尝试修改上述形状识别算法的参数，分析不同参数对识别准确度的影响。
（3）考虑在图像目标种类更多的情况下改进算法，从而提高识别的准确度。

3.3 手写数字识别开发实例

手写数字识别是光学字符识别技术（OCR）的一个分支，其研究的是如何利用相关设备自动辨识人们手写的数字。

本项目要求掌握的知识点如下：
（1）OpenCV 的手写数字识别方法。
（2）结合 OpenCV 和 AiCam 平台进行手写数字识别。

3.3.1　原理分析

手写数字识别是深度学习入门的一个非常基础的实验。本项目利用 OpenCV 调用手写数字识别模型，实现详细模型的推理过程，其中涉及形态学运算、图像灰度化处理等基础算法。更为重要的是，本项目讲解了如何构建训练集和有关的 K 最邻近（K-Nearest Neighbor，KNN）算法。

手写数字识别的原理是基于对手写数字图像的特征提取和模式学习，通过训练和优化的模型进行分类和预测，其实现步骤如下：

（1）数据集准备：手写数字识别通常需要大量的标注数据集，其中包含手写数字图像及其对应的真实标签，这些数据集用于训练和评估模型。常用的手写数字数据集包括 MNIST、EMNIST 等。

（2）图像预处理：输入的手写数字图像通常需要进行预处理，预处理步骤包括图像缩放、灰度化、去噪、二值化等操作，以便提取关键特征并减少噪声对识别结果的影响。

（3）特征提取：特征提取是手写数字识别的关键步骤，通过提取图像中的特征，可以将手写数字转化为计算机可理解的表示形式。常用的特征提取方法包括边缘检测、角点检测、轮廓提取等。

（4）模型构建：在提取特征后，需要构建一个机器学习或深度学习模型来学习手写数字的特征模式并进行分类。常用的模型包括支持向量机（SVM）、随机森林（Random Forest）、卷积神经网络（CNN）等。这些模型通过训练使用输入图像和对应标签的数据集，可以学习特征和类别之间的关系。

（5）模型训练：利用准备好的训练数据集，对模型进行训练。在训练的过程中，模型需要输入图像的特征和对应的真实标签。

（6）模型评估和优化：通过使用验证数据集对训练好的模型进行评估，可以计算模型的准确率、精确率、召回率等指标，以评估模型的性能。如果模型表现不佳，可以调整模型参数、增加训练数据量或尝试其他算法来优化模型。

（7）预测和识别：经过训练和优化的模型可以用于预测和识别手写数字，输入待识别的手写数字后，模型将根据学习到的特征和类别之间的关系，输出预测结果。

随着深度学习技术的发展，卷积神经网络成为手写数字识别的主流模型，取得了很好的识别效果。K 最邻近（KNN）模型是分类技术中最简单的模型之一，本项目依据深度学习训练 KNN 模型实现，在识别之前先进行 KNN 模型训练。本项目使用训练好的 KNN 模型进行手写数字识别。手写数字识别算法的流程如图 3.9 所示，其中最核心的是灰度化、二值化、闭操作、轮廓特征点的获取和特征的提取。

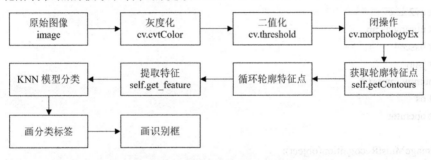

图 3.9 手写数字识别算法的流程

KNN 模型分类的步骤如下：

（1）导入带有标签的样本数据集（训练样本集）：将输入图像转化为结构化的数据格式，本项目将 32×32 的二进制图像矩阵转化为 1×1024 的向量，每一条（每一行）数据即一个样本，标签与其所属分类对应。

（2）导入没有标签的测试数据（测试样本集），计算测试数据与训练样本数据集中每条数据之间的距离（欧氏距离或曼哈顿距离等）。

（3）对步骤（2）求得的所有距离按照递增关系排序（从小到大，距离越小表示越相似）。

（4）选取距离最小的 k 个样本数据对应的分类标签（k 一般不大于 20）。

（5）确定前 k 个数据分类标签的出现频率。

（6）返回前 k 个数据中出现频率最高的分类标签作为测试数据的预测分类。

关于 KNN 模型的详细介绍请参阅其他相关文献。

3.3.2 开发设计与实践

3.3.2.1 架构设计

本项目基于 AiCam 平台的开发框架（见图 1.3）进行开发，开发流程如下：

（1）在 aicam 工程包的配置文件中添加摄像头（config\app.json），详细代码请参考 2.1.2.1 节。

（2）在 aicam 工程包中添加算法文件 algorithm\image_mnist_recognition\image_mnist_recognition.py。

（3）在 aicam 工程包中添加项目前端应用 static\image_mnist_recognition。

（4）前端应用采用 RESTFul 接口获取处理后的视频流，返回 base64 编码的图像和结果数据。访问 URL 地址格式如下（IP 地址为边缘计算网关的地址）：

```
http://192.168.100.200:4001/stream/[algorithm_name]?camera_id=0
```

前端应用 JS（js\index.js）处理代码请参考 2.1.2.1 节。

3.3.2.2　功能与核心代码设计

通过 OpenCV 识别手写数字的算法文件如下（algorithm\image_mnist_recognition\image_mnist_recognition.py）：

```python
##############################################################################
#文件：image_mnist_recognition.py
##############################################################################
import cv2 as cv
import numpy as np
import base64
import json
from numpy import *
import os
import operator

class ImageMnistRecognition(object):
    def __init__(self, dir_path="algorithm/image_mnist_recognition"):
        self.dir_path = dir_path
        self.labels = load(dir_path+'/labels.npy')
        self.trainingMat = load(dir_path+'/trainingMat.npy')

    def image_to_base64(self, img):
        image = cv.imencode('.jpg', img, [cv.IMWRITE_JPEG_QUALITY, 60])[1]
        image_encode = base64.b64encode(image).decode()
        return image_encode

    def base64_to_image(self, b64):
        img = base64.b64decode(b64.encode('utf-8'))
        img = np.asarray(bytearray(img), dtype="uint8")
        img = cv.imdecode(img, cv.IMREAD_COLOR)
        return img

    #倾斜矫正
    def skewCorrection(self,img):
        moments = cv.moments(img)
        skew = moments['mu11'] / moments['mu02']
        if abs(moments['mu02']) < 1e-2:
```

```
                return img.copy()
            M = float32([[1, skew, -0.5 * 28 * skew], [0, 1, 0]])
            img_out = cv.warpAffine(img, M, (28, 28), flags=cv.WARP_INVERSE_MAP |
cv.INTER_LINEAR)
            return img_out


        #提取特征
        def get_feature(self,img):
            feature = []
            for i in range(32):
                for j in range(32):
                    if img[i, j] == 0:
                        pixel = 0
                    else:
                        pixel = 1
                    feature.append(pixel)
            return feature


        #KNN 模型
        def sort(self,imgFeature, trainingMat, labels, k):
            trainingSetSize = trainingMat.shape[0]
            diffMat = tile(imgFeature, (trainingSetSize, 1)) - trainingMat
            sqDiffMat = diffMat ** 2
            sqDistances = sqDiffMat.sum(axis=1)      #每一行元素之和
            distances = sqDistances ** 0.5
            sortedDistIndicies = distances.argsort()  #从小到大排序，返回下标
            classCount = {}
            for i in range(k):
                voteLabel = labels[sortedDistIndicies[i]]   #距离第 i 小的训练样本的类型
                classCount[voteLabel] = classCount.get(voteLabel, 0) + 1
            sortedClassCount = sorted(classCount.items(), key=operator.itemgetter(1), reverse=True)
            return sortedClassCount[0][0]


        def inference(self, image, param_data):
            #code：识别成功返回 200
            #msg：相关提示信息
            #origin_image：原始图像
            #result_image：处理之后的图像
            #result_data：结果数据
            return_result = {'code': 200, 'msg': None, 'origin_image': None, 'result_image': None, 'result_data':
None}

            img_gray = cv.cvtColor(image, cv.COLOR_BGR2GRAY)
            ret, img_bin = cv.threshold(img_gray, 0, 255, cv.THRESH_BINARY_INV | cv.THRESH_OTSU)
#二值化
            #闭操作
            kernel = cv.getStructuringElement(cv.MORPH_RECT, (5, 5))
            bin_close = cv.morphologyEx(img_bin, cv.MORPH_CLOSE, kernel)
```

```
                hierarchy = cv.findContours(bin_close, cv.RETR_EXTERNAL, cv.CHAIN_APPROX_SIMPLE) #
获取连通区域
            data_list=[]
            for cnt in contours:    #外接矩形
                x, y, width, height = cv.boundingRect(cnt)
                if width <= height & height > 40:
                    img = bin_close[y:y + height, x:x + width]
                    #img = skewCorrection(img)
                    img = cv.resize(img, (32, 32), interpolation=cv.INTER_CUBIC)
                    imgFeature = self.get_feature(img)
                    classifyResult = self.sort(imgFeature,self.trainingMat, self.labels, 7)
                    nums = (0,1,2,3,4,5,6,7,8,9)
                    data_list.append(nums[classifyResult])
                    image = cv.putText(image, str(classifyResult), (x, y), cv.FONT_HERSHEY_SIMPLEX,
                        1.2, (0, 255, 0), 2)
                    cv.rectangle(image, (x, y), (x + width, y + height), (0, 255, 0), 1)
            return_result["result_image"] = self.image_to_base64(image)
            return_result["result_data"] = data_list
            return return_result
#单元测试，注意在处理类中如果有文件引用，则要修改单元测试的文件路径
if __name__=='__main__':
    c_dir = os.path.split(os.path.realpath(__file__))[0]
    #读取测试图像
    image = cv.imread(c_dir+"/test.jpg")
    #创建图像处理对象
    img_object = ImageMnistRecognition(c_dir)
    #调用接口识别手写数字
    result = img_object.inference(image, None)
    frame = img_object.base64_to_image(result["result_image"])
    print(result["result_data"])

    #图像显示
    cv.imshow('frame',frame)
    while True:
        key=cv.waitKey(1)
        if key==ord('q'):
            break
    cv.destroyAllWindows()
```

3.3.3 开发步骤与验证

3.3.3.1 开发项目部署

开发项目部署同 2.1.3.1 节。

3.3.3.2 项目运行验证

（1）在 SSH 终端中按照 2.1.3.3 节的方法运行启动脚本 start_aicam.sh，通过启动主程序

aicam.py 来运行本项目的案例工程。

（2）在客户端或者边缘计算网关端打开 Chrome 浏览器，输入页面地址并访问 http://192.168.100.200:4001/static/image_mnist_recognition/index.html，即可查看运行结果。

3.3.3.3　手写数字识别

（1）在 AiCam 平台界面中选择菜单"数字识别"，出现实时视频识别画面，把样图放在摄像头视窗内，即可识别样图中的数字并进行标注（受光线和算法精度的影响，识别准确度不是太高），如图 3.10 所示。

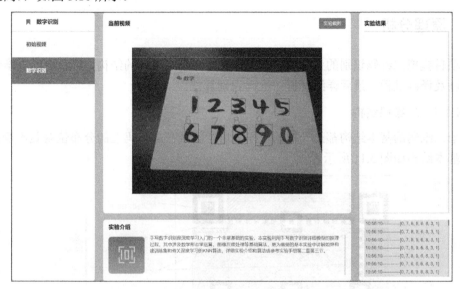

图 3.10　手写数字识别实验结果

3.3.4　小结

本项目首先介绍了手写数字识别算法的流程，以及基于 KNN 模型的手写数字识别步骤；然后介绍了在 AiCam 平台中实现手写数字识别的核心代码；最后介绍了如何在 SSH 终端中进行工程部署，以及在终端的浏览器中识别手写数字并标注。

3.3.5　思考与拓展

（1）手写数字识别算法的流程是什么？
（2）基于 KNN 模型的手写数字识别步骤是什么？
（3）修改 KNN 模型的参数，分析不同参数对识别准确度的影响。

3.4　二维码识别开发实例

二维码广泛应用于我们的日常生活中，如微信支付、支付宝支付、火车票、商品标识等。二维码的全称是二维条码，有多种编码方式，如 QR Code、Data Matrix、Code 49、PDF417、

Code 16K、Code One 等。日常生活中常用的二维码是 QR 二维码（后文中的二维码指 QR 二维码）。二维码看似杂乱无章的黑白图像，其实是根据特定的规律把一些几何图形摆放在二维平面上，文字和图像等各种数值信息与各种二进制的几何图形相对应，"1"表示黑色，"0"表示白色，由此按照一定的算法生成二维码。本项目对二维码进行识别。

本项目要求掌握的知识点如下：

（1）OpenCV 识别二维码的方法。

（2）结合 OpenCV 和 AiCam 平台进行二维码识别。

3.4.1　原理分析

本项目模拟二维码识别的业务场景，首先简要介绍二维码的结构，然后给出二维码的生成过程以及译码过程，最后详细解析二维码识别算法。

3.4.1.1　二维码结构

每个二维码的基本结构都是一样的，各个功能区域在二维码上的分布位置是不变的。二维码的基本结构如图 3.11 所示。

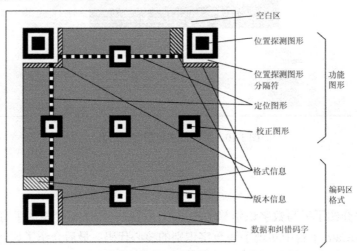

图 3.11　二维码的基本结构

（1）位置探测图形、位置探测图形分隔符、定位图形：这三个图形用于定位二维码，对每个二维码来说，它们位置都是固定的，但大小会有所差异。

（2）校正图形：这个图形用于确定二维码的方向。

（3）格式信息：这个图形用于保存二维码的纠错等级的位置，分为 L、M、Q、H。

（4）版本信息：用于确定二维码的大小，二维码共有 40 种版本的矩阵（一般为黑白色），从 21×21（版本 1）到 177×177（版本 40），每个版本二维码都会前一个版本二维码的每边上增加 4 个模块。

（5）数据和纠错码字：用于保存将数据信息转化成二进制位流和纠错字符的位置。

3.4.1.2　二维码的编码流程

二维码的编码流程如图 3.12 所示。

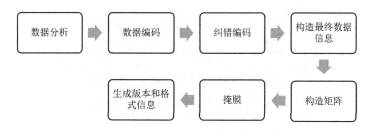

图 3.12 二维码的编码流程

（1）数据分析：确定编码的字符类型，按相应的字符集转换成符号字符；选择纠错等级，在规格一定的条件下，纠错等级越高，真实数据的容量就越小。

（2）数据编码：按模式下相应的字符集转换成二进制逻辑值，将二进制逻辑值排列为位流，对于字母、中文、日文等，只是分组方式、模式等内容有所区别，基本方法是一致的。虽然二维码比一维条码具有更强大的信息记载能力，但其容量也是有限制的。

（3）纠错编码：按需对上面的码字序列分块，并根据纠错等级和分块的码字，产生纠错码字。

在二维码规格和纠错等级确定的情况下，其所能容纳的码字总数和纠错码字数也就确定了。例如，当纠错等级 H 时，版本 10 的二维码能容纳 346 个码字，其中包括 224 个纠错码字。这 224 个纠错码字能够纠正 112 个替代错误（如黑白颠倒）或者 224 个数据读取错误（无法读到或者无法译码），因此纠错容量为 112/346=32.4%。就是说，二维码区域中大约有 1/3 的码字是冗余的。

（4）构造最终数据信息：在规格确定的情况下，按需对上面的码字序列分块，并根据纠错等级和分块的码字对每个分块进行计算，得出相应的纠错码字区块，把纠错码字区块按顺序构成一个序列，产生纠错码字，并把纠错码字加入数据码字序列后面，形成一个新的序列。

（5）构造矩阵：将位置探测图形、位置探测图形分隔符、定位图形、校正图形放入矩阵中，并把上面的完整序列填充到相应规格二维码矩阵的区域中。

（6）掩膜：掩膜通常用在符号的编码区域，使得二维码图形中的深色和浅色（黑色和白色）区域的分布比率最优。

（7）生成格式和版本信息：格式和版本信息放在相应区域内，版本 7~40 包含了版本信息，没有版本信息的全为 0。二维码上有两个位置包含了版本信息，它们是相互冗余的。版本信息共 18 位，构成了 6×3 的矩阵，其中 6 位是数据位，如版本 8，数据位是 001000，后面的 12 位是纠错位。

3.4.1.3 二维码的译码流程

二维码的译码模块可以选择两种方式读取文件：一种是直接读入包含条码的图像文件，定位二维码图像区域，进行译码；另一种是读入包含条码信息的二维码文件，进行译码。本项目采用第一种方式，即通过读入图像文件进行区域定位，然后进行译码。二维码的译码流程如图 3.13 所示，在读取图像文件后，由于在采集二维码图像的过程容易受到倾斜、噪声等因素的干扰，所以需要在定位二维码之前先进行图像预处理，图像预处理一般包括图像倾斜矫正、平滑滤波、二值化和图像旋利等。

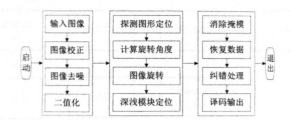

图 3.13　二维码的译码流程

二维码的译码步骤如下：

（1）提取格式信息、版本信息。

（2）消除掩模。

（3）提取数据信息和纠错信息。

（4）进行 RS 纠错。

（5）对纠错后的数据信息进行译码。

通过纠错步骤，即使二维码图像受到某些噪声的污染，也能得到正确的译码，在一定程度上提高了二维码的可识读性。

本项目是采用 pyzbar 库（Python 库）识别二维码的，利用该库可以准确定位到二维码的位置。使用该库的 cv.rectangle 函数可将位置信息的识别框标注到二维码图像上，从而实现二维码检测。根据 pyzbar 库中的 data.decode 函数可以将二维码译码结果转换成字符串，其中最核心的部分是调用 pyzbar 库获取二维码位置信息和进行字符串转换。二维码译码算法的流程如图 3.14 所示。

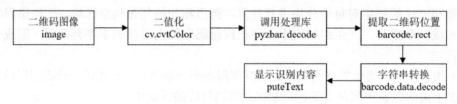

图 3.14　二维码译码算法的流程

3.4.2　开发设计与实践

3.4.2.1　架构设计

本项目基于 AiCam 平台的开发框架（见图 1.3）进行开发，开发流程如下：

（1）在 aicam 工程包的配置文件中添加摄像头（config\app.json），详细代码请参考 2.1.2.1 节。

（2）在 aicam 工程包中添加算法文件 algorithm\image_qrcode_recognition\image_qrcode_recognition.py。

（3）在 aicam 工程包中添加项目前端应用 static\image_qrcode_recognition。

（4）前端应用采用 RESTFul 接口获取处理后的视频流，返回 base64 编码的图像和结果数据。访问 URL 地址格式如下（IP 地址为边缘计算网关的地址）：

http://192.168.100.200:4001/stream/*[algorithm_name]*?camera_id=0

前端应用 JS（js\index.js）处理代码请参考 2.1.2.1 节。

3.4.2.2　功能与核心代码设计

通过 OpenCV 方法识别二维码的算法文件如下（algorithm\image_qrcode_recognition\image_qrcode_recognition.py）：

```
################################################################################
#文件：image_qrcode_recognition.py
################################################################################
from imutils import face_utils
import dlib
import imutils
import cv2 as cv
import numpy as np
import base64
import json
import os
import pyzbar.pyzbar as pyzbar

class ImageQrcodeRecognition(object):
    def __init__(self):
        self.qrcoder = cv.QRCodeDetector

    def image_to_base64(self, img):
        image = cv.imencode('.jpg', img, [cv.IMWRITE_JPEG_QUALITY, 60])[1]
        image_encode = base64.b64encode(image).decode()
        return image_encode

    def base64_to_image(self, b64):
        img = base64.b64decode(b64.encode('utf-8'))
        img = np.asarray(bytearray(img), dtype="uint8")
        img = cv.imdecode(img, cv.IMREAD_COLOR)
        return img

    def inference(self, image, param_data):
        #code：识别成功返回 200
        #msg：相关提示信息
        #origin_image：原始图像
        #result_image：处理之后的图像
        #result_data：结果数据
        return_result = {'code': 200, 'msg': None, 'origin_image': None, 'result_image': None, 'result_data': None}
        #转换成灰度图像
        gray = cv.cvtColor(image, cv.COLOR_BGR2GRAY)
        barcodes = pyzbar.decode(gray)
        for barcode in barcodes:
            #提取二维码图像的位置，然后在视频中用边框标识出来
            (x, y, w, h) = barcode.rect
            cv.rectangle(image, (x, y), (x + w, y + h), (0, 255, 0), 2)
            #字符串转换
```

```
            barcodeData = barcode.data.decode("utf-8")
            barcodeType = barcode.type
            #在图像上面显示识别出来的内容
            text = "{}".format(barcodeData)
            cv.putText(image, text, (x, y - 10), cv.FONT_HERSHEY_SIMPLEX, 1, (0, 255, 0), 2)
            return_result["result_data"] = text
        return_result["result_image"] = self.image_to_base64(image)
        return return_result
#单元测试，注意在处理类中如果有文件引用，则要修改单元测试的文件路径
if __name__=='__main__':
    c_dir = os.path.split(os.path.realpath(__file__))[0]
    #读取测试图像
    image = cv.imread(c_dir+"/test.jpg")
    #创建图像处理对象
    img_object = ImageQrcodeRecognition()
    #调用接口进行二维码识别
    result = img_object.inference(image, None)
    frame = img_object.base64_to_image(result["result_image"])
    print(result["result_data"])

    #图像显示
    cv.imshow('frame',frame)
    while True:
        key=cv.waitKey(1)
        if key==ord('q'):
            break
    cv.destroyAllWindows()
```

3.4.3　开发步骤与验证

3.4.3.1　开发项目部署

开发项目部署同 2.1.3.1 节。

3.4.3.2　项目运行验证

（1）在 SSH 终端中输入以下命令运行本项目案例工程：

```
$ cd ~/aicam-exp/image_qrcode_recognition
$ chmod 755 start_aicam.sh
$ ./start_aicam.sh
```

（2）在客户端或者边缘计算网关端打开 Chrome 浏览器，输入页面地址并访问 http://192.168.100.200:4001/static/image_qrcode_recognition/index.html，即可查看运行结果。

3.4.3.3　二维码识别

（1）在 AiCam 平台界面中选择菜单"二维码识别"，出现实时视频识别画面，找一张二维码（如个人的微信二维码）放在摄像头视窗内，即可识别出二维码信息并进行标注，如图 3.15 所示。

图 3.15　二维码识别实验结果

（2）在实验结果处会返回识别到二维码信息。

3.4.4　小结

本项目首先介绍了二维码的结构、二维码编/译码的流程；然后介绍了在 AiCam 平台中识别二维码的核心代码；最后介绍了如何在 SSH 终端中进行工程部署，以及在终端的浏览器中识别二维码。

3.4.5　思考与拓展

（1）二维码由哪几部分组成？
（2）二维码编/译码的流程是什么？
（3）分析光照、角度等因素对二维码识别准确度的影响。

3.5 人脸检测（基于 OpenCV）开发实例

人脸检测、人脸识别得到了广泛的应用，各行各业都有其落地的案例，其中人脸检测更是很多应用的基础。人脸检测利用模型识别出人脸在视频图像中的位置，进而利用图像标注算法实现人脸识别框的标注。本项目中利用 Dlib 库快速实现人脸检测算法的搭建。

本项目要求掌握的知识点如下：
（1）OpenCV 的人脸检测方法。
（2）结合 OpenCV 和 AiCam 平台进行人脸检测。

3.5.1　原理分析

本项目采用 Dlib 库进行人脸检测，核心原理是使用图像 Hog 特征来表示人脸。和其他特征相比，Hog 特征对图像的几何和光学的形变都能保持很好的不变形，该特征与 LBP 特征、Harr 特征作为三种经典的图像特征。Hog 特征提取算子通常和支持向量机（SVM）算法搭配使用，用于物体检测场景。

基于图像的 Hog 特征的人脸识别方法综合了支持向量机算法，其思路如下：

（1）对正样本（即包含人脸的图像）数据集提取 Hog 特征，得到 Hog 特征描述子。

（2）对负样本（即不包含人脸的图像）数据集提取 Hog 特征，得到 Hog 特征描述子。负样本数据集中的样本数要远远大于正样本数据集中的样本数，负样本数据集中的图像可以通过随机裁剪不含人脸的图像来获得。

（3）利用支持向量机算法训练正样本数据集和负样本数据集，显然这是一个二分类问题，可以得到训练后的模型。

（4）利用该模型进行负样本数据集的难例检测，也就是进行难分样本挖掘（Hard-Negtive Mining），以便提高模型的分类能力。具体思路为：对负样本数据集不断进行缩放，直到与模板匹配为止；通过模板滑动窗口搜索匹配（该过程即多尺度检测过程），如果分类器误检出非人脸区域，则截取该部分图像并将其加入负样本数据集。

（5）通过难例样本重新训练模型，反复上述过程即可得到最终的分类器。

应用最终训练出的分类器检测人脸图像，对该图像的不同尺度进行滑动扫描，提取 Hog 特征，并通过分类器进行分类。如果检测判定为人脸，则将其标识出来，经过一轮滑动扫描后必然会出现同一个人脸被多次标识的情况，这时通过搜索最大值（Non-Maximum Suppression，NMS）算法即可完成收尾工作。

本项目利用 Dlib 库来准确定位到人脸的位置，使用 cv.rectangle 函数将位置信息识别框标注到图像上，以此实现人脸检测。其中最核心的部分是调用 Dlib 库获取并返回人脸位置信息。人脸检测算法的流程如图 3.16 所示。

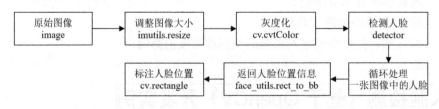

图 3.16　人脸检测算法的流程

3.5.2　开发设计与实践

3.5.2.1　架构设计

本项目基于 AiCam 平台的开发框架（见图 1.3）进行开发，开发流程如下：

（1）在 aicam 工程包的配置文件中添加摄像头（config\app.json），详细代码请参考 2.1.2.1 节。

（2）在 aicam 工程包中添加：

● 算法文件：algorithm\image_face_detection\image_face_detection.py。

○ Dlib 库的特征点数据集：algorithm\image_face_detection\shape_predictor_68_face_landmarks.dat。

（3）在 aicam 工程包中添加项目前端应用 static\image_face_detection。

（4）前端应用采用 RESTFul 接口获取处理后的视频流，返回 base64 编码的图像和结果数据。访问 URL 地址格式如下（IP 地址为边缘计算网关的地址）：

```
http://192.168.100.200:4001/stream/[algorithm_name]?camera_id=0
```

前端应用 JS（js\index.js）处理代码请参考 2.1.2.1 节。

3.5.2.2　功能与核心代码设计

通过 OpenCV 实现人脸检测的算法文件如下（algorithm\image_face_detection\image_face_detection.py）：

```python
###############################################################################
#文件：image_face_detection.py
###############################################################################
from imutils import face_utils
import dlib
import imutils
import cv2 as cv
import numpy as np
import base64
import json
import os

class ImageFaceDetection(object):
    def __init__(self, dir_path="algorithm/image_face_detection"):
        self.dir_path = dir_path
        self.detector = dlib.get_frontal_face_detector()
        self.predictor = dlib.shape_predictor(dir_path+"/shape_predictor_68_face_landmarks.dat")

    def image_to_base64(self, img):
        image = cv.imencode('.jpg', img, [cv.IMWRITE_JPEG_QUALITY, 60])[1]
        image_encode = base64.b64encode(image).decode()
        return image_encode

    def base64_to_image(self, b64):
        img = base64.b64decode(b64.encode('utf-8'))
        img = np.asarray(bytearray(img), dtype="uint8")
        img = cv.imdecode(img, cv.IMREAD_COLOR)
        return img

    def inference(self, image, param_data):
        #code：识别成功返回 200
        #msg：相关提示信息
        #origin_image：原始图像
        #result_image：处理之后的图像
```

```
            #result_data：结果数据
            return_result = {'code': 200, 'msg': None, 'origin_image': None, 'result_image': None, 'result_data':
None}

            image = imutils.resize(image, width=500)
            gray = cv.cvtColor(image, cv.COLOR_BGR2GRAY)
            rects = self.detector(gray, 1)

            #enumerate 用于将一个可遍历的数据对象（列表、元组、字典）组合成一个索引序列，
            #同时列出数据下标和数据，一般用在 for 循环中
            for (i, rect) in enumerate(rects):
                shape =self.predictor(gray, rect)             #标记人脸中的 68 个关键点
                shape = face_utils.shape_to_np(shape)         #构建人脸 68 个关键点矩阵

                (x, y, w, h) = face_utils.rect_to_bb(rect)    #返回人脸框左上角的坐标和矩形的尺度
                cv.rectangle(image, (x, y), (x + w, y + h), (0, 255, 0), 2)
                return_result["result_data"] = (x, y, w, h)

            return_result["result_image"] = self.image_to_base64(image)
            return return_result
#单元测试，注意在处理类中如果有文件引用，则要修改单元测试的文件路径
if __name__ =='__main__':
    c_dir = os.path.split(os.path.realpath(__file__))[0]
    #读取测试图像
    image = cv.imread(c_dir+"/test.jpg")
    #创建图像处理对象
    img_object = ImageFaceDetection(c_dir)
    #调用接口进行人脸检测
    result = img_object.inference(image, None)
    frame = img_object.base64_to_image(result["result_image"])
    print(result["result_data"])

    #图像显示
    cv.imshow('frame',frame)
    while True:
        key=cv.waitKey(1)
        if key==ord('q'):
            break
    cv.destroyAllWindows()
```

3.5.3　开发步骤与验证

3.5.3.1　开发项目部署

开发项目部署同 2.1.3.1 节。

3.5.3.2　项目运行验证

（1）在 SSH 终端中按照 2.1.3.3 节的方法运行启动脚本 start_aicam.sh，通过启动主程序

aicam.py 来运行本项目的案例工程。

（2）在客户端或者边缘计算网关端打开 Chrome 浏览器，输入页面地址并访问 http://192.168.100.200:4001/static/image_face_detection/index.html，即可查看运行结果。

3.5.3.3　人脸检测

（1）在 AiCam 平台界面中选择菜单"人脸检测"，出现实时视频识别画面，在摄像头视窗内出现人脸时，将检测人脸并进行标注，如图 3.17 所示。

图 3.17　人脸检测实验结果

（2）在实验结果处会显示人脸坐标。

3.5.4　小结

本项目首先介绍了基于 Dlib 库实现人脸检测的思路和算法流程；然后介绍了在 AiCam 平台中实现人脸检测的核心代码；最后介绍了如何在 SSH 终端中进行工程部署，以及在终端的浏览器中对摄像头视窗内的人脸进行检测。

3.5.5　思考与拓展

（1）基于 Dlib 库实现人脸检测的思路和算法流程是什么？
（2）分析光照、角度等因素对人脸检测准确度的影响。

3.6 人脸关键点识别开发实例

人脸关键点识别对面部识别来讲是至关重要的。人脸有几个可以识别的特征，如眼睛、嘴巴、鼻子等。当我们使用 Dlib 库检测这些特征时，实际上得到的是每个特征点的映射，利用 Dlib 库可以实现人脸关键点的检测和标注。

本项目要求掌握的知识点如下：

（1）OpenCV 人脸关键点识别的方法。

（2）结合 OpenCV 和 AiCam 平台进行人脸关键点识别。

3.6.1 原理分析

当我们使用 Dlib 库检测人脸的特征时，得到的是每个特征点的映射，该映射由 68 个关键点（称为地标点）组成。图 3.18 给出了人脸的 68 个关键点，其中，颚部关键点的序号为 0～16，右眉关键点的序号为 17～21，左眉关键点的序号为 22～26，鼻部关键点的序号为 27～35，右眼关键点的序号为 36～41，左眼关键点的序号为 42～47，嘴角关键点的序号为 48～60，嘴唇关键点的序号为 61～67。

本项目利用 Dlib 库来检测人脸关键点，首先利用 Dlib 库准确定位人脸位置并构建人脸关键点识别对象，然后利用 cv.rectangle 函数识别位置信息并将该信息标注到图像上，最后根据人脸关键点识别对象构建人脸的 68 关键点矩阵，从而实现人脸关键点识别。其中最核心的部分是利用 Dlib 库获取并返回人脸位置信息，以及构建人脸的 68 关键点矩阵。人脸关键点识别算法的流程如图 3.19 所示。

图 3.18　人脸特征点的映射

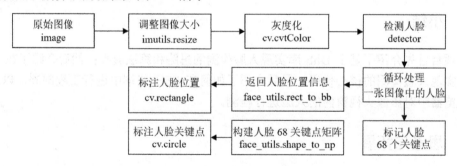

图 3.19　人脸关键点识别算法的流程

3.6.2 开发设计与实践

3.6.2.1 架构设计

本项目基于 AiCam 平台的开发框架（见图 1.3）进行开发，开发流程如下：

（1）在 aicam 工程包的配置文件中添加摄像头（config\app.json），详细代码请参考 2.1.2.1 节。

（2）在 aicam 工程包中添加：

- 算法文件：algorithm\image_key_detection\image_key_detection.py。
- Dlib 库特征点数据集：algorithm\image_key_detection\shape_predictor_68_face_landmarks.dat。

（3）在 aicam 工程包中添加项目前端应用 static\image_key_detection。

（4）前端应用采用 RESTFul 接口获取处理后的视频流，返回 base64 编码的图像和结果数据。访问 URL 地址格式如下（IP 地址为边缘计算网关的地址）：

```
http://192.168.100.200:4001/stream/[algorithm_name]?camera_id=0
```

前端应用 JS（js\index.js）处理代码请参考 2.1.2.1 节。

3.6.2.2 功能与核心代码设计

通过 OpenCV 识别人脸关键点的算法文件如下（algorithm\image_key_detection\image_key_detection.py）：

```python
###############################################################################
#文件：image_key_detection.py
###############################################################################
from imutils import face_utils
import dlib
import imutils
import cv2 as cv
import numpy as np
import base64
import json
import os

class ImageKeyDetection(object):
    def __init__(self, dir_path="algorithm/image_key_detection"):
        self.dir_path = dir_path
        self.detector = dlib.get_frontal_face_detector()
        self.predictor = dlib.shape_predictor(dir_path+"/shape_predictor_68_face_landmarks.dat")

    def image_to_base64(self, img):
        image = cv.imencode('.jpg', img, [cv.IMWRITE_JPEG_QUALITY, 60])[1]
        image_encode = base64.b64encode(image).decode()
        return image_encode

    def base64_to_image(self, b64):
        img = base64.b64decode(b64.encode('utf-8'))
        img = np.asarray(bytearray(img), dtype="uint8")
        img = cv.imdecode(img, cv.IMREAD_COLOR)
        return img

    def inference(self, image, param_data):
        #code：识别成功返回 200
        #msg：相关提示信息
```

```
                #origin_image：原始图像
                #result_image：处理之后的图像
                #result_data：结果数据
                return_result = {'code': 200, 'msg': None, 'origin_image': None, 'result_image': None, 'result_data':
None}

                image = imutils.resize(image, width=500)
                gray = cv.cvtColor(image, cv.COLOR_BGR2GRAY)

                rects = self.detector(gray, 1)

                #enumerate 用于将一个可遍历的数据对象（列表、元组、字典）组合成一个索引序列，
                #同时列出数据下标和数据，一般用在 for 循环中
                for (i, rect) in enumerate(rects):
                    shape =self.predictor(gray, rect)    #标记人脸中的 68 个关键点
                    shape = face_utils.shape_to_np(shape)    #转换成 68 个关键点矩阵

                    (x, y, w, h) = face_utils.rect_to_bb(rect)    #返回人脸框的左上角坐标和矩形的尺度
                    cv.rectangle(image, (x, y), (x + w, y + h), (0, 255, 0), 2)

                    cv.putText(image, "Face #{}".format(i + 1), (x - 10, y - 10),
                                cv.FONT_HERSHEY_SIMPLEX, 0.5, (0, 255, 0), 2)

                    landmarksNum = 0;
                    for (x, y) in shape:
                        cv.circle(image, (x, y), 2, (0, 0, 255), -1)
                        #cv.putText(image, "{}".format(landmarksNum), (x, y),
                        #                cv.FONT_HERSHEY_SIMPLEX, 0.2, (255, 0, 0), 1)
                        #landmarksNum = landmarksNum + 1;
                    landmarksNum = 0;

                return_result["result_image"] = self.image_to_base64(image)
                return return_result
    #单元测试，注意在处理类中如果有文件引用，则要修改单元测试的文件路径
    if __name__=='__main__':
        c_dir = os.path.split(os.path.realpath(__file__))[0]
        #读取测试图像
        image = cv.imread(c_dir+"/test.jpg")
        #创建图像处理对象
        img_object = ImageKeyDetection(c_dir)
        #调用接口进行人脸关键点识别
        result = img_object.inference(image, None)
        frame = img_object.base64_to_image(result["result_image"])
        print(result["result_data"])

        #图像显示
        cv.imshow('frame',frame)
        while True:
```

```
key=cv.waitKey(1)
if key==ord('q'):
        break
cv.destroyAllWindows()
```

3.6.3 开发步骤与验证

3.6.3.1 开发项目部署

开发项目部署同 2.1.3.1 节。

3.6.3.2 项目运行验证

（1）在 SSH 终端中按照 2.1.3.3 节的方法运行启动脚本 start_aicam.sh，通过启动主程序 aicam.py 来运行本项目的案例工程。

（2）在客户端或者边缘计算网关端打开 Chrome 浏览器，输入页面地址并访问 http://192.168.100.200:4001/static/image_key_detection/index.html，即可查看运行结果。

3.6.3.3 人脸关键点识别

（1）在 AiCam 平台界面中选择菜单"人脸关键点"，出现实时视频识别画面，在摄像头视窗内出现人脸时，将识别并标注人脸关键点，如图 3.20 所示。

图 3.20 人脸关键点识别实验结果

3.6.4 小结

本项目首先介绍了基于 Dlib 库的人脸关键点识别算法的流程；然后介绍了在 AiCam 平台中识别人脸关键点的核心代码；最后介绍了如何在 SSH 终端中进行工程部署，以及在终端的浏览器中对摄像头视窗内的人脸关键点进行识别。

3.6.5　思考与拓展

（1）利用 Dlib 库识别人脸关键点的步骤包括哪些？人脸关键点识别算法的流程是什么？
（2）分析光照、角度等因素对人脸关键点识别准确度的影响。

3.7 人脸识别（基于 OpenCV）开发实例

人脸识别是一种基于人脸关键点进行身份认证的生物识别技术。人脸识别是指利用摄像机或摄像头采集含有人脸的图像或视频流，并自动在图像中检测和追踪人脸，进而对检测到的人脸进行识别的一系列相关技术，通常也称为人像识别、面部识别。

本项目要求掌握的知识点如下：
（1）OpenCV 的人脸注册和人脸识别方法。
（2）结合 OpenCV 和 AiCam 平台进行人脸识别。

3.7.1　原理分析

简单的人脸识别可以通过 OpenCV 和 face_recognition 插件来实现。face_recognition 插件是基于 Dlib 库的深度学习模型，该插件使用 Labeled Faces in the Wild 人脸数据集进行测试，具有高达 99.38%的准确率。

在 OpenCV 中，人脸识别包含人脸注册和人脸比对，主要是利用 OpenCV 自带的 face_recognition 插件来实现的。人脸注册算法的流程如图 3.21 所示，人脸对比算法的流程如图 3.22 所示。

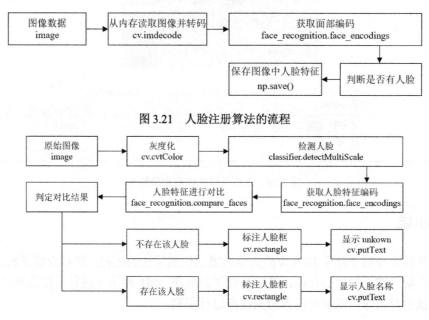

图 3.21　人脸注册算法的流程

图 3.22　人脸比对算法的流程

3.7.2　开发设计与实践

3.7.2.1　架构设计

本项目基于 AiCam 平台的开发框架（见图 1.3）进行开发，开发流程如下：

（1）在 aicam 工程包的配置文件中添加摄像头（config\app.json），详细代码请参考 2.1.2.1 节。

（2）在 aicam 工程包中添加：

⊃ 算法文件：algorithm\image_face_recognition\image_face_recognition.py。

⊃ 人脸检测级联分类器：algorithm\image_face_recognition\haarcascade_frontalface_alt.xml。

（3）在 aicam 工程包中添加项目前端应用 static\image_face_recognition。

（4）视频流实时推理：前端应用采用 RESTFul 接口获取处理后的视频流，返回 base64 编码的图像和结果数据。访问 URL 地址格式如下（IP 地址为边缘计算网关的地址）：

http://192.168.100.200:4001/stream/*[algorithm_name]*?camera_id=0

前端应用 JS（js\index.js）处理代码请参考 2.1.2.1 节。

（5）人脸注册请求：前端应用截取拟注册的人脸图像和人脸名称，通过 Ajax 将图像和数据传递给人脸注册算法进行人脸注册。人脸注册接口的参数如表 3.2 所示。

表 3.2　人脸注册接口的参数

参　　数	说　　明
url	"/file/image_face_recognition?camera_id=0"
method	'POST'
processData	false
contentType	false
dataType	'json'

data	let img = $('#face').attr('src')
	let id = $('#userName').val()
	let blob = dataURItoBlob(img);
	let formData = new FormData();
	formData.append('file_name',blob,'image.png');
	formData.append('param_data',JSON.stringify({"reg_name":id,"type":0}));

success	function(res){} return_result = {'code': 200, 'msg': None, 'origin_image': None, 'result_image': None, 'result_data': None} 示例： code/msg：200/success、404/No face origin_image 和 result_image 分别表示原始图像/结果图像

前端应用 JS（js\index.js）拍照上传人脸图像，进行人脸注册并返回注册结果，代码如下：

```
//人脸注册
$('#registered').click(function () {
    let img = $('#face').attr('src')
    let id = $('#userName').val()
```

```javascript
if(id && img){
    console.log(img);
    let blob = dataURItoBlob(img);
    let formData = new FormData();
    formData.append('file_name',blob,'image.png');
    formData.append('param_data',JSON.stringify({"reg_name":id,"type":0}));
    if(img.length>100){
        $.ajax({
            url: "/file/image_face_recognition?camera_id=0",
            method: 'POST',
            processData: false, //必需的
            contentType: false, //必需的
            dataType: 'json',
            data:formData,
            success:function(res){
                console.log(res);
                if(res.code == '200'){
                    swal(res.msg," ","success",{button: false,timer: 2000});
                }else if(res.code == '204'){
                    swal(res.msg," ","error",{button: false,timer: 2000});
                }else if(res.code == '404'){
                    swal(res.msg," ","error",{button: false,timer: 2000});
                }else{
                    swal(res.msg,"服务器错误！ ","error",{button: false,timer: 2000});
                }
                setTimeout(() => {
                    $('#faceModal').modal('hide')
                }, 2000);
            }
        });
    }else{
        swal({
            icon: "error",
            title: "注册失败",
            text: "获取人脸图像失败，请重新单击注册按钮再确定！ ",
            button: false,
            timer: 2000
        });
        setTimeout(() => {
            $('#faceModal').modal('hide')
        }, 2000);
    }
}else{
    swal({
        icon: "error",
        title: "注册失败",
```

```
                text: "名称或照片不存在！",
                button: false,
                timer: 2000
        });
        setTimeout(() => {
                $('#faceModal').modal('hide')
        }, 2000);
    }
})
```

3.7.2.2　功能与核心代码设计

通过 OpenCV 进行人脸识别的算法文件如下（algorithm\image_face_recognition\image_face_recognition.py）：

```
#################################################################################
#文件：image_face_recognition.py
#################################################################################
import glob
import face_recognition
import os
import cv2 as cv
import numpy as np
import base64
import json


class ImageFaceRecognition(object):
    def __init__(self, dir_path="algorithm/image_face_recognition"):
        #读取注册的人脸特征文件
        self.dir_path = dir_path
        feature_path = os.path.join(dir_path, "*.npy")
        feature_files = glob.glob(feature_path)
        #解析文件名称，作为注册人姓名
        self.feature_names = [item.split(os.sep)[-1].replace(".npy", "") for item in feature_files]
        #print(feature_names)
        self.face_cascade = cv.CascadeClassifier(dir_path+"/haarcascade_frontalface_alt.xml")

        self.features = []
        for f in feature_files:
            feature = np.load(f)
            self.features.append(feature)
    def image_to_base64(self, img):
        image = cv.imencode('.jpg', img, [cv.IMWRITE_JPEG_QUALITY, 60])[1]
        image_encode = base64.b64encode(image).decode()
        return image_encode
    def base64_to_image(self, b64):
        img = base64.b64decode(b64.encode('utf-8'))
        img = np.asarray(bytearray(img), dtype="uint8")
```

```python
            img = cv.imdecode(img, cv.IMREAD_COLOR)
            return img
    def face_id(self, img, classifier):
        gray = cv.cvtColor(img, cv.COLOR_BGR2GRAY)
        faces = classifier.detectMultiScale(gray, 1.3, 5)
        return faces
    def inference(self, image, param_data):
        #code：识别成功返回 200
        #msg：相关提示信息
        #origin_image：原始图像
        #result_image：处理之后的图像
        #result_data：结果数据
        return_result = {'code': 200, 'msg': None, 'origin_image': None, 'result_image': None, 'result_data':
None}

        #应用请求接口：@__app.route('/file/<action>', methods=["POST"])
        #image：应用传递过来的数据（根据实际应用可能为图像、音频、视频、文本）
        #param_data：应用传递过来的参数，不能为空
        if param_data != None:
            #读取应用传递过来的图像
            image = np.asarray(bytearray(image), dtype="uint8")
            image = cv.imdecode(image, cv.IMREAD_COLOR)
            #type=0 表示注册
            if param_data["type"] == 0:
                try:
                    image_encoding = face_recognition.face_encodings(image)[0]
                    if len(image_encoding) != 0:
                        flag = True
                    else:
                        return_result["code"] = 404
                        return_result["msg"] = "未检测到人脸！"
                except:
                    return_result["code"] = 500
                    return_result["msg"] = "注册失败！"
                if flag:
                    feature_name = param_data["reg_name"] + ".npy"
                    feature_path = os.path.join(self.dir_path, feature_name)
                    np.save(feature_path, image_encoding)
                    print("已保存人脸")
                    return_result["code"] = 200
                    return_result["msg"] = "注册成功！"
            else:
                #调用接口进行人脸比对
                rects = self.face_id(image, self.face_cascade)
                for x, y, w, h in rects:
                    crop = image[y: y + h, x: x + w]
                    #对视频流中人脸特征进行编码
                    img_encoding = face_recognition.face_encodings(crop)
```

```
                if len(img_encoding) != 0:
                    #获取人脸特征编码
                    img_encoding = img_encoding[0]
                    #与注册的人脸特征进行对比
                    result = face_recognition.compare_faces(self.features, img_encoding, tolerance=0.4)
                    if True in result:
                        result = int(np.argmax(np.array(result, np.uint8)))
                        rec_result = self.feature_names[result]
                        cv.putText(image, rec_result, (x, y), cv.FONT_HERSHEY_SIMPLEX, 1.2,
                                 (0, 255, 0), thickness=1)
                        cv.rectangle(image, (x, y), (x + w, y + h), (0, 255, 0), 1)
                        return_result["result_data"]=rec_result
                    else:
                        cv.putText(image, 'unkown', (x, y), cv.FONT_HERSHEY_SIMPLEX, 1.2, (0, 255, 0),
                                 thickness=1)
                        cv.rectangle(image, (x, y), (x + w, y + h), (0, 255, 0), 1)
                        return_result["result_data"]='unkown'
                else:
                    cv.putText(image, 'unkown', (x, y), cv.FONT_HERSHEY_SIMPLEX, 1.2, (0, 255, 0),
                             thickness=1)
                    cv.rectangle(image, (x, y), (x + w, y + h), (0, 255, 0), 1)
                    return_result["result_data"]='unkown'
        return_result["result_image"] = self.image_to_base64(image)
        return return_result
#单元测试，注意在处理类中如果有文件引用，则要修改单元测试的文件路径
if __name__=='__main__':
    c_dir = os.path.split(os.path.realpath(__file__))[0]
    #创建图像处理对象
    img_object = ImageFaceRecognition(c_dir)


    #读取测试图像
    image = cv.imread(c_dir+"/test.jpg")
    #将图像编码成数据流
    img = cv.imencode('.jpg', image, [cv.IMWRITE_JPEG_QUALITY, 60])[1]


    #设置参数
    addUser_data = {"type":0, "reg_name":"lilianjie"}


    #调用接口进行人脸注册
    result = img_object.inference(img, addUser_data)
    #调用接口进行人脸对比
    if result["code"] == 200:
        result = img_object.inference(image, None)
        frame = img_object.base64_to_image(result["result_image"])
        print(result["result_data"])


    #图像显示
```

```
        cv.imshow('frame',frame)
        while True:
            key=cv.waitKey(1)
            if key==ord('q'):
                break
        cv.destroyAllWindows()
    else:
        print("注册失败！")
```

3.7.3 开发步骤与验证

3.7.3.1 开发项目部署

开发项目部署同 2.1.3.1 节。

3.7.3.2 项目运行验证

（1）在 SSH 终端中按照 2.1.3.3 节的方法运行启动脚本 start_aicam.sh，通过启动主程序 aicam.py 来运行本项目的案例工程。

（2）在客户端或者边缘计算网关端打开 Chrome 浏览器，输入页面地址并访问 http://192.168.100.200:4001/static/image_face_recognition/index.html，即可查看运行结果。

3.7.3.3 人脸注册

在 AiCam 平台界面中选择菜单"原始视频"，当摄像头视窗内出现人脸时，单击"人脸注册"按钮即可弹出"人脸注册"窗口，如图 3.23 所示。在该窗口中输入英文格式的用户名称后单击"注册"按钮，等待注册成功的提示窗。

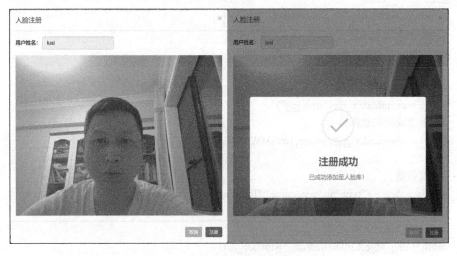

图 3.23　"人脸注册"窗口

3.7.3.4 人脸识别

在 AiCam 平台界面中选择菜单"人脸识别"，出现实时视频识别画面，当摄像头视窗内出现人脸时，将识别人脸并标注人脸信息，如图 3.24 所示。

图 3.24　人脸识别实验结果

3.7.4　小结

本项目首先介绍了人脸注册和人脸对比算法的流程；然后介绍了在 AiCam 平台中实现人脸识别的核心代码；最后介绍了如何在 SSH 终端中进行工程部署，以及在终端的浏览器中对摄像头视窗内的人脸进行识别。

3.7.5　思考与拓展

（1）人脸注册和人脸对比算法的流程是什么？
（2）尝试分析遮挡人脸、角度等因素对人脸识别准确度的影响。

3.8 目标追踪开发实例

目标追踪在军事制导、视觉导航、机器人、智能交通、公共安全等领域有着广泛的应用。例如，在车辆违章抓拍系统中，对车辆进行追踪就是必不可少的；在入侵检测中，对人、动物、车辆等大型运动目标的检测与追踪也是整个系统运行的关键所在。在计算机视觉领域中，目标追踪是一个很重要的分支。

目标追踪是指对运动目标或指定目标进行的追踪标注。

本项目要求掌握的知识点如下：`
（1）OpenCV 的目标追踪方法。
（2）结合 OpenCV 和 AiCam 平台进行目标追踪。

3.8.1　原理分析

运动检测是目标追踪的前提，依据目标与摄像机之间的关系，运动检测可以分为静态背景下的运动检测与动态背景下的运动检测。

3.8.1.1　静态背景下的运动检测

静态背景下的运动检测是指只有目标在运动，主要包括以下几种检测方法：

1）光流法

在空间中，运动可以用运动场描述；而在一个图像平面上，物体的运动往往是通过图像序列中图像灰度分布的不同来体现的。

光流法检测运动物体的原理是：为图像中的每个像素赋予一个速度矢量（光流），这样就形成了光流场；如果图像中没有运动物体，则光流场是连续均匀的；如果图像中有运动物体，则由于运动物体的光流和图像的光流不同，光流场不再是连续均匀的，从而可以检测出运动物体及其位置。

光流场反映了图像上每个像素灰度的变化趋势，可看成带有灰度的像素在图像平面上运动而产生的瞬时速度场，也是一种对真实运动场的近似估计。在比较理想的情况下，光流法能够检测独立运动的对象，而不需要预先知道场景的任何信息，可以很精确地计算出运动物体的速度，可用于动态场景的情况。但光流法的计算相当复杂，并且对硬件要求比较高，不适于实时场景。另外，光流法对噪声比较敏感，抗噪性较差。

2）背景差分法

将实时视频流中的图像像素灰度与事先已存储或实时得到的视频背景模型中的相应值进行比较，不符合要求的像素被认为运动像素。这是视频监控中最常用的运动检测方法——背景差分法。

在整个监控过程中，背景差分法需要不停地维护一个纯背景。对于任意一帧监控画面而言，将其与纯背景进行差分，从而得到当前画面中的运动目标。该方法对光照、天气、背景等的环境变化比较敏感，而且需要不断的学习来维护一个纯背景。此外，背景的维护和更新、阴影的去除等对运动检测是至关重要的。

背景差分法的优点是能够较为完整地检测运动目标，但对环境变化过于敏感，容易造成误判比，如将阴影看成运动目标。由于时间的流逝，实际场景的多种因素都会发生变化，如停留物的出现、光线的变化、运动目标对背景的遮挡等，背景差分法需要实时更新的背景，这是影响其检测效果的一个重要因素。背景差分法依赖对于背景模型的建立。

3）帧间差分法

帧间差分法是通过计算相邻帧之间的差值来获得运动目标位置、形状等信息的。该方法对光照的适应能力很强，能够较准确地检测出运动的明显变化，但对目标区域中变化不明显部分的检测就不太准确。由于运动目标像素的相似性，帧间差分法不能完整地检测出运动目标。

帧间差分法又分为相邻帧间差分法和三帧差分法。

相邻帧间差分法直接对相邻的两帧图像进行差分运算，求得图像对应位置像素值差的绝对值，通过判断该绝对值是否大于某一阈值来分析视频或图像序列的物体运动特性。该方法的优点是实现简单、程序设计复杂度低、运行速度快、动态环境自适应性强、对场景光线变化不敏感；但该方法不仅会造成"空洞"现象（运动物体内部灰度相近）和"双影"现象（差分图像物体边缘轮廓较粗），而且不能提取运动目标的完整区域，仅能提取运动目标的轮廓。相邻帧间差分法的效果严重依赖于所选取的帧间时间间隔和分割阈值。

三帧差分法是在相邻帧间差分法基础上进行改进的算法，在一定程度上优化了运动物体双边、粗轮廓的现象。相比而言，三帧差分法比相邻帧间差分法更适用于物体移动速度较快的情况，如对道路上移动车辆进行的智能监控。

相比相邻帧间差分法，三帧差分法对物体的双边粗轮廓和"鬼影"现象有所改善，比较适合对移动速度较快目标进行检测，但仍然会有空洞出现，并且在移动速度较慢时容易丢失轮廓。

3.8.1.2 动态背景下的运动检测

在监控过程中，有时候目标和背景都处于运动状态。相比静态背景下的运动检测而言，动态背景下的运动检测更加复杂。在动态背景下进行运动检测时，需要根据一定的方法进行全局运动估计与补偿。通常，可以利用块匹配法、特征点匹配法等进行全局运动估计。

3.8.1.3 背景差分法的流程

背景差分法的基本原理是：首先构建一个背景的参数模型来近似背景图像的像素值；然后将当前帧与背景图像进行差分比较获得差分图；接着对差分图像中的像素进行阈值分割；最后经过形态学处理后，通过轮廓检验获取运动区域，从而实现目标追踪。背景差分法的最核心部分是基于 KNN 模型进行背景分割、图像腐蚀、图像膨胀、轮廓获取。背景差分法的流程如图 3.25 所示。

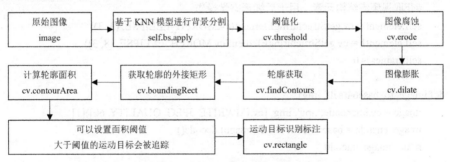

图 3.25　背景差分法的流程

3.8.2　开发设计与实践

3.8.2.1　架构设计

本项目基于 AiCam 平台的开发框架（见图 1.3）进行开发，开发流程如下：

（1）在 aicam 工程包的配置文件中添加摄像头（config\app.json），详细代码请参考 2.1.2.1 节。

（2）在 aicam 工程包中添加算法文件 algorithm\image_motion_tracking\image_motion_tracking.py。

（3）在 aicam 工程包中添加项目前端应用 static\image_motion_tracking。

（4）前端应用采用 RESTFul 接口获取处理后的视频流，返回 base64 编码的图像和结果数据。访问 URL 地址格式如下（IP 地址为边缘计算网关的地址）：

http://192.168.100.200:4001/stream/*[algorithm_name]*?camera_id=0

前端应用 JS（js\index.js）处理代码请参考 2.1.2.1 节。

3.8.2.2　功能与核心代码设计

通过 OpenCV 进行目标追踪的算法文件如下（algorithm\image_motion_tracking\image_motion_tracking.py）：

```
####################################################################
#文件：image_motion_tracking.py
####################################################################
import cv2 as cv
import numpy as np
import base64
import json

class ImageMotionTracking(object):
    def __init__(self):
        #
        self.history = 20
        #基于 KNN 模型的背景分割分类
        self.bs = cv.createBackgroundSubtractorKNN(detectShadows=True)
        #差分历史参数
        self.bs.setHistory(self.history)
        #获取视频流结构元素，用于后续形态学操作
        self.element = cv.getStructuringElement(cv.MORPH_ELLIPSE, (3, 3))
        self.element1 = cv.getStructuringElement(cv.MORPH_ELLIPSE, (8, 3))
        self.frames = 0

    def image_to_base64(self, img):
        image = cv.imencode('.jpg', img, [cv.IMWRITE_JPEG_QUALITY, 60])[1]
        image_encode = base64.b64encode(image).decode()
        return image_encode

    def base64_to_image(self, b64):
        img = base64.b64decode(b64.encode('utf-8'))
        img = np.asarray(bytearray(img), dtype="uint8")
        img = cv.imdecode(img, cv.IMREAD_COLOR)
        return img

    def inference(self, image, param_data):
        #code：识别成功返回 200
        #msg：相关提示信息
        #origin_image：原始图像
        #result_image：处理之后的图像
        #result_data：结果数据
        return_result = {'code': 200, 'msg': None, 'origin_image': None, 'result_image': None, 'result_data': None}
```

```
        #基于 KNN 模型进行背景分割
        fgmask = self.bs.apply(image)
        if self.frames < self.history:
            self.frames = self.frames + 1
        #阈值化
        th = cv.threshold(fgmask.copy(), 244, 255, cv.THRESH_BINARY)[1]
        #图像腐蚀
        th = cv.erode(th, self.element, iterations=2)
        #图像膨胀
        dilated = cv.dilate(th, self.element1, iterations=2)
        #获取轮廓
        _, contours, hier = cv.findContours(dilated, cv.RETR_EXTERNAL, cv.CHAIN_APPROX_
SIMPLE)

        for cont in contours:
            #获取轮廓外接矩形
            x, y, w, h = cv.boundingRect(cont)
            #计算轮廓面积
            area = cv.contourArea(cont)
            if area > 500:
                #为目标绘制边界框
                cv.rectangle(image, (x, y), (x + w, y + h), (0, 255, 0), 2)
                return_result["result_data"]=(x, y, w, h)
        return_result["result_image"] = self.image_to_base64(image)
        return return_result
#单元测试，注意在处理类中如果有文件引用，则要修改单元测试的文件路径
if __name__=='__main__':
    #创建视频捕获对象
    cap=cv.VideoCapture("test.mp4")
    if cap.isOpened()!=1:
        pass

    #创建图像处理对象
    img_object= ImageMotionTracking()

    #循环获取图像、处理图像、显示图像
    while True:
        ret,img=cap.read()
        if ret==False:
            break
        #调用图像处理对象处理函数对图像进行加工处理
        result=img_object.inference(img,None)
        frame = img_object.base64_to_image(result["result_image"])

        #图像显示
        cv.imshow('frame',frame)
        key=cv.waitKey(1)
        if key==ord('q'):
```

```
                    break
          cap.release()
          cv.destroyAllWindows()
```

3.8.3　开发步骤与验证

3.8.3.1　开发项目部署

开发项目部署同 2.1.3.1 节。

3.8.3.2　项目运行验证

（1）在 SSH 终端中按照 2.1.3.3 节的方法运行启动脚本 start_aicam.sh，通过启动主程序 aicam.py 来运行本项目的案例工程。

（2）在客户端或者边缘计算网关端打开 Chrome 浏览器，输入页面地址并访问 http://192.168.100.200:4001/static/image_motion_tracking/index.html，即可查看运行结果。

3.8.3.3　目标追踪

（1）在 AiCam 平台界面中选择菜单"目标追踪"，出现实时视频识别画面，拿着一个物品在视窗内移动，即可追踪动态目标并进行标注，如图 3.26 所示。

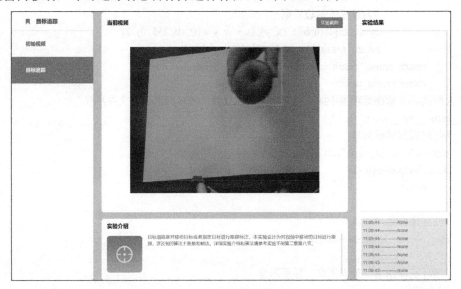

图 3.26　目标追踪实验结果

（2）在实验结果处可以看到动态目标的坐标。

3.8.4　小结

本项目首先介绍了目标追踪方法中的光流法、背景差分法、帧间差分法等的原理；然后介绍了背景差分法的实现流程，并介绍了在 AiCam 平台中实现背景差分法的核心代码；最后介绍了如何在 SSH 终端中进行工程部署，以及在终端的浏览器中对摄像头视窗内的运动目标进行追踪。

3.8.5　思考与拓展

（1）背景差分法、帧间差分法、光流法的原理分别是什么？

（2）背景差分法的流程是什么？

（3）尝试在不同光照及存在干扰的情况下进行目标追踪，分析背景差分法的追踪性能是否受到影响。

第 4 章
深度学习应用开发实例

本章在图像处理算法的基础上进行深度学习的开发设计与实践。本章共 10 个开发案例：

（1）人脸检测（基于深度学习）开发实例：基于 Retinaface 模型和 AiCam 平台进行人脸检测的开发。

（2）人脸识别（基于深度学习）开发实例：基于 MTCNN+FaceNet 模型、MobileFaceNet 模型和 AiCam 平台 AiCam 平台进行人脸识别的开发。

（3）人脸属性识别开发实例：基于 MTCNN+FaceNet 模型和 AiCam 平台进行人脸属性识别的开发。

（4）口罩检测开发实例：基于 YOLOv3 模型和 AiCam 平台进行口罩检测的开发。

（5）手势识别开发实例：基于 NanoDet 模型、HandPose 模型和 AiCam 平台进行手势识别的开发。

（6）行人检测开发实例：基于 YOLOv4 模型和 AiCam 平台进行行人检测的开发。

（7）人体姿态识别开发实例：基于 YOLOv4 模型、OpenPose 模型和 AiCam 平台进行人体姿态识别的开发。

（8）车辆检测开发实例：基于 YOLOv5 模型和 AiCam 平台进行车辆检测的开发。

（9）车牌识别开发实例：基于 LPRNet 模型和 AiCam 平台进行车牌识别的开发。

（10）交通标志识别开发实例：基于 YOLOv3 模型和 AiCam 平台进行交通标志识别的开发。

4.1 人脸检测（基于深度学习）开发实例

人脸检测是一种用于识别图像中的人脸的技术。随着近些年人工智能、大数据、云计算等技术的快速发展，作为人工智能的一项重要应用，人脸检测也搭上了这"三辆快车"，基于人脸检测的一系列产品实现了大规模的落地。

人脸检测可以看成物体类别检测的特殊情况。物体类别检测的任务是在图像中找到属于给定类别物体的位置和大小，如上半身、行人和汽车等。在人脸检测中的两个基本问题是：

（1）图像或视频中是否存在人脸？

（2）人脸的位置在哪里？

人脸检测算法专注于检测正面的人脸，这类似于图像检测，将一幅人脸图像与数据库中存储的图像逐张进行匹配。可靠的人脸检测技术大多是基于遗传算法和特征脸技术。人脸检测如图 4.1 所示。

图 4.1　人脸检测

本项目要求掌握的知识点如下：

（1）基于深度学习的人脸检测技术。

（2）基于深度学习的人脸检测模型 Retinaface。

（3）结合人脸检测模型 Retinaface 和 AiCam 平台进行人脸检测的开发。

4.1.1　原理分析

人脸检测技术在支付、安全、医疗保健、广告、犯罪识别等领域得到了广泛的应用。目前，人脸检测领域中的研究重点是在有遮挡和非均匀光照情况下的人脸检测。如果能解决这个难题，将对人脸识别、表情识别等方面产生很大的帮助。

4.1.1.1　Retinaface 模型分析

人脸检测模型 Retinaface 是单阶段检测网络，其结构如图 4.2 所示。该模型利用自监督和多任务联合来进行监督学习，实现了像素级的人脸定位，能够检测不同大小人脸信息。Retinaface 利用联合监督和自我监督的多任务学习，在各种人脸尺度上进行像素级的人脸定位，采用多任务学习策略，可同时预测人脸分数、面部框、5 个点和三维位置。

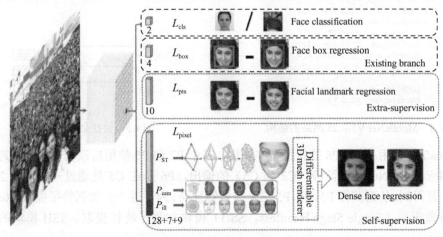

图 4.2　人脸检测模型 Retinaface 的结构

Retinaface 有 4 个并行的分支：人脸分类（Face classification）、人脸框回归（Face box regression）、人脸关键点回归（Facial landmark regression）和密面回归（Dense face regression，

即人脸像素的三维位置和对应关系）。人脸检测模型 Retinaface 共 4 个模块，分别是 BackBone、FPN、SSH 和 Multi-task Loss。其中 Multi-task Loss（多任务损失）对应图 4.2 中 4 个并行分支损失，如图 4.3 所示。

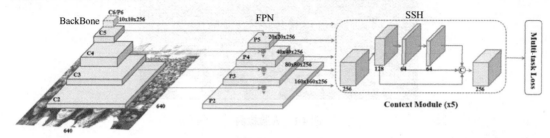

图 4.3　人脸检测模型 Retinaface 的模块

在部署 Retinaface 时，使用 MobileNet V1-0.25 或者 ResNet 50 进行主干特征的提取，使用 MobileNet V1-0.25 在 CPU 上进行实时检测。MobileNet V1-0.25 网络的结构如图 4.4 所示，

Retinaface 针对 MobileNet V1-0.25 最后三个有效特征层构建了特征金字塔网络（Feature Pyramid Network，FPN），如图 4.5 所示，首先利用 1×1 卷积核调整三个有效特征层的通道数，然后利用上采样和依次加进行特征融合。

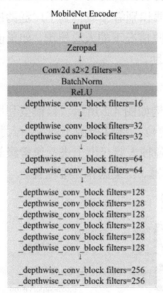

图 4.4　MobileNet V1-0.25 网络的结构

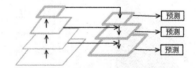

图 4.5　特征金字塔网络

Retinaface 采用 P2 到 P6 的特征金字塔层，其中 P2 到 P5 使用自顶向下和横向连接结构来计算相应的 ResNet 残差阶段（C2 到 C5）的输出，P6 是在 C5 处通过一个步长 2 的 3×3 卷积核计算得到，从而获得 P3、P4、P5 三个有效特征层。为了进一步加强特征提取，Retinaface 使用单阶段无头（Single Stage Headless，SSH）模块加强了特征提取。SSH 模块的结构如图 4.6 所示。

SSH 模块使用小尺度的卷积核进行串联堆叠，从而替代大尺度的卷积核，达到了扩大感受野的效果。SSH 模块使用多个 3×3 卷积核替代 5×5 卷积核和 7×7 卷积核。Retinaface 网络的结构如图 4.7 所示。

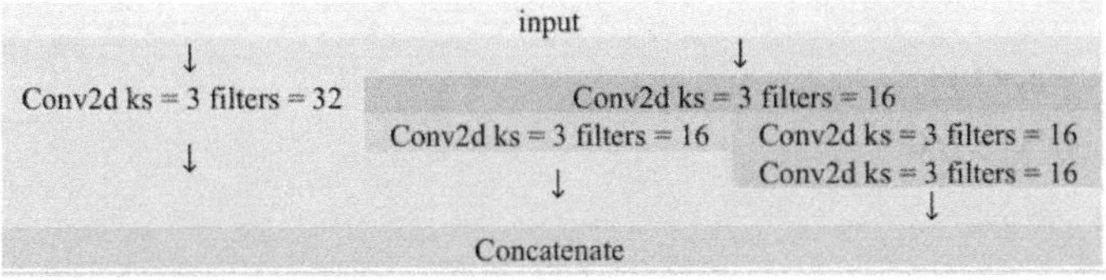

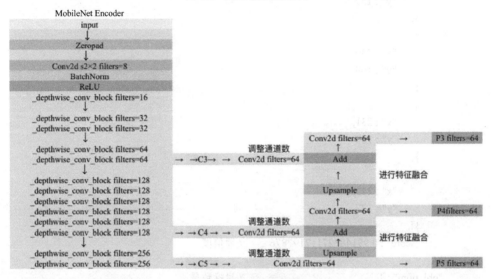

图 4.6　SSH 模块的结构

图 4.7　Retinaface 网络的结构

在加强特征提取后，Retinaface 使用 ClassHead、BoxHead、Landmark Head 网络实现了分类、预测框、关键点特征提取。

4.1.1.2　接口描述与分析

人脸检测模型文件通过 NCNN 推理框架在边缘计算平台运行，AiCam 平台为模型提供了 C++接口库 facedet.so，可通过 Python 程序调用。调用接口及返回示例如下：

```
//函数：FaceDetector.detect(image)
//参数：image：图像数据
//结果：JSON 格式的字符串，code 为 200 时表示执行成功，code 为 301 时表示授权失败
{
    "code" : 200,                           //返回码
    "msg" : "SUCCESS",                      //返回消息
    "result" : {                            //返回结果
        "obj_list" : [                      //返回内容
        {
            "location" : {                  //目标坐标
                "height" : 58,
                "left" : 215,
                "top" : 137,
                "width" : 45
            },
            "mark" : [                       //目标关键点
```

```
            {
                "x" : 227,
                "y" : 160
            },
            {
                "x" : 247,
                "y" : 157
            },
            {
                "x" : 239,
                "y" : 169
            },
            {
                "x" : 231,
                "y" : 180
            },
            {
                "x" : 249,
                "y" : 177
            }],
            "score" : 0.99148327112197876          //置信度
        }],
        "obj_num" : 1                              //目标数量
    },
    "time" : 17.5849609375                         //推理时间（ms）
}
```

4.1.2　开发设计与实践

4.1.2.1　架构设计

本项目基于 AiCam 平台的开发框架（见图 1.3）进行开发，开发流程如下：

（1）在 aicam 工程包的配置文件中添加摄像头（config\app.json），详细代码请参考 2.1.2.1 节。

（2）在 aicam 工程包中添加：

➲ 人脸检测模型文件：models\face_detection。

➲ 人脸检测：retinaface.bin/retinaface.param。

（3）在 aicam 工程包中添加：

➲ 算法文件：algorithm\face_detection\face_detection.py。

➲ 人脸检测模型接口文件：algorithm\face_detection\facedet.so。

（4）在 aicam 工程包中添加项目前端应用 static\face_detection。

（5）前端应用采用 RESTFul 接口获取处理后的视频流，返回 base64 编码的图像和结果数据。访问 URL 地址格式如下（IP 地址为边缘计算网关的地址）：

http://192.168.100.200:4001/stream/*[algorithm_name]*?camera_id=0

前端应用 JS（js\index.js）处理示例见 2.1.2.1 节。

4.1.2.2   功能与核心代码设计

人脸检测模型能够检测视频中的人脸并标记人脸的坐标，可同时检测多张人脸，该模型的算法文件如下（algorithm\face_detection\face_detection.py）：

```python
################################################################################
#文件：face_detection.py
#说明：检测视频中的人脸并标记人脸坐标
################################################################################
import numpy as np
import cv2 as cv
import os
import json
import base64
from PIL import Image, ImageDraw, ImageFont
c_dir = os.path.split(os.path.realpath(__file__))[0]
class FaceDetection(object):
    def __init__(self, model_path="models/face_detection"):
        self.model_path = model_path
        self.facedet_model = FaceDetector()
        self.facedet_model.init(self.model_path)
    def image_to_base64(self, img):
        image = cv.imencode('.jpg', img, [cv.IMWRITE_JPEG_QUALITY, 60])[1]
        image_encode = base64.b64encode(image).decode()
        return image_encode
    def base64_to_image(self, b64):
        img = base64.b64decode(b64.encode('utf-8'))
        img = np.asarray(bytearray(img), dtype="uint8")
        img = cv.imdecode(img, cv.IMREAD_COLOR)
        return img
    def inference(self, image, param_data):
        #code：识别成功返回 200
        #msg：相关提示信息
        #origin_image：原始图像
        #result_image：处理之后的图像
        #result_data：结果数据
        return_result = {'code': 200, 'msg': None, 'origin_image': None, 'result_image': None, 'result_data': None}
        #实时视频接口：@__app.route('/stream/<action>')
        #image：摄像头实时传递过来的图像
        #param_data：必须为 None
        result = self.facedet_model.detect(image)
        result = json.loads(result)
        img_rgb = cv.cvtColor(image, cv.COLOR_BGR2RGB)
        pilimg = Image.fromarray(img_rgb)
        #创建 ImageDraw 绘图类
        draw = ImageDraw.Draw(pilimg)
        #设置字体
        font_size = 20
```

```
font_path = c_dir+"/../../font/wqy-microhei.ttc"
font_hei = ImageFont.truetype(font_path, font_size, encoding="utf-8")
#print (result["result"])
for i in range(result["result"]["obj_num"]):
    obj = result["result"]["obj_list"][i]
    loc = obj["location"]
    msg = "%.2f"%obj["score"]
    draw.rectangle((loc["left"], loc["top"], loc["left"]+loc["width"], loc["top"]+loc["height"]),
                outline='green',width=2)
    draw.text((loc["left"], loc["top"]-font_size*1), msg, (0, 255, 0), font=font_hei)
    i = 0
    for mark in obj["mark"]:
        x = mark["x"]
        y = mark["y"]
        polygon=((x,y-4),(x+4,y),(x,y+4),(x-4,y))
        fills = ["yellow","yellow","red","gold","gold"]
        draw.polygon(polygon,fill = fills[i])
        i += 1
result_img = cv.cvtColor(np.array(pilimg), cv.COLOR_RGB2BGR)
return_result["result_image"] = self.image_to_base64(result_img)
return_result["result_data"] = result["result"]
return_result["code"] = result["code"]
return_result["msg"] = result["msg"]
return return_result
#单元测试，注意在处理类中如果有文件引用，则要修改单元测试的文件路径
if __name__=='__main__':
    from facedet import FaceDetector
    #创建视频捕获对象
    cap=cv.VideoCapture(0)
    if cap.isOpened()!=1:
        pass
    #循环获取图像、处理图像、显示图像
    while True:
        ret,img=cap.read()
        if ret==False:
            break
        #创建图像处理对象
        img_object=FaceDetection(c_dir+'/../../models/face_detection')
        #调用图像处理对象处理函数对图像进行加工处理
        result=img_object.inference(img,None)
        frame = img_object.base64_to_image(result["result_image"])

        #图像显示
        cv.imshow('frame',frame)
        key=cv.waitKey(1)
        if key==ord('q'):
            break
    cap.release()
```

```
        cv.destroyAllWindows()
else :
        from .facedet import FaceDetector
```

4.1.3　开发步骤与验证

4.1.3.1　开发项目部署

开发项目部署同 2.1.3.1 节。

4.1.3.2　项目运行验证

（1）在 SSH 终端中输入以下命令运行本项目案例工程：

```
$ cd ~/aicam-exp/face_detection
$ chmod 755 start_aicam.sh
$ ./start_aicam.sh
```

（2）在客户端或者边缘计算网关端打开 Chrome 浏览器，输入页面地址并访问
http://192.168.100.200:4001/static/face_detection/index.html，即可查看运行结果。

4.1.3.3　人脸检测

在 AiCam 平台界面中选择菜单"人脸检测"，当摄像头视窗中出现人脸时，将在实时视
频流上将人脸框出来并标记 5 个脸部关键点，在实验结果处，会显示人脸的坐标及关键点的
坐标信息，如图 4.8 所示。

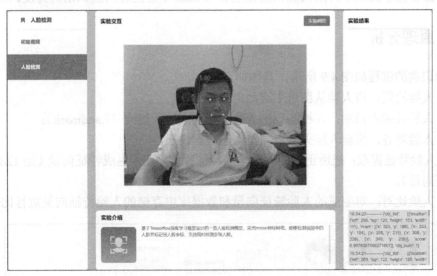

图 4.8　人脸检测实验结果

4.1.4　小结

本项目首先介绍了人脸检测的特点、功能和工作原理；然后介绍了 Retinaface 模型的结
构，对 MobileNet V1-0.25、FPN、SSH 等模块进行了详细说明；最后通过开发实践，将理论
知识应用于实践，实现了基于深度学习的人脸检测开发。

4.1.5 思考与拓展

（1）简述 Retinaface 模型的结构。

（2）简述在 AiCam 平台中配置摄像头和添加人脸检测模型文件的过程。

（3）在 Python 代码中，如何处理输出图像并标注检测到的人脸关键点？

4.2 人脸识别（基于深度学习）开发实例

人脸识别是一种能够对数字图像或视频帧中的人脸与人脸数据库进行匹配的技术，通常用于通过身份验证服务对用户进行身份识别，可通过精确定位和测量给定图像中的面部特征来完成身份识别。人脸识别也是一种基于人的脸部特征信息进行身份识别的生物识别技术，具体而言，就是先通过视频采集设备获取识别对象的面部图像，再利用核心算法对脸部的五官位置、脸型和角度等特征信息进行计算分析，进而和自身数据库中的已有范本进行对比，最后判断出用户的真实身份。

本项目要求掌握的知识点如下：

（1）基于深度学习的人脸识别技术。

（2）基于深度学习 MTCNN+FaceNet 模型实现人脸识别的基本原理，以及基于 MobileFaceNet 模型实现人脸识别的基本原理。

（3）结合基于深度学习的人脸识别模型和 AiCam 平台进行人脸识别的开发。

4.2.1 原理分析

人脸识别的流程如图 4.9 所示，具体如下：

（1）人脸检测：将人脸从图像中检测出来。

（2）人脸关键点识别：在检测到的人脸中识别人脸关键点（Landmark）；

（3）人脸对齐：根据人脸关键点，对人脸进行矫正。

（4）人脸特征提取：把矫正后的人脸输入特征提取网络，生成特征向量（如 128 维、512 维的特征向量）。

（5）人脸比对：对生成的人脸特征向量和数据库中存储的人脸特征向量进行比较。

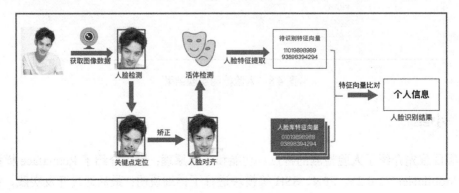

图 4.9　人脸识别的流程

4.2.1.1　人脸检测

本项目基于 MTCNN+FaceNet 模型进行人脸检测。MTCNN 模型一个深度卷积多任务的框架，该框架利用检测和对准之间固有的关系来增强自身的性能。本项目之所以使用 MTCNN 模型进行人脸检测，一方面是因为该模型的检测精度确实不错；另一方面是因为在人脸检测工程 facenet 中已经提供了用于人脸检测的 MTCNN 接口。

MTCNN 也是多任务级联 CNN 的人脸检测深度学习模型，该模型综合考虑了人脸边框回归和面部关键点识别。特别是，在预测人脸及其关键点时，通过 3 个级联的 CNN 对任务进行从粗到精的处理。MTCNN 模型采用了一种基于深度学习的人脸检测和人脸对齐方法，该方法可以同时完成人脸检测和人脸对齐的任务，相比于传统的方法，它的性能更好、检测速度更快。

MTCNN 模型包含三个网络：Proposal Network（P-Net）、Refine Network（R-Net）、Output Network（O-Net），这三个网络依次对人脸进行从粗到细的处理。MTCNN 模型的结构如图 4.10 所示。

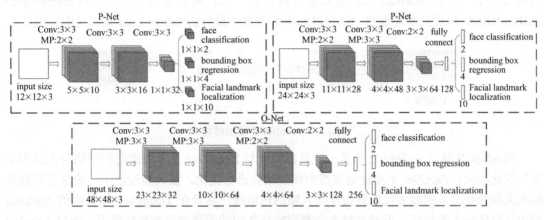

图 4.10　MTCNN 模型的结构

将图像按照不同的比例进行缩放，可形成图像的特征金字塔。P-Net 的作用主要是获得人脸区域的候选窗口和边界框的回归向量，并利用该边界框进行回归处理、对候选窗口进行校准，然后通过非极大值抑制（NMS）来合并高度重叠的候选窗口。

P-Net 的第一部分输出是用来判断该图像是否包含人脸，输出向量的大小为 1×1×2，也就是两个值，即图像是人脸的概率和图像不是人脸的概率，这两个值加起来严格等于 1，之所以使用两个值来表示，是为了方便定义交叉熵损失函数。

P-Net 的第二部分输出是边界框的偏移位置，一般称为框回归。P-Net 输入的 12×12×3 图像块可能并不是完美的人脸框的位置，如有时人脸并不正好是方形的，有可能 12×12×3 的图像块偏左或偏右，因此需要输出当前边界框相对于完美的人脸框的偏移位置。这个偏移大小为 1×1×4，表示边界框左上角的横坐标和纵坐标的相对偏移、边界框的宽度和高度的误差。

P-Net 的第三部分输出是人脸的 5 个关键点位置，这 5 个关键点位置分别对应左眼、右眼、鼻子、左嘴角、右嘴角的位置，每个关键点需要两个维度来表示，因此输出的向量大小为 1×1×10。

P-Net 的候选窗口会在 R-Net 中进行训练，R-Net 先利用边界框的回归值对候选窗口进行微调，再利用 NMS 去除重叠的候选窗口。由于 P-Net 的检测是比较粗略的，因此需要通过 R-Net 进行进一步的优化。R-Net 和 P-Net 类似，不过 R-Net 的输入是 P-Net 生成的边界框，不管实际边界框的大小，在输入 R-Net 之前，都需要缩放到 24×24×3。R-Net 的输出和 P-Net 是一样的。R-Net 的一个目的是去除大量的非人脸框。

O-Net 的功能与 R-Net 类似，但 O-Net 在去除重叠候选窗口时会显示人脸的 5 个关键点位置。R-Net 将图像缩放到 48×48×3 后输入 O-Net。O-Net 的结构与 P-Net 类似，只不过在输出时多了人脸的 5 个关键点位置。

从 P-Net 到 R-Net，再到 O-Net，输入的图像越大，卷积层的通道数就越多，网络的深度也越深，人脸识别的准确率也越高。P-Net 的速度最快，R-Net 次之、O-Net 最慢。

4.2.1.2　FaceNet 模型

本项目采用 FaceNet 模型来实现人脸识别，该模型的结构如图 4.11 所示，其中 Batch 为每次训练输入的人脸图像数量；DEEP ARCHITECTURE 是深度特征提取网络框架，FaceNet 模型将特征提取网络封装成类似黑盒子的结构，可以采用各种各样的网络，如 FaceNet 使用的是 ZFNet 和 GoogleNet；L2 表示进行特征归一化，对获取到的特征进行空间映射；EMBEDDING 生成的是经过归一化映射的特征向量；最后的 Triplet Loss 是三元组损失。

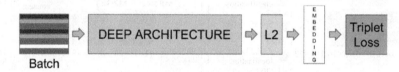

图 4.11　FaceNet 模型的结构

FaceNet 是继 DeepFace 之后又一经典模型。与 DeepFace 引入深度卷积网络对人脸表示进行优化不同，FaceNet 主要针对训练中损失函数进行优化。在人脸表示中，通常希望提取到的人脸特征之间的距离可以直接反映人脸的相似度，尽管在 DeepFace 中使用的 Softmax 损失可以区分人脸特征，但没有对各个类别特征之间的距离做出判别性要求，所以 FaceNet 针对特征之间的距离问题引入三元组。

FaceNet 直接利用 Triplet Loss 训练模型并输出 128 维的特征向量，Triplet Loss 由一个人的两张人脸图像和另一个人的一张人脸图像组成，训练的目的是使同一个人的两张人脸图像之间的欧氏距离远小于不同人的人脸图像之间的欧氏距离，输入的人脸图像只是检测的结果，没有进行任何的二维和三维对齐操作。

FaceNet 不使用传统的 Softmax 学习分类，而是抽取某一层作特征学习，即学习图像映射到欧氏空间的编码方法，并且在此基础上进行人脸识别、人脸验证和人脸聚类。FaceNet 的工作流程为：首先输入人脸数据样本，通过深度卷积神经网络、采用 L2 正则化来得到人脸特征向量，然后使用三元组进行损失函数的计算。

FaceNet 使用深度卷积神经网络来学习映射 $f(x)$，并进一步设计了 Triplets Loss（三元组损失）函数训练该网络，该损失函数包含了两个匹配脸部缩略图和一个非匹配的脸部缩略图，其目标通过距离边界来区分样本中的正负类，其中的脸部缩略图指裁剪后的人脸图像，除了缩放和平移，没有进行二维和三维对齐。三元组损失函数尝试将不同人的人脸图像区分开来，使卷积网络能更好地学习、逼近 $f(x)$。

三元组的结构如图 4.12 所示，由任意锚点（Anchor）、反例（Negative）和正例（Positive）组成，其中与锚点相同身份的为正例，与锚点不同身份的为反例。由图 4.12 可以直观看到，在没有经过网络学习前，正例到锚点的距离比反例到锚点的距离大，对于相同身份的人脸图像来说，期望特征应该更近一些；经过网络学习后，将相同身份的人脸图像的特征距离拉近，不同身份的人脸图像的特征推远，实现更具有

图 4.12　三元组的结构

可区分性的人脸特征，通过学习可以增加类内相似度，减少类间相似度。

三元组损失函数为：

$$L = \sum_{i}^{N}\left[\left\| f(x_i^a) - f(x_i^p) \right\|^2 - \left\| f(x_i^a) - f(x_i^n) \right\|^2 + \alpha\right] \tag{4-1}$$

式中，x_i^a、x_i^p、x_i^n 分别表示三张人脸图像，x_i^a、x_i^p 为相同身份的人脸图像，x_i^n 为不同身份的人脸图像。通过最小化损失函数，可以使得相同身份的人脸图像特征之间距离的平方比不同身份的人脸图像特征之间距离的平方要小 α。

4.2.1.3　人脸识别

MobileFaceNet 是一种用于人脸识别的轻量级神经网络模型，目的是在移动设备和嵌入式系统上实现高效的人脸识别。MobileFaceNet 是一种适用于移动设备和嵌入式系统的高性能、轻量级的人脸识别模型，具有较低的计算成本和较好的实时性能，可用于各种人脸识别应用。

MobileFaceNet 在 MobileNet V2 的基础上，使用了可分离卷积代替平均池化层，即使用一个 7×7×512（512 表示输入特征图通道数目）的可分离卷积层代替了全局平均池化层，这样可以让 MobileFaceNet 模型为不同点赋予不同的学习权重。MobileFaceNet 将一般人脸识别模型中的全局平均池化层替换成全局深度卷积层，让网络自动学习不同点的权重，以此提高模型的准确率。

MobileFaceNet 的工作流程如图 4.13 所示。

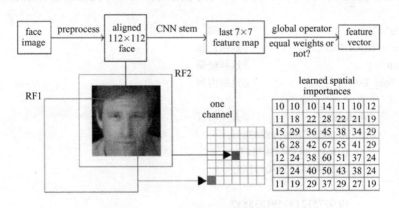

图 4.13　MobileFaceNet 的工作流程

MobileFaceNet 的结构如图 4.14 所示，采用了 MobileNet V2 中的 Bottleneck 作为构建模型的主要模块，但 MobileFaceNet 中 Bottlenecks 的扩展因子更小一点，并采用 PReLU 作为激活函数，在开始阶段使用快速下采样策略，在后面几层卷积层采用早期降维策略，在最后的线性全局深度卷积层后加入一个 1×1 的线性卷积层作为特征输出，损失函数采用的是 Insightface Loss。

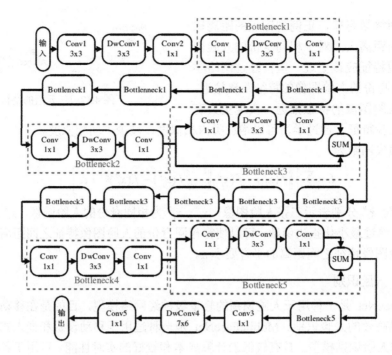

图 4.14   MobileFaceNet 的结构

4.2.1.4   接口描述与分析

人脸识别模型文件通过 NCNN 推理框架在边缘计算平台运行，AiCam 平台为人脸识别模型提供了 C++接口库 facerec.so，可通过 Python 程序调用。调用接口及返回示例如下：

```
//函数：Facerec.feature(image)
//参数：image 表示图像数据
//结果：JSON 格式的字符串，code 为 200 时表示执行成功，code 为 301 时表示授权失败
{
    "code" : 200,                    //返回码
    "msg" : "SUCCESS",               //返回消息
    "result" : {                     //返回结果
        "obj_list" : [               //返回内容
        {
            "feature" : [            //人脸特征
                -0.086172699928283691,
                0.074416935443878174,
                -0.10092433542013168,
                ......
                -0.077512137591838837
            ],
            "location" : {           //目标坐标
                "height" : 269,
                "left" : 190,
                "top" : 156,
                "width" : 225
            },
```

```
            "score" : 0.9999316930770874              //置信度
        }],
        "obj_num" : 1                                 //目标数量
    },
    "time" : 13、43408203125                          //推理时间（ms）
}
```

4.2.2　开发设计与实践

4.2.2.1　架构设计

本项目基于 AiCam 平台的开发框架（见图 1.3）进行开发，开发流程如下：

（1）在 aicam 工程包的配置文件中添加摄像头（config\app.json），详细代码请参考 2.1.2.1 节。

（2）在 aicam 工程包中添加：

➲ 人脸识别模型文件：models\face_recognition。

➲ 人脸检测：face_det.bin/face_det.param。

➲ 人脸识别：face_rec.bin/face_rec.param。

（3）在 aicam 工程包中添加：

➲ 算法文件：algorithm\face_recognition\face_recognition.py。

➲ 模型接口文件：algorithm\face_recognition\facerec.so。

（4）在 aicam 工程包中添加项目前端应用 static\face_recognition。

（5）前端应用采用 RESTFul 接口获取处理后的视频流，返回 base64 编码的图像和结果数据。访问 URL 地址格式如下（IP 地址为边缘计算网关的地址）：

http://192.168.100.200:4001/stream/*[algorithm_name]*?camera_id=0

前端应用 JS（js\index.js）处理代码请参考 2.1.2.1 节。

（5）人脸注册请求：前端应用截取拟注册的人脸图像和人脸名称，通过 Ajax 将图像和数据传递给人脸注册算法进行人脸注册。人脸注册接口的参数可参考表 3.2。

前端应用 JS（js\index.js）拍照上传人脸图像，进行人脸注册并返回注册结果，代码如下：

```
//人脸注册
$('#registered').click(function () {
    let img = $('#face').attr('src')
    let id = $('#userName').val()
    if(id && img){
        let blob = dataURItoBlob(img);
        let formData = new FormData();
        formData.append('file_name',blob,'image.png');
        formData.append('param_data',JSON.stringify({"reg_name":id,"type":0}));
        if(img.length>100){
            $.ajax({
                url: "/file/face_recognition?camera_id=0",
                method: 'POST',
                processData: false, //必需的
                contentType: false, //必需的
```

```
                        dataType: 'json',
                        data:formData,
                        success:function(res){
                            console.log(res);
                            if(res.code == '200'){
                                swal(res.msg," ","success",{button: false,timer: 2000});
                            }else if(res.code == '202'){
                                swal(res.msg," ","error",{button: false,timer: 2000});
                            }else if(res.code == '204'){
                                swal(res.msg," ","error",{button: false,timer: 2000});
                            }else if(res.code == '404'){
                                swal(res.msg," ","error",{button: false,timer: 2000});
                            }else{
                                swal(res.msg,"服务器错误！","error",{button: false,timer: 2000});
                            }
                            setTimeout(() => {
                                $('#faceModal').modal('hide')
                            }, 2000);
                        }
                    });
                }else{
                    swal('注册失败！',"获取人脸图像失败，请重新单击注册按钮再确定！","error",{button:
false,timer: 2000});
                    setTimeout(() => {
                        $('#faceModal').modal('hide')
                    }, 2000);
                }
            }else{
                swal('注册失败！',"名称或照片不存在！","error",{button: false,timer: 2000});
                setTimeout(() => {
                    $('#faceModal').modal('hide')
                }, 2000);
            }
        })
```

4.2.2.2　功能与核心代码设计

人脸识别模型能够检测视频中的人脸并进行识别，可同时检测并识别多张人脸，算法文件如下（algorithm\face_recognition\face_recognition.py）：

```
##################################################################################
#文件：face_recognition.py
#说明：人脸识别
##################################################################################
import numpy as np
import cv2 as cv
import os
import json
import base64
```

```python
import copy
import math
import time
from PIL import Image, ImageDraw, ImageFont
c_dir = os.path.split(os.path.realpath(__file__))[0]
def load_json_file(name):
    jo = {}
    if os.path.exists(name):
        with open(name,"r") as f:
            jo = json.loads(f.read())
    return jo
def save_json_file(name, jo):
    with open(name,"w") as f:
        f.write(json.dumps(jo))
def image_to_base64(img):
    image = cv.imencode('.jpg', img, [cv.IMWRITE_JPEG_QUALITY, 60])[1]
    image_encode = base64.b64encode(image).decode()
    return image_encode
def base64_to_image(b64):
    img = base64.b64decode(b64.encode('utf-8'))
    img = np.asarray(bytearray(img), dtype="uint8")
    img = cv.imdecode(img, cv.IMREAD_COLOR)
    return img
class FaceRecognition(object):
    def __init__(self, model_path="models/face_recognition"):
        self.facerec_model = Facerec()
        self.facerec_model.init(model_path)
        self.__features_file_name = c_dir+"/features.txt"
        self.name_feature = load_json_file(self.__features_file_name)
    def __calculate_similarity(self, feature1, feature2):
        '''人脸相似度计算'''
        inner_product = 0.0
        feature_norm1 = 0.0
        feature_norm2 = 0.0
        for i in range(len(feature1)):
            inner_product += feature1[i] * feature2[i]
            feature_norm1 += feature1[i] * feature1[i]
            feature_norm2 += feature2[i] * feature2[i]
        return inner_product / math.sqrt(feature_norm1) / math.sqrt(feature_norm2);
    def __find_name(self, feature):
        '''根据特征码匹配人名'''
        mp = 0
        rname = "unknow"
        for name in self.name_feature.keys():
            f = self.name_feature[name]
            p = self.__calculate_similarity(f, feature)
            if p>0.5 and p > mp :
                rname = name
```

```
                    mp = p
                return rname, mp
            def __draw_info(self, image, loc, msg):
                img_rgb = cv.cvtColor(image, cv.COLOR_BGR2RGB)
                pilimg = Image.fromarray(img_rgb)
                #创建 ImageDraw 绘图类
                draw = ImageDraw.Draw(pilimg)
                #设置字体
                font_size = 20
                font_path = c_dir+"/../../font/wqy-microhei.ttc"
                font_hei = ImageFont.truetype(font_path, font_size, encoding="utf-8")
                draw.rectangle((loc["left"], loc["top"], loc["left"]+loc["width"], loc["top"]+loc["height"]), outline=
'green',width=2)
                draw.text((loc["left"], loc["top"]-font_size*1), msg, (0, 255, 0), font=font_hei)
                result = cv.cvtColor(np.array(pilimg), cv.COLOR_RGB2BGR)
                return result


            def inference(self, image, param_data):
                #code：识别成功返回 200
                #msg：相关提示信息
                #origin_image：原始图像
                #result_image：处理之后的图像
                #result_data：结果数据
                st = time.time()
                return_result = {'code': 200, 'msg': None, 'origin_image': None, 'result_image': None, 'result_data': None}
                #应用请求接口：@__app.route('/file/<action>', methods=["POST"])
                #image：应用传递过来的数据（根据实际应用可能为图像、音频、视频、文本）
                #param_data：应用传递过来的参数，不能为空
                if param_data != None:
                    #人脸注册
                    if param_data["type"]==0 and "reg_name" in param_data:
                        if param_data["reg_name"] in self.name_feature:
                            #已经注册
                            return_result["code"] = 202
                            return_result["msg"] = '%s 用户已经注册！'%param_data["reg_name"]
                        else:
                            image = np.asarray(bytearray(image), dtype="uint8")
                            image = cv.imdecode(image, cv.IMREAD_COLOR)
                            ret = self.facerec_model.feature(image)
                            jret = json.loads(ret)
                            if jret["code"] == 200:
                                if jret["result"]["obj_num"] > 0:
                                    #检测到人脸
                                    if jret["result"]["obj_num"] > 1:
                                        #检测到多个人脸
                                        return_result["code"] = 204
                                        return_result["msg"] = "找到多个人脸！"
                                    else:
```

```
                                    feature = jret["result"]["obj_list"][0]["feature"] #特征向量
                                    self.name_feature[param_data["reg_name"]] = feature
                                    save_json_file(self.__features_file_name, self.name_feature)
                                    return_result["code"] = 200
                                    return_result["msg"] = "注册成功！"
                                    #框出人脸位置
                                    obj = jret["result"]["obj_list"][0]
                                    result_img = self.__draw_info(image,obj["location"], param_data
["reg_name"])

                                    return_result["result_image"] = image_to_base64(result_img)
                                    return_result["origin_image"] = image_to_base64(image)
                            else:
                                    #没有检测到人脸
                                    return_result["code"] = 404
                                    return_result["msg"] = "没有找到人脸！"
                        else:
                                #C++接口调用错误
                                return_result["code"] = jret["code"]
                                return_result["msg"] = jret["msg"]
            #人脸删除
            elif param_data["type"]==1 and "del_name" in param_data:
                if param_data["del_name"] in self.name_feature:
                    del self.name_feature[param_data["del_name"]]
                    return_result["code"] = 200
                    return_result["msg"] = '删除成功！'
                    save_json_file(self.__features_file_name, self.name_feature)
                else:
                        #删除用户不存在
                        return_result["code"] = 205
                        return_result["msg"] = '未注册，删除失败！'
            #人脸查询
            elif param_data["type"]==2 and "find_name" in param_data:

                if param_data["find_name"] in self.name_feature:
                    return_result["code"] = 200
                    return_result["msg"] = '查询'+param_data["find_name"]+'成功，已注册'
                else:
                    return_result["code"] = 205
                    return_result["msg"] = '查询'+param_data["find_name"]+'失败，请先注册'
            else:
                    #参数错误
                    return_result["code"] = 201
                    return_result["msg"] = '参数错误！'
        #实时视频接口：@__app.route('/stream/<action>')
        #image：摄像头实时传递过来的图像
        #param_data：必须为 None
        else:
            result = self.facerec_model.feature(image)
```

```
                        jret = json.loads(result)
                        result_img = image
                        if jret['code'] == 200:
                            face_list = [] #保存识别到已注册的人脸信息
                            if jret["result"]["obj_num"] > 0:
                                for obj in jret["result"]["obj_list"]:
                                    name, pp = self.__find_name(obj["feature"])
                                    face = {}
                                    face["name"] = name
                                    face["score"] = pp
                                    face["location"] = obj["location"]
                                    face_list.append(face)
                                    show_text = name +":%.2f"%pp
                                    result_img = self.__draw_info(result_img, obj["location"], show_text)

                            r_data = {
                                "obj_num":len(face_list),
                                "obj_list":face_list
                            }
                            return_result["code"] = 200
                            return_result["msg"] = "SUCCESS"
                            return_result["result_image"] = image_to_base64(result_img)
                            return_result["result_data"] = r_data
                        else:
                            #C++接口调用错误
                            return_result["code"] = jret["code"]
                            return_result["msg"] = jret["msg"]
                    et = time.time()
                    return_result["time"] = et - st
                    return return_result
#单元测试，注意在处理类中如果有文件引用，则要修改单元测试的文件路径
if __name__ =='__main__':
    from facerec import Facerec

    #读取测试图像
    img = cv.imread("./test.jpg")
    with open("./test.jpg", "rb") as f:
        file_image = f.read()

    #创建图像处理对象
    img_object=FaceRecognition(c_dir+'/../../models/face_recognition')
    #调用图像处理对象处理函数对图像进行加工处理
    result=img_object.inference(img,None)
    print("识别 1", result["code"], result["msg"], result["result_data"])
    cv.imshow('frame',base64_to_image(result["result_image"]))
    cv.waitKey(10000)

    result = img_object.inference(file_image, {"type":0, "reg_name":"abc"})
```

```
        print("注册", result["code"], result["msg"])
        cv.imshow('frame',base64_to_image(result["result_image"]))
        cv.waitKey(10000)

        result=img_object.inference(img,None)
        print("识别 2", result["code"], result["msg"], result["result_data"])
        cv.imshow('frame',base64_to_image(result["result_image"]))
        cv.waitKey(10000)

        result = img_object.inference(file_image, {"type":2, "find_name":"abc"})
        print("查找 1", result["code"], result["msg"], result["result_data"])
        result = img_object.inference(file_image, {"type":1, "del_name":"abc"})
        print("删除", result["code"], result["msg"], result["result_data"])
        result = img_object.inference(file_image, {"type":2, "find_name":"abc"})
        print("查找 2", result["code"], result["msg"], result["result_data"])
        result = img_object.inference(img, None)
        print("识别 3", result["code"], result["msg"], result["result_data"])
        #图像显示
        cv.imshow('frame',base64_to_image(result["result_image"]))
        cv.waitKey(10000)
        cv.destroyAllWindows()
    else :
        from .facerec import Facerec
```

4.2.3　开发步骤与验证

4.2.3.1　开发项目部署

开发项目部署同 2.1.3.1 节。

4.2.3.2　项目运行验证

（1）在 SSH 终端中按照 2.1.3.3 节的方法运行启动脚本 start_aicam.sh，通过启动主程序 aicam.py 来运行本项目的案例工程。

（2）在客户端或者边缘计算网关端打开 Chrome 浏览器，输入页面地址并访问 http://192.168.100.200:4001/static/face_recognition/index.html，即可查看运行结果。

4.2.3.3　人脸注册

请参考 3.7.3.3 节。

4.2.3.4　人脸识别

请参考 3.7.3.4 节。

4.2.4　小结

本项目首先介绍了人脸识别的特点、功能和基本工作原理；然后介绍了 FaceNet 模型的工作原理；最后通过开发实践，将理论知识应用于实践，实现了基于人工智能边缘应用平台的人脸识别设计。

4.2.5 思考与拓展

（1）face_recognition.py 文件中的 Facerec 类的作用是什么？
（2）如何在 AiCam 应用中对视频流进行实时人脸识别？
（3）FaceRecognition 类中的 calculate_similarity 函数的作用是什么？

4.3 人脸属性识别开发实例

人脸识别包含人脸检测与属性分析、人脸对比、人脸搜索、活体检测等。人脸识别技术灵活应用于建设工地、智慧社区、智慧园区等行业场景中，满足了身份核验、人脸考勤、闸机通行等业务需求。

人脸识别可以对人脸属性进行识别，这些属性包括性别、年龄、表情、魅力、眼镜、头发、口罩、姿态等，在以人、物为中心的应用场景中发挥了巨大价值。

人脸属性是一系列表征人脸特征的一系列生物特性，具有很强的自身稳定性和个体差异性，可以标识人的身份。人脸属性识别是一个具有研究价值的课题，可以应用到多个人脸识别领域，如人脸确认和人脸鉴别。人脸属性识别在本质上是多实例多标签分类问题，许多学者利用迁移学习方法来处理多实例多标签问题的研究，如图 4.15 所示。

图 4.15   人脸属性识别

本项目要求掌握的知识点如下：
（1）基于深度学习的人脸属性技术。
（2）基于 MTCNN+FaceNet 模型的人脸检测，基于 MobileNetV2 的人脸属性识别。
（3）结合人脸属性识别模型和 AiCam 平台进行人脸属性识别。

4.3.1 原理分析

深度学习的特征提取算法可以直接在训练过程中从原始数据（如图像的像素值）中学习，其利用非线性模块将原始数据转换为更深、更抽象且有效的特征表示，并经过一系列连续的层次表示学习到分类任务所需的特征。

4.3.1.1 MTCNN、FaceNet 模型分析

1）人脸识别
本项目人脸识别采用 MTCNN+FaceNet 模型来实现人脸检测，请参考 4.2.1.1 节。
2）人脸属性识别
人脸属性识别使用 MobileNet V2 模型进行人脸对齐、预处理和人脸属性估计，执行速

度更快，并且能够部署在移动设备上。MobileNet V2 模型的关键是通过深度可分离卷积、残差连接和线性瓶颈层来实现高效的特征提取和分类。

MobileNet V2 模型采用的是倒残差结构，如图 4.16 所示。普通的残差结构先通过 1×1 卷积核进行降维，再通过 1×1 卷积核升维；倒残差结构刚好相反，先通过 1×1 卷积核进行升维，再通过 1×1 卷积核进行降维。

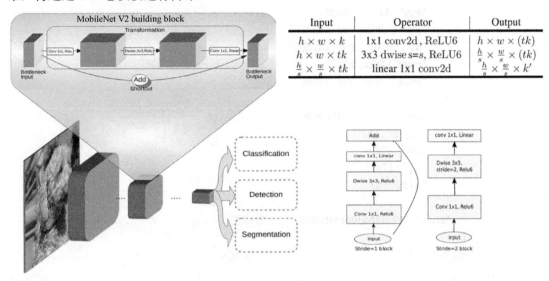

Input	Operator	Output
$h \times w \times k$	1x1 conv2d, ReLU6	$h \times w \times (tk)$
$h \times w \times tk$	3x3 dwise s=s, ReLU6	$\frac{h}{s} \times \frac{w}{s} \times (tk)$
$\frac{h}{s} \times \frac{w}{s} \times tk$	linear 1x1 conv2d	$\frac{h}{s} \times \frac{w}{s} \times k'$

图 4.16 倒残差结构

MobileNet V2 模型引入深度可分离卷积（Depthwise Separable Convolution）替代标准卷积。深度可分离卷积可以分成深度卷积（Depthwise Convolution）和逐点卷积（Pointwise Convolution）两部分，如图 4.17 所示。深度可分离卷积对标准卷积进行了分解，首先对输入的每一个通道进行卷积操作，然后使用若干个深度和输入相同的 1×1 卷积核进行逐点卷积。由深度可分离卷积组成的模型不仅计算量少，计算效率也高，这是因为在卷积过程中大量使用了 1×1 卷积核。

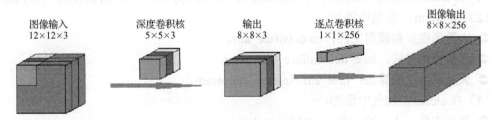

图 4.17 深度可分离卷积

4.3.1.2 接口描述与分析

人脸属性识别模型文件通过 NCNN 推理框架在边缘计算平台运行，AiCam 平台为模型提供了 C++接口库 faceattr.so，可通过 Python 程序调用。调用接口及返回示例如下：

```
//函数：FaceAttrRec.detect(image)
//参数：image 表示图像数据
//结果：JSON 格式的字符串，code 为 200 时表示执行成功，code 为 301 时表示授权失败
{
```

```
    "code" : 200,              //返回码
    "msg" : "SUCCESS",         //返回消息
    "result" : {               //返回结果
        "obj_list" : [         //返回内容
        {
            "attr" : {          //目标属性
                "age" : 34,     //年龄
                "glass" : false, //是否戴眼镜
                "hat" : false,  //是否戴帽子
                "male" : false, //性别
                "smile" : true  //是否微笑
            },
            "location" : {      //目标坐标
                "height" : 88,
                "left" : 276,
                "top" : 174,
                "width" : 53
            },
            "score" : 0.97336530685424805         //置信度
        }],
        "obj_num" : 1                              //目标数量
    },
    "time" : 10.366943359375                       //推理时间（ms）
}
```

4.3.2　开发设计与实践

4.3.2.1　架构设计

本项目基于 AiCam 平台的开发框架（见图 1.3）进行开发，开发流程如下：

（1）在 aicam 工程包的配置文件中添加摄像头（config\app.json），详细代码请参考 2.1.2.1 节。

（2）在 aicam 工程包中添加：

⊃ 人脸属性识别模型文件：models\face_attr。

⊃ 人脸检测算法：face_det.bin/face_det.param。

⊃ 人脸属性检测算法：face_attr.bin/face_attr.param。

（3）在 aicam 工程包中添加：

⊃ 算法文件：algorithm\face_attr\face_attr.py。

⊃ 人脸属性识别模型接口文件：algorithm\face_attr\faceattr.so。

（4）在 aicam 工程包中添加项目前端应用 static\face_attr。

（5）前端应用采用 RESTFul 接口获取处理后的视频流，返回 base64 编码的图像和结果数据。访问 URL 地址格式如下（IP 地址为边缘计算网关的地址）：

http://192.168.100.200:4001/stream/*[algorithm_name]*?camera_id=0

前端应用 JS（js\index.js）处理代码请参考 2.1.2.1 节。

4.3.2.2　功能与核心代码设计

人脸属性识别的算法文件如下（algorithm\face_attr\ face_attr.py）：

```python
###########################################################################
#文件：face_attr.py
#说明：可识别的人脸属性包括性别、年龄、表情、是否戴眼镜、是否戴帽子
###########################################################################
from PIL import Image,ImageDraw,ImageFont
import numpy as np
import cv2 as cv
import os
import json
import base64
c_dir = os.path.split(os.path.realpath(__file__))[0]
class FaceAttr(object):
    def __init__(self, model_path="models/face_attr"):
        self.model_path = model_path
        self.attr_model = FaceAttrRec()
        self.attr_model.init(self.model_path)

    def image_to_base64(self, img):
        image = cv.imencode('.jpg', img, [cv.IMWRITE_JPEG_QUALITY, 60])[1]
        image_encode = base64.b64encode(image).decode()
        return image_encode

    def base64_to_image(self, b64):
        img = base64.b64decode(b64.encode('utf-8'))
        img = np.asarray(bytearray(img), dtype="uint8")
        img = cv.imdecode(img, cv.IMREAD_COLOR)
        return img

    def inference(self, image, param_data):
        #code：识别成功返回 200
        #msg：相关提示信息
        #origin_image：原始图像
        #result_image：处理之后的图像
        #result_data：结果数据
        return result = {'code': 200, 'msg': None, 'origin_image': None, 'result_image': None, 'result_data': None}

        #实时视频接口：@__app.route('/stream/<action>')
        #image：摄像头实时传递过来的图像
        #param_data：必须为 None
        result = self.attr_model.detect(image)
        result = json.loads(result)
        #print(result)
        if result["result"]["obj_num"]  > 0:
            #data_list 保存一张照片中所有人脸的坐标和属性信息
```

```
            result_img=cv.cvtColor(image, cv.COLOR_BGR2RGB)
            font = ImageFont.truetype(c_dir+"/../../font/wqy-microhei.ttc", 22)
            fillColor = (0, 255, 0)
            frame = Image.fromarray(result_img)
            draw = ImageDraw.Draw(frame)
            for obj in result["result"]["obj_list"] :
                loc = obj["location"]
                ret = [loc["left"], loc["top"],loc["left"]+loc["width"],loc["top"]+loc["height"]]

                draw.rectangle(ret,fill=None,outline='green',width=1)
                if obj["attr"]["male"] :
                    msg = "性别：男"
                else:
                    msg = "性别：女"
                draw.text((loc["left"]+1,loc["top"]-100), msg, font=font, fill=fillColor)
                draw.text((loc["left"]+1,loc["top"]-80), "年龄：%d"%obj["attr"]["age"], font=font, fill=
fillColor)

                if obj["attr"]["hat"] :
                    msg = "帽子：是"
                else:
                    msg = "帽子：否"
                draw.text((loc["left"]+1,loc["top"]-60), msg, font=font, fill=fillColor)
                if obj["attr"]["glass"] :
                    msg = "眼镜：是"
                else:
                    msg = "眼镜：否"
                draw.text((loc["left"]+1,loc["top"]-40), msg, font=font, fill=fillColor)
                if obj["attr"]["smile"] :
                    msg = "微笑：是"
                else:
                    msg = "微笑：否"
                draw.text((loc["left"]+1,loc["top"]-20), msg, font=font, fill=fillColor)

            result_img = cv.cvtColor(np.array(frame), cv.COLOR_RGB2BGR)
        else:
            result_img = image

        return_result["result_image"] = self.image_to_base64(result_img)
        return_result["result_data"] = result["result"]
        return_result["code"] = result["code"]
        return_result["msg"] = result["msg"]
        return return_result
#单元测试，注意在处理类中如果有文件引用，则要修改单元测试的文件路径
if __name__ =='__main__':

    from faceattr import FaceAttrRec
    #创建视频捕获对象
```

```
        cap=cv.VideoCapture(0)
        if cap.isOpened()!=1:
            pass
        #循环获取图像、处理图像、显示图像
        while True:
            ret,img=cap.read()
            if ret==False:
                break
            #创建图像处理对象
            img_object=FaceAttr(c_dir+'/../../models/face_attr')
            #调用图像处理对象处理函数对图像进行加工处理
            result=img_object.inference(img,None)
            frame = img_object.base64_to_image(result["result_image"])

            #图像显示
            cv.imshow('frame',frame)
            key=cv.waitKey(1)
            if key==ord('q'):
                break
        cap.release()
        cv.destroyAllWindows()
    else :
        from .faceattr import FaceAttrRec
```

4.3.3　开发步骤与验证

4.3.3.1　开发项目部署
开发项目部署同 2.1.3.1 节。

4.3.3.2　项目运行验证
（1）在 SSH 终端中按照 2.1.3.3 节的方法运行启动脚本 start_aicam.sh，通过启动主程序 aicam.py 来运行本项目的案例工程。

（2）在客户端或者边缘计算网关端打开 Chrome 浏览器，输入页面地址并访问 http://192.168.100.200:4001/static/face_attr/index.html，即可查看运行结果。

4.3.3.3　人脸属性识别
（1）在 AiCam 平台界面中选择菜单"人脸属性识别"，将在返回的视频流画面中检测人脸并显示人脸属性。

（2）当摄像头视窗中出现人脸时，将在实时视频流上面将人脸框出来，并且显示人脸属性，包括性别、年龄、表情、是否戴眼镜、是否戴帽子（由于模型精度的原因，本应用识别效果比较差），如图 4.18 所示。

（3）尝试采用更准确的模型来实现人脸属性识别。

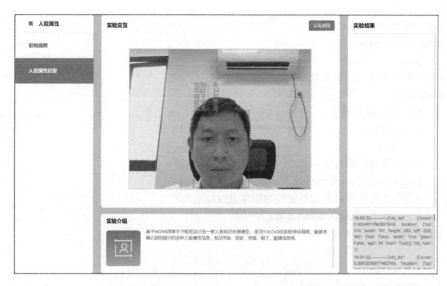

图 4.18　人脸属性识别实验结果

4.3.4　小结

本项目首先介绍了人脸属性识别的特点、功能和基本工作原理；然后介绍了 MobileNet V2 模型；最后通过开发实践，将理论知识应用于实践，实现了基于人工智能边缘应用平台的人脸属性识别。

4.3.5　思考与拓展

（1）在人脸属性识别开发实例中，人脸属性识别模型文件通过 NCNN 推理框架在边缘计算平台运行，AiCam 平台提供了哪些接口来实现这一过程？

（2）本项目提到可以采用更准确的模型来改进人脸属性识别的准确率，请思考如何选择、训练和集成这样的模型以达到更好的效果。

（3）在通过 RESTful 接口与 AiCam 平台进行通信时，如何获取处理后的视频结果以及相关数据？

4.4 口罩检测开发实例

口罩检测目前已经广泛应用于海关、火车站、园区、小区等的出入口区域，并且便于开发商集成到不同类型的硬件平台上，以满足不同场景要求，适合于重点区域的布控，以及未佩戴口罩人员的及时预警。近些年，许多研究人员基于计算机视觉方法开发了各种用于口罩检测的架构，如 ResNet50、VGG11、Inception V3、EfficientNetB4 和 YOLO，这些架构都能很好地进行口罩检测。

本项目要求掌握的知识点如下：

（1）基于深度学习的口罩检测技术。

（2）深度学习 YOLOv3 模型的基本原理。

（3）结合 YOLOv3 模型和 AiCam 平台进行口罩检测开发。

4.4.1　原理分析

4.4.1.1　YOLOv3 模型分析

YOLOv3 是一个在计算机视觉领域应用得非常广泛的深度学习模型，该模型在目标检测、物体识别等任务中的表现也非常出色。YOLOv3 通过不断压缩特征图的宽与高、扩张通道数的方式进行多级特征提取，然后将提取到的特征以上采样的方式获得不同大小的特征层，并传入特征金字塔结构中，与上一层特征进行堆叠，重复三次堆叠过程，得到三种不同尺度的特征层，最终用于目标检测。在得到特征层后需要对目标进行预测，以确定预测框，最终实现检测的目的。这种多尺度特征提取的思想，使 YOLOv3 的检测效果得到了明显的提升，模型的整体适应性也因此得到了提高，在一阶段检测模型发展过程中，YOLOv3 的提出，对比前几代网络虽然检测速度略有下降，但是在检测精度与准确度方面有了很大的提升。

YOLOv3 模型包含 107 层，0~74 层为卷积层和 res 层，其目的是提取图像的上层特征；75~106 层是三个 YOLO 分支（y1、y2、y3），使得模型具备检测、分类和回归的功能。由此可见，YOLOv3 模型相对来言还是比较复杂的。为了兼顾 YOLOv3 在目标检测、物体识别的速度，YOLOv3-Tiny 是在 YOLOv3 模型基础上的一个简化版，其作用就是为了兼顾准确率的同时适应训练、推理速度要求比较高的业务场景。YOLOv3-Tiny 在 YOLOv3 的基础上去掉了一些特征层，只保留了 2 个独立预测分支。

YOLOv3 的结构如图 4.19 所示。

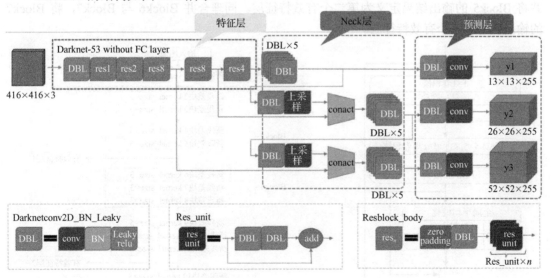

图 4.19　YOLOv3 的结构

由于 Darknet-53 在运行时存在计算参数多、成本高等缺点，因此在 YOLOv3 将残差块中的传统卷积方式改进为深度可分离卷积，并加入注意力机制重新构建残差单元块，再重新构建新设计的残差块，组成新的特征提取网络。

原始的残差块采用的卷积核大小为 3×3，本项目首先交替使用 3×3 与 5×5 的卷积核，通过交替使用不同大小的卷积核，减少了最终构造出的总残差网络的层数。本项目其次将这两种大小的卷积核进行卷积的方法替换为深度可分离卷积，达到了减少模型整体参数数量与模型运行时的计算量的目的。伴随着网络运行过程中计算量的减少，难免存在特征提取不精细的问题，为了解决该问题，YOLOv3 将注意力机制加入残差块的深度可分离卷积后，其内部结构为一次全局平均池化，连接两次 1×1 卷积核，将通道数大小调整为一个相对较大、另一个相对较小，这样调整的目的是对特征进行压缩与扩展，丰富整体网络的特征表示内容。本项目最后采用乘积运算来合并两种卷积核的结果，完成整体注意力机制结构的搭建，并采用 1×1 的卷积核对注意力机制所提取出的特征进行卷积降维，并与最初输入到残差块的原始特征进行叠加，作为最终输出结果；同时将 YOLOv3 中 BatchNorm 层后原本采用的 Leaky ReLU 激活函数全部替换为 Swish 激活函数，即：

$$f(x) = x \cdot \mathrm{sigmoid}(\beta x) = \frac{x}{1 + e^{-\beta x}} \tag{4-2}$$

式中，β 表示抑制参数变化的一个较小值，当 $\beta=0$ 时，$f(x)=0.5x$，Swish 函数就是一个一维的线性函数；当 β 趋于正无穷时，$f(x)=\max(0,x)$，Swish 函数就和 ReLU 函数相同。正是因为 β 参数的引入，Swish 函数整体可以看成一个平滑函数，且相较于其他损失函数来说，Swish 函数更适合神经网络对更深层次进行训练。改进后的残差块的结构如图 4.20 所示。

YOLOv3 主干特征提取网络如图 4.21 所示，本项目对原始的特征提取网络进行改进，堆叠了 16 层新残差块，构建了新的主干特征提取网络。与 YOLOv3 中的 23 层残差网络相比较，新的主干特征提取网络减少了 7 层。为了与原始 YOLOv3 相对应，将新的主干特征提取网络中的 Block3 的输出作为第一个有效特征层，此时的特征图尺寸是原始输入图像的 1/3。由于主干特征提取网络的深度决定了所提取特征的有效程度，将 Block4 与 Block5 合并，并将 Block5 的输出结果定义为第二个有效特征层。同理合并 Block6 与 Block7，将 Block7 的输出作为第三个有效特征层。

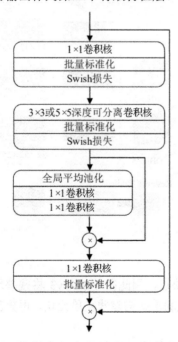

图 4.20 改进后的残差块结构

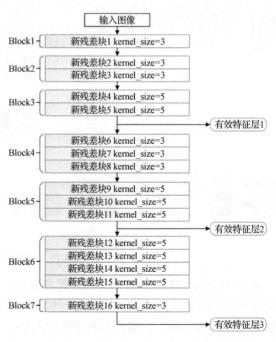

图 4.21 YOLOv3 主干特征提取网络

基于上述的理论分析，对 YOLOv3 的主干特征提取网络进行强化处理，继续运用原始的特征金字塔结构对特征进行多尺度划分，通过两次上采样操作对不同深度层次提取到的不同尺度特征进行融合，并进行最终的目标预测，再通过多个 1×1 卷积核对最终结果进行降维，使网络可以准确预测被检测图像中的多尺度目标。改进后的 YOLOv3 结构如图 4.22 所示。

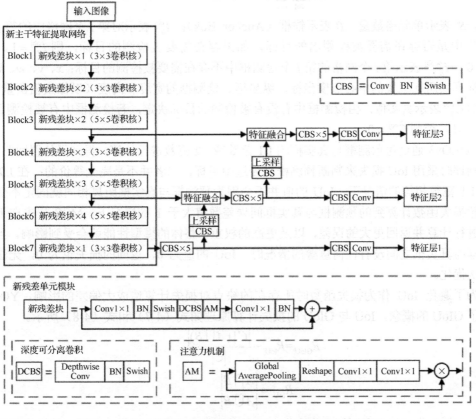

图 4.22　改进后的 YOLOv3 结构

YOLOv3 的损失函数对预测框定位的误差、分类误差和置信度误差进行统一整合，预测框定位的损失函数采用均方误差（Mean Square Error，MSE）函数，分类与置信度的损失函数采用交叉熵函数。总体损失函数为：

$$\text{Loss}=\text{cooError}+\text{claError}+\text{conError} \tag{4-3}$$

式中，cooError 表示数据标注的坐标框与测试后的检测框坐标之间的预测框定位损失；claError 表示分类损失；conError 表示置信度损失。

预测框定位损失函数为：

$$
\begin{aligned}
\text{cooError} =& \sum_{i=1}^{s^2}\sum_{j=1}^{B}I_{ij}^{\text{obj}}[(x_i^j-\hat{x}_i^j)^2+(y_i^j-\hat{y}_i^j)^2]+ \\
& \sum_{i=1}^{s^2}\sum_{j=1}^{B}I_{ij}^{\text{obj}}[(\sqrt{w_i^j}-\sqrt{\hat{w}_i^j})^2+(\sqrt{h_i^j}-\sqrt{\hat{h}_i^j})^2]
\end{aligned}
\tag{4-4}
$$

分类损失为：

$$\text{claError} = -\sum_{i=1}^{s^2}I_{ij}^{\text{obj}}\cdot\sum_{c\in\text{classes}}[\hat{P}_i^j\log(P_i^j)+(1-\hat{P}_i^j)\log(1-\hat{P}_i^j)] \tag{4-5}$$

置信度损失为：

$$\text{conError} = -\sum_{i=1}^{s^2}\sum_{j=1}^{B}I_{ij}^{\text{obj}}[\hat{C}_i^j\log(C_i^j)\cdot(1-\hat{C}_i^j)\log(1-C_i^j)] -$$
$$\lambda_{\text{noobj}}\sum_{i=1}^{s^2}\sum_{j=1}^{B}I_{ij}^{\text{noobj}}[\hat{C}_i^j\log(C_i^j)\cdot(1-\hat{C}_i^j)\log(1-C_i^j)] \tag{4-6}$$

式中，S^2 表示单元格数量；B 表示锚框（Anchor Box）；I_{ij}^{obj} 表示对第 i 个网格中的第 j 个候选窗口中是否存在需要被检测出的目标，如果存在需要被检测的目标，则 $I_{ij}^{\text{obj}}=1$，否则 $I_{ij}^{\text{obj}}=0$；I_{ij}^{noobj} 表示第 i 个网格的第 j 个检测框中不存在需要被检测的目标；x、y、w、h 依次为目标真实所在位置的中心点横坐标、纵坐标、检测框的宽度和高度（以像素值衡量）；参数置信 $\hat{C}_{ij}^{\text{obj}}$ 表示真实值，由检测框中有没有被检测的目标决定，若检测框中有被检测目标，则 $\hat{C}_{ij}^{\text{obj}}=1$，否则 $\hat{C}_{ij}^{\text{obj}}=0$。

YOLOv3 通过对预测框与真实框的 L1 范数或 L2 范数进行计算，得到了位置回归损失，但在测评时采用 IoU 损失来判断预测框是否选中目标，二者并不是完全等价的；在 L2 范数或者 L1 范数相等的情况下，IoU 的值并不会因为预测框与真实框距离相同就固定不变。在上一轮损失函数计算到的预测框与真实框间误差数值大于 1 的情况下，MSE 损失在下一轮则会进行计算并返回更大的误差，以及更高的权重，整体的模型性能就会受到影响。当遇到预测框与真实框之间没有任何重叠的情况时，IoU 的值为 0，返回的损失也为 0，无法进行下一次优化。

为了避免 IoU 作为损失函数时所存在的缺点对损失计算造成大偏差的影响，YOLOv3 引入了 GIoU 的概念。IoU 与 GIoU 的损失计算原理如式（4-7）和式（4-8）所示。

$$R_{\text{GIoU}} = R_{\text{IoU}} - \frac{|C\setminus(A\cup B)|}{|C|} \tag{4-7}$$

$$R_{\text{IoU}} = \frac{|A\cap B|}{|A\cup B|} \tag{4-8}$$

式中，A 和 B 分别代表预测框和真实框，C 表示能包含 A 和 B 的最小范围，最终将预测框定位损失函数设定为 $L_{\text{GIoU}}=1-R_{\text{GIoU}}$。

当训练过程中数据集存在负样本数量较多，与正样本的比例不均衡的情况时，依旧会在很大的程度上影响训练过程中返回的权重。本项目的目标检测网络结构中置信度损失以 Focal Loss 计算误差，通过在返回的损失中增加检测到的各个分类的权重与各分类样本检测难度的权重调度因子，达到缓解样本中不同分类数量以及检测难度不平衡等问题。Focal Loss 的定义如公式（4-9）和式（4-10）所示。

$$L_{\text{FL}(p_t)} = -\alpha_t(1-p_t)^\gamma\ln(p_t) \tag{4-9}$$

$$p_t = \begin{cases} p, & y=1 \\ 1-p, & \text{其他} \end{cases} \tag{4-10}$$

式中，α_t 为分类权重因子，用来协调正负样本之间的比例；γ 为各分类样本检测难度权重调度因子，用来控制网络迭代样本权重降低的速度。

改进后的 YOLOv3 在预测框损失部分采用 GIoU Loss 函数进行预测，在置信度损失部分采用 Focal Loss 函数进行预测，达到了更精准计算预测框、解决数据分类分布不均衡带来的问题的目的。

4.4.1.2　接口描述与分析

口罩检测模型文件通过 NCNN 推理框架在边缘计算平台运行，AiCam 平台为模型提供了 C++接口库 maskdet.so，可供 Python 程序调用。调用接口及返回示例如下：

```
//函数：MaskDet.detect(image)
//参数：image 表示图像数据
//结果：JSON 格式的字符串，code 为 200 时表示执行成功，code 为 301 时表示授权失败
{
    "code" : 200,                    //返回码
    "msg" : "SUCCESS",               //返回消息
    "result" : {                     //返回结果
        "obj_list" : [               //返回内容
        {
            "location" : {           //目标坐标
                "height" : 57.035049438476562,
                "left" : 218.21408081054688,
                "top" : 139.00764465332031,
                "width" : 49.27154541015625
            },
            "name" : "face_mask",            //目标名称
            "score" : 0.99148327112197876    //置信度
        }],
        "obj_num" : 1                        //目标数量
    },
    "time" : 16.7890625                      //推理时间（ms）
}
```

4.4.2　开发设计与实践

4.4.2.1　架构设计

本项目基于 AiCam 平台的开发框架（见图 1.3）进行开发，开发流程如下：

（1）在 aicam 工程包的配置文件中添加摄像头（config\app.json），详细代码请参考 2.1.2.1 节。

（2）在 aicam 工程包中添加：

⮞ 口罩检测模型文件：models\mask_detection。

⮞ 口罩检测算法：yolov3-tiny-face_mask-opt.bin/yolov3-tiny-face_mask-opt.param。

（3）在 aicam 工程包中添加：

⮞ 算法文件：algorithm\mask_detection\mask_detection.py。

⮞ 口罩检测模型接口文件：algorithm\mask_detection\maskdet.so。

（4）在 aicam 工程包中添加项目前端应用 static\mask_detection。

（5）前端应用采用 RESTFul 接口获取处理后的视频流，返回 base64 编码的图像和结果数据。访问 URL 地址格式如下（IP 地址为边缘计算网关的地址）：

```
http://192.168.100.200:4001/stream/[algorithm_name]?camera_id=0
```

前端应用 JS（js\index.js）处理代码请参考 2.1.2.1 节。

4.4.2.2　功能与核心代码设计

口罩检测模型能够检测视频中的人脸是否佩戴口罩，可以同时检测多张人脸，算法文件如下（algorithm\mask_detection\mask_detection.py）：

```
################################################################################
#文件：mask_detection.py
#说明：口罩检测
################################################################################
from PIL import Image,ImageDraw,ImageFont
import numpy as np
import cv2 as cv
import os
import json
import base64
c_dir = os.path.split(os.path.realpath(__file__))[0]


class MaskDetection(object):
    def __init__(self, model_path="models/mask_detection"):
        self.model_path = model_path
        self.mask_model = MaskDet()
        self.mask_model.init(self.model_path)
    def image_to_base64(self, img):
        image = cv.imencode('.jpg', img, [cv.IMWRITE_JPEG_QUALITY, 60])[1]
        image_encode = base64.b64encode(image).decode()
        return image_encode
    def base64_to_image(self, b64):
        img = base64.b64decode(b64.encode('utf-8'))
        img = np.asarray(bytearray(img), dtype="uint8")
        img = cv.imdecode(img, cv.IMREAD_COLOR)
        return img
    def __draw_info(self, image, loc, msg):
        img_rgb = cv.cvtColor(image, cv.COLOR_BGR2RGB)
        pilimg = Image.fromarray(img_rgb)
        #创建 ImageDraw 绘图类
        draw = ImageDraw.Draw(pilimg)
        #设置字体
        font_size = 20
        font_path = c_dir+"/../../font/wqy-microhei.ttc"
        font_hei = ImageFont.truetype(font_path, font_size, encoding="utf-8")
        draw.rectangle((loc["left"], loc["top"], loc["left"]+loc["width"], loc["top"]+loc["height"]), outline='green',width=2)
        draw.text((loc["left"], loc["top"]-font_size*1), msg, (0, 255, 0), font=font_hei)
        result = cv.cvtColor(np.array(pilimg), cv.COLOR_RGB2BGR)
        return result
    def inference(self, image, param_data):
```

```
#code：识别成功返回 200
#msg：相关提示信息
#origin_image：原始图像
#result_image：处理之后的图像
#result_data：结果数据
return_result = {'code': 200, 'msg': None, 'origin_image': None, 'result_image': None, 'result_data': None}

#实时视频接口：@__app.route('/stream/<action>')
#image：摄像头实时传递过来的图像
#param_data：必须为 None
result = self.mask_model.detect(image)
result = json.loads(result)
r_image = image
if result["code"] == 200:
    for i in range(result["result"]["obj_num"]):
        obj = result["result"]["obj_list"][i]
        msg = obj["name"]+":%.2f"%obj["score"]
        r_image=self.__draw_info(r_image, obj["location"], msg)

return_result["code"] = result["code"]
return_result["msg"] = result["msg"]
return_result["result_image"] = self.image_to_base64(r_image)
return_result["result_data"] = result["result"]
return return_result
#单元测试，注意在处理类中如果有文件引用，则要修改单元测试的文件路径
if __name__=='__main__':

    from maskdet import MaskDet
    #创建视频捕获对象
    cap=cv.VideoCapture(0)
    if cap.isOpened()!=1:
        pass
    #循环获取图像、处理图像、显示图像
    while True:
        ret,img=cap.read()
        if ret==False:
            break
        #创建图像处理对象
        img_object=MaskDetection(c_dir+'/../../models/mask_detection')
        #调用图像处理对象处理函数对图像进行加工处理
        result=img_object.inference(img,None)
        frame = img_object.base64_to_image(result["result_image"])

        #图像显示
        cv.imshow('frame',frame)
```

```
                key=cv.waitKey(1)
                if key==ord('q'):
                        break
        cap.release()
        cv.destroyAllWindows()
else :
        from .maskdet import MaskDet
```

4.4.3   开发步骤与验证

4.4.3.1   开发项目部署

开发项目部署同 2.1.3.1 节。

4.4.3.2   项目运行验证

（1）在 SSH 终端中按照 2.1.3.3 节的方法运行启动脚本 start_aicam.sh，通过启动主程序 aicam.py 来运行本项目的案例工程。

（2）在客户端或者边缘计算网关端打开 Chrome 浏览器，输入页面地址并访问 http://192.168.100.200:4001/static/mask_detection/index.html，即可查看运行结果。

4.4.3.3   口罩检测

（1）在 AiCam 平台界面中选择菜单"口罩检测"，将在返回的视频流画面中检测人脸是否佩戴口罩。

（2）当摄像头视窗中出现人脸时，将在实时视频流上面将人脸框出来，并且识别口罩佩戴结果，face 表示未戴口罩，face_mask 表示戴口罩，如图 4.23 和图 4.24 所示。

（3）本项目模型训练的数据集不够，识别正确率不高，开发者可以采集更多的数据进行模型的重新训练，让模型的适应性更佳。

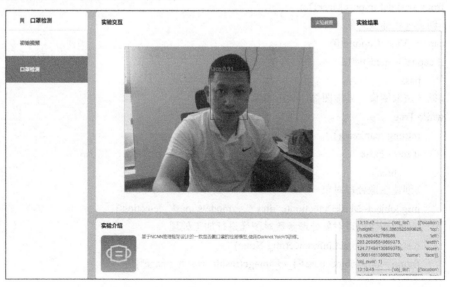

图 4.23   口罩检测（未戴口罩）

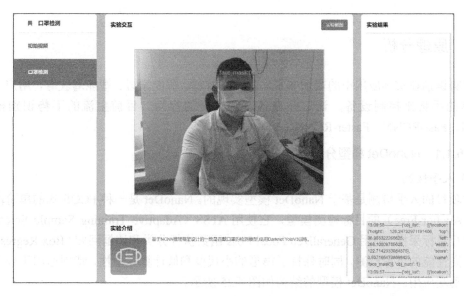

图 4.24　口罩检测（戴口罩）

4.4.4　小结

本项目首先介绍了口罩检测的特点、功能和基本工作原理；然后介绍了 YOLOv3 模型的结构；最后通过开发实践，将理论知识应用于实践，实现了基于人工智能边缘应用平台的口罩检测。

4.4.5　思考与拓展

（1）简述 MaskDet 类的目的，以及它与口罩检测算法的关系。

（2）在本项目的核心代码中，MaskDetection 类的目的和方法是什么？

（3）为什么要进行额外的数据收集和模型训练？如何才能提高口罩检测的准确性？

4.5 手势识别开发实例

手势识别的目标是通过数学算法解释人类手势，是计算机视觉的一个分支。用户可以通过简单的手势来控制设备，而无须实际接触这些设备。目前有很多使用摄像头和计算机视觉算法来解释手语，姿势、步态等人类行为的识别也是手势识别技术的主题。

本项目要求掌握的知识点如下：

（1）基于深度学习的手势识别技术。

（2）深度学习模型 NanoDet 实现人手检测的基本原理，HandPose 模型实现手势识别的基本原理。

（3）结合手势识别模型和 AiCam 平台进行手势识别开发。

4.5.1 原理分析

手势识别在实际应用中的需求非常广泛，如游戏、智能家居、智能驾驶等，用户可以使用简单的手势来控制设备，让这些设备理解人类的行为。目前主流的手势识别模型有 R-CNN、Fast-RCNN、Faster-RCNN、YOLO、SSD。

4.5.1.1 NanoDet 模型分析

1）人手检测

本项目的人手检测是基于 NanoDet 模型实现的。NanoDet 是一种 FCOS 式的单阶段无锚节点（Anchor-Free）的目标检测模型，它使用 ATSS（Adaptive Training Sample Selection）方法进行目标采样，使用 Generalized Focal Loss 函数执行分类和边框回归（Box Regression），实现了高性能的目标检测，同时保持了模型的小尺度和低计算复杂性，特别适用于嵌入式设备和移动端应用。NanoDet 模型的结构如图 4.25 所示。

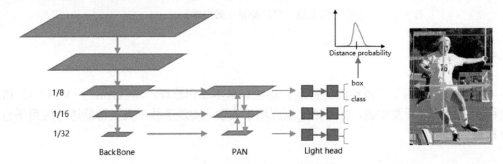

图 4.25　NanoDet 模型的结构

NanoDet 使用了 Generalized Focal Loss 函数，该损失函数能够去掉 FCOS（Fully Convolutional One-Stage）的 Centerness 分支，省去这一分支上的大量卷积，从而减少检测头的计算开销，适合移动端的轻量化部署，Generalized Focal Loss 函数如图 4.26 所示。

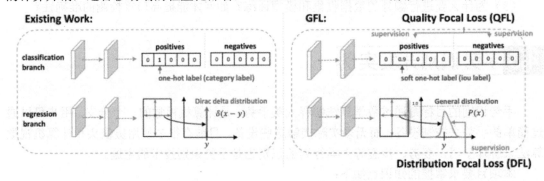

图 4.26　Generalized Focal Loss 函数

NanoDet 采用的检测头和 FCOS 目标检测算法系列一样，使用共享权重的检测头，即对 FPN 出来的多尺度特征图使用同一组卷积预测检测框，然后每一层使用一个可学习的 Scale 值作为系数，对预测出来的框进行缩放。FCOS 的特征图如图 4.27 所示。

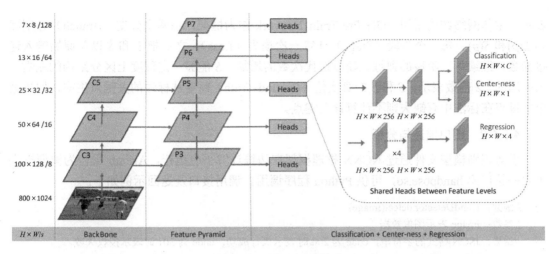

图 4.27　FCOS 的特征图

NanoDet 的特征提取网络选择的是 ShuffleNetV2，并在 ShuffleNetV2 的基础上进行了微调：首先将特征提取网络最后一层的卷积层去掉，其次分别选择下采样倍数为 8、16、32 的 3 种尺度的特征层作为特征融合模块的输入，最后将三种尺度的特征层输入 PAN 特征融合模块得到检测头的输入。

2）手势识别

手部姿势估计在计算机视觉和人机交互领域有广泛的应用，如手势识别、虚拟现实、增强现实、手部追踪等。手势检测可将人手的骨骼点检测出来并连成线，将人手的结构绘制出来。从名字的角度来看，手势识别可以理解为对人手姿态（关键点，如大拇指、中指、食指等）的位置估计。

HandPose 是一种用于手部姿势估计的深度学习模型，其结构如图 4.28 所示，主要任务是在图像或视频中检测和估计手部的位置和关键点，通常包括手掌和手指的关节位置。HandPose 模型通过检测图像中所有的人手关键点，将这些关键点对应到不同的人手上。

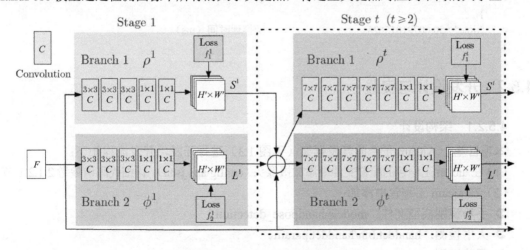

图 4.28　HandPose 模型的结构

HandPose 基于肢体姿态模型 OpenPose 的原理，通过 PAF（Part Affinity Fields）来实现人手姿态的估计。PAF 用来描述像素在骨架中的走向，用 $L(p)$ 表示；关键点的响应用 $S(p)$

表示。主体网络结构采用 VGG Pre-Train Network 作为框架，由两个分支（Branch）分别回归 $L(p)$ 和 $S(p)$。每一个阶段（Stage）计算一次损失（Loss），之后把 L 和 S 以及原始输入连接函数，继续下一阶段的训练。随着迭代次数的增加，S 能够一定程度上区分结构的左右。损失用的 L2 范数表示，S 和 L 的真实值（Ground-Truth）需要从标注的关键点生成，如果某个关键点在标注中有缺失则不计算该关键点。

4.5.1.2　接口描述与分析

手势识别模型文件通过 NCNN 推理框架在边缘计算平台运行，AiCam 平台为模型提供了 C++接口库 handpose.so，可供 Python 程序调用。调用接口及返回示例如下：

```
//函数：HandDetector.detect(image)
//参数：image 表示图像数据
//结果：JSON 格式的字符串，code 为 200 时表示执行成功，code 为 301 时表示授权失败
{
    "code" : 200,                        //返回码
    "msg" : "SUCCESS",                   //返回消息
    "result" : {                         //返回结果
        "obj_list" : [                   //返回内容
        {
            "location" : {               //目标坐标
                "height" : 1693、1546630859375,
                "left" : 173、31367492675781,
                "top" : 173、31367492675781,
                "width" : 2416、891845703125
            },
            "name" : "one",              //目标名称
            "score" : 0.99148327112197876 //置信度
        }],
        "obj_num" : 1                    //目标数量
    },
    "time" : 50.60791015625              //推理时间（ms）
}
```

4.5.2　开发设计与实践

4.5.2.1　架构设计

本项目基于 AiCam 平台的开发框架（见图 1.3）进行开发，开发流程如下：

（1）在 aicam 工程包的配置文件中添加摄像头（config\app.json），详细代码请参考 2.1.2.1 节。

（2）在 aicam 工程包中添加：

❍ 手势识别模型文件：models\handpose_detection。

❍ 人手检测：handdet.bin/handdet.param。

❍ 手势识别：handpose.bin/handpose.param。

（3）在 aicam 工程包中添加：

❍ 算法文件：algorithm\handpose_detection\handpose_detection.py。

○ 手势识别模型接口文件：algorithm\handpose_detection\handpose.so。

（4）在 aicam 工程包中添加项目前端应用 static\handpose_detection。

（5）前端应用采用 RESTFul 接口获取处理后的视频流，返回 base64 编码的图像和结果数据。访问 URL 地址格式如下（IP 地址为边缘计算网关的地址）：

http://192.168.100.200:4001/stream/*[algorithm_name]*?camera_id=0

前端应用 JS（js\index.js）处理代码请参考 2.1.2.1 节。

4.5.2.2　功能与核心代码设计

手势识别模型能够检测视频中人手位置，并标记人手骨骼关键点、计算出手势表示的内容。算法文件如下（algorithm\handpose_detection\handpose_detection.py）：

```
################################################################################
#文件：handpose_detection.py
#说明：手势识别
################################################################################
from PIL import Image,ImageDraw,ImageFont
import numpy as np
import cv2 as cv
import os
import json
import base64
c_dir = os.path.split(os.path.realpath(__file__))[0]

class HandposeDetection(object):
    def __init__(self, model_path="models/handpose_detection"):
        self.model_path = model_path
        self.handpose_model = HandDetector()
        self.handpose_model.init(self.model_path)

    def image_to_base64(self, img):
        image = cv.imencode('.jpg', img, [cv.IMWRITE_JPEG_QUALITY, 60])[1]
        image_encode = base64.b64encode(image).decode()
        return image_encode

    def base64_to_image(self, b64):
        img = base64.b64decode(b64.encode('utf-8'))
        img = np.asarray(bytearray(img), dtype="uint8")
        img = cv.imdecode(img, cv.IMREAD_COLOR)
        return img

    def draw_pos(self, img, objs):
        img_rgb = cv.cvtColor(img, cv.COLOR_BGR2RGB)
        pilimg = Image.fromarray(img_rgb)
        #创建 ImageDraw 绘图类
        draw = ImageDraw.Draw(pilimg)
        #设置字体
```

```
                font_size = 20
                font_path = c_dir+"/../../font/wqy-microhei.ttc"
                font_hei = ImageFont.truetype(font_path, font_size, encoding="utf-8")

                for obj in objs:
                    loc = obj["location"]
                    draw.rectangle((loc["left"], loc["top"], loc["left"]+loc["width"],
                                loc["top"]+loc["height"]), outline='green',width=2)
                    msg = obj["name"]+": %.2f"%obj["score"]
                    draw.text((loc["left"], loc["top"]-font_size*1), msg, (0, 255, 0), font=font_hei)

                    color1 = (10, 215, 255)
                    color2 = (255, 115, 55)
                    color3 = (5, 255, 55)
                    color4 = (25, 15, 255)
                    color5 = (225, 15, 55)
                    marks = obj["mark"]
                    for j in range(len(marks)):
                        kp = obj["mark"][j]
                        draw.ellipse(((kp["x"]-4, kp["y"]-4), (kp["x"]+4,kp["y"]+4)), fill=None,outline=(255,0,0),
width=2)

                        color = (color1,color2,color3,color4,color5)
                        ii = j //4
                        if   j==0 or j / 4 != ii:
                            draw.line(((marks[j]["x"],marks[j]["y"]),(marks[j+1]["x"],marks[j+1]["y"])),  fill=color
[ii],width=2)

                    draw.line(((marks[0]["x"],marks[0]["y"]),(marks[5]["x"],marks[5]["y"])), fill=color[1],width=2)
                    draw.line(((marks[0]["x"],marks[0]["y"]),(marks[9]["x"],marks[9]["y"])), fill=color[2],width=2)
                    draw.line(((marks[0]["x"],marks[0]["y"]),(marks[13]["x"],marks[13]["y"])), fill=color[3],width=2)
                    draw.line(((marks[0]["x"],marks[0]["y"]),(marks[17]["x"],marks[17]["y"])), fill=color[4],width=2)

                result = cv.cvtColor(np.array(pilimg), cv.COLOR_RGB2BGR)
                return result

        def inference(self, image, param_data):
            #code: 识别成功返回 200
            #msg: 相关提示信息
            #origin_image: 原始图像
            #result_image: 处理之后的图像
            #result_data: 结果数据
            return_result = {'code': 200, 'msg': None, 'origin_image': None, 'result_image': None, 'result_data': None}

            #实时视频接口: @__app.route('/stream/<action>')
            #image: 摄像头实时传递过来的图像
            #param_data: 必须为 None
            result = self.handpose_model.detect(image)
            result = json.loads(result)
            if result["code"] == 200 and result["result"]["obj_num"] > 0:
```

```
                    r_image = self.draw_pos(image, result["result"]["obj_list"])
                else:
                    r_image = image
                return_result["code"] = result["code"]
                return_result["msg"] = result["msg"]
                return_result["result_image"] = self.image_to_base64(r_image)
                return_result["result_data"] = result["result"]
                return return_result
#单元测试，注意在处理类中如果有文件引用，则要修改单元测试的文件路径
if __name__=='__main__':

        from handpose import HandDetector
        #创建视频捕获对象
        cap=cv.VideoCapture(0)
        if cap.isOpened()!=1:
            pass
        #循环获取图像、处理图像、显示图像
        while True:
            ret,img=cap.read()
            if ret==False:
                break
            #创建图像处理对象
            img_object=HandposeDetection(c_dir+'/../../models/handpose_detection')
            #调用图像处理对象处理函数对图像进行加工处理
            result=img_object.inference(img,None)
            frame = img_object.base64_to_image(result["result_image"])
            #图像显示
            cv.imshow('frame',frame)
            key=cv.waitKey(1)
            if key==ord('q'):
                break
        cap.release()
        cv.destroyAllWindows()
else :
    from .handpose import HandDetector
```

4.5.3　开发步骤与验证

4.5.3.1　开发项目部署

开发项目部署同 2.1.3.1 节。

4.5.3.2　项目运行验证

（1）在 SSH 终端中按照 2.1.3.3 节的方法运行启动脚本 start_aicam.sh，通过启动主程序 aicam.py 来运行本项目的案例工程。

（2）在客户端或者边缘计算网关端打开 Chrome 浏览器，输入页面地址并访问 http://192.168.100.200:4001/static/handpose_detection/index.html，即可查看运行结果。

4.5.3.3　手势识别

（1）在 AiCam 平台界面中选择菜单"手势识别"，将在返回的视频流画面中检测并识别手势。

（2）当摄像头视窗中出现人手时，将在实时视频流上面标记出人手位置，并绘制出人手骨骼关键点，计算出手势表示的内容，在实验结果处显示手势信息，如图 4.29 所示。

图 4.29　手势识别实验结果

（3）根据识别的手势骨骼关键点优化算法，让手势识别的精度更高。

4.5.4　小结

本项目首先介绍了手势识别的特点、功能和基本工作原理；然后介绍了 NanoDet 模型的结构及其工作原理；最后通过开发实践，将理论知识应用于实践，实现了基于人工智能边缘应用平台的手势识别。

4.5.5　思考与拓展

（1）手势识别模型是如何在图像中检测人手位置和标记骨骼关键点的？
（2）什么是 RESTful 接口？它在 AiCam 平台中的作用是什么？
（3）如何运行本项目的开发案例来验证手势识别应用？

4.6 行人检测开发实例

实时视频流中的自动人员检测和统计在智能视频监控中很重要，也是智慧城市的一个关键应用。监控系统中的行人检测包括异常事件检测、人类步态、人群拥挤、性别分类、老年人跌倒检测等，这些检测对于公共领域安全而言是至关重要的。例如，在商场中，通过行人检测可以帮助商场工作人员分析室内和室外的访客流量。行人检测的目的是从给定的输入图像或视频中检测所有的实例并预测它们的边界框，这需要很高的精度和效率。

本项目要求掌握的知识点如下：

（1）基于深度学习的行人检测技术。

（2）深度学习 YOLOv4 模型实现行人检测的基本原理，OpenPose 模型实现人体姿态检测与识别的基本原理。

（3）结合 YOLOv4 模型和 AiCam 平台进行人检测开发。

4.6.1　原理分析

本项目采用 YOLOv4 模型实现行人检测。

4.6.1.1　YOLOv4 模型分析

YOLOv4 模型的结构如图 4.30 所示，分为 4 个部分，输入端负责输入特征数据；BackBone 是负责特征提取工作的主干层，是 YOLOv4 模型的核心部分，通过 CSPDarknet-53 来实现；Neck 负责对提取到的特征信息进行池化和特征融合，其结构稍显复杂，可以分成 SPPNet、PANet 两种类型；Prediction 负责整个模型的输出。

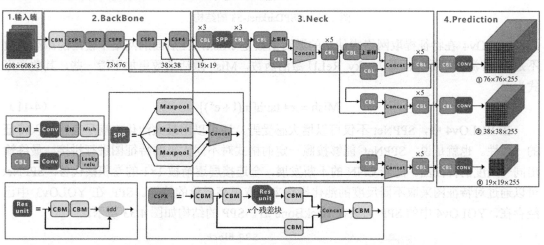

图 4.30　YOLOv4 模型

YOLOv4 模型的 5 个基本组件是：CBM，由 Conv+Bn+Mish 激活函数组成；CBL，由 Conv+Bn+Leaky_relu 激活函数组成；Res unit，借鉴 ResNet 中的残差块，可以让网络构建得更深；CSPX，借鉴 CSPNet 的结构，由三个卷积层和 x 个残差块组成；SPP，采用 1×1、5×5、9×9、13×13 的最大池化的方式，进行多尺度融合。

CSPNet 也是 YOLOv4 模型核心部分，其结构如图 4.31 所示。CSPNet 将输入的特征图分为两部分，第一部分只做了少量的卷积操作，第二部分经过多次残差结构和卷积层，最后将这两部分的特征进行拼接融合。CSPNet 通过对输入的特征

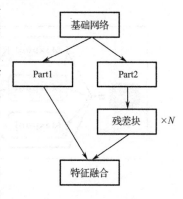

图 4.31　CSPNet 的结构

图进行分部分操作，降低了模型对特征图的计算维度，同时参数的减少也降低了模型的计算量，在一定程度上提高了模型的运行速度。

从 YOLOv4 模型的结构可以看出，它的特征提取由 CSPDarknet-53 实现。CSPDarknet-53主要是由 CSP 和 CBM 交替构成的。CSP 由多个残差块和 CMB 组成，CBM 中不仅包含了卷积神经网络的卷积层，还包含了池化层和 Mish 激活函数。CSPDarknet-53 的结构如图 4.32所示。

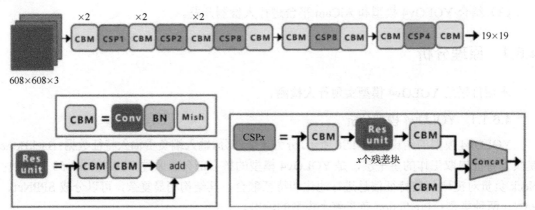

图 4.32   CSPDarknet-53 的结构

YOLOv4 在特征提取网络中使用的激活函数是 Mish，在后面的网络中使用的激活函数不是 Mish 激活函数，而是 Leaky_ReLU 激活函数。Mish 激活函数更加平滑一些，其数学形式为：

$$\text{Mish} = x * \tanh[\ln(1 + e^x)] \tag{4-11}$$

在 YOLOv4 中，SPPNet 不仅可以增大感受野，还可以用最大池化来满足最终输入特征的一致性。也就是说，SPPNet 能够按照一定的格式对不同大小的特征图进行拼接，最终输出同一尺度的特征图。随着 CNN 的不断发展，全连接层逐渐被 1×1 的卷积核代替，SPPNet可以通过对特征图采取不同尺度的池化操作来获取更高质量的特征。SPP 在 YOLOv3 中已经存在，YOLOv4 中的 SPP 仍然在 BackBone 后。SPP 的结构如图 4.33 所示。

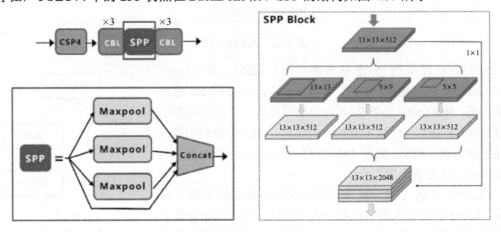

图 4.33   SPP 的结构

Neck 中采用了 FPN 与 PAN 结合的结构，对常规的 FPN 与自底向上的特征金字塔进行结合，对所提取的语义特征与位置特征进行融合，同时对主干层与检测层进行特征融合，使 YOLOv4 获取更加丰富的特征信息。FPN 采用自顶向下的模式将高层特征传递下来，并且只能是自顶向下传递，因此 YOLOv4 中的 Neck 除了使用 FPN，还在此基础上使用了 PAN。YOLOv4 在 FPN 后面添加了一个自底向上的特征金字塔，其中包含两个 PAN。FPN 自顶向下传递强语义特征，特征金字塔则自底向上传递强定位特征，使底层信息更容易到达顶部，从不同的主干层对不同的检测层进行特征聚合，进一步提高特征提取的能力。PAN 的结构如图 4.34 所示。

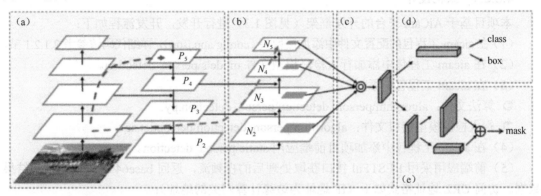

图 4.34　PAN 的结构

　　YOLOv4 的 Prediction 主要由 3×3 和 1×1 的卷积核组成，其中 3×3 的卷积核用于特征整合，1×1 的卷积核用于通道数量的调整，也就是得到预测结果。Prediction 的输出有三个尺度：小目标检测、中目标检测和大目标检测。每个特征图上都有输出不同数量和大小的单元（Cell），每个单元都会预测 3 个边界框，每个边界框会预测目标的位置、置信度和 N 个分类。

4.6.1.2　接口描述与分析

　　行人检测模型文件通过 NCNN 推理框架在边缘计算平台运行，AiCam 平台为模型提供了 C++接口库 persondet.so，可供 Python 程序调用。调用接口及返回示例如下：

```
//函数：PersonDet.detect(image)
//参数：image 表示图像数据
//结果：JSON 格式的字符串，code 为 200 时表示执行成功，code 为 301 时表示授权失败
{
    "code" : 200,                          //返回码
    "msg" : "SUCCESS",                     //返回消息
    "result" : {                           //返回结果
        "obj_list" : [                     //返回内容
        {
            "location" : {                 //目标坐标
                "height" : 743,
                "left" : 250,
                "top" : 0,
                "width" : 261
            },
            "score" : 0.99148327112197876      //置信度
        }],
```

```
        "obj_num" : 1                          //目标数量
    },
    "time" : 16.7890625                        //推理时间（ms）
}
```

4.6.2　开发设计与实践

4.6.2.1　架构设计

本项目基于 AiCam 平台的开发框架（见图 1.3）进行开发，开发流程如下：

（1）在 aicam 工程包的配置文件中添加摄像头（config\app.json），详细代码请参考 2.1.2.1 节。

（2）在 aicam 工程包中添加行人检测模型文件 models\person_detection。

（3）在 aicam 工程包中添加：

➲ 算法文件：algorithm\person_detection\person_detection.py。

➲ 行人检测模型接口文件：algorithm\person_detection\persondet.so。

（4）在 aicam 工程包中添加项目前端应用 static\person_detection。

（5）前端应用采用 RESTFul 接口获取处理后的视频流，返回 base64 编码的图像和结果数据。访问 URL 地址格式如下（IP 地址为边缘计算网关的地址）：

```
http://192.168.100.200:4001/stream/[algorithm_name]?camera_id=0
```

前端应用 JS（js\index.js）处理代码请参考 2.1.2.1 节。

4.6.2.2　功能与核心代码设计

行人检测模型能够在视频中检测并标记行人，可同时检测多个行人，算法文件如下（algorithm\person_detection\person_detection.py）：

```python
##############################################################################
#文件：person_detection.py
#说明：行人检测
##############################################################################
from PIL import Image,ImageDraw,ImageFont
import numpy as np
import cv2 as cv
import os
import json
import base64
c_dir = os.path.split(os.path.realpath(__file__))[0]

class PersonDetection(object):
    def __init__(self, model_path="models/person_detection"):
        self.model_path = model_path
        self.person_model = PersonDet()
        self.person_model.init(self.model_path)

    def image_to_base64(self, img):
        image = cv.imencode('.jpg', img, [cv.IMWRITE_JPEG_QUALITY, 60])[1]
```

```
            image_encode = base64.b64encode(image).decode()
            return image_encode

    def base64_to_image(self, b64):
        img = base64.b64decode(b64.encode('utf-8'))
        img = np.asarray(bytearray(img), dtype="uint8")
        img = cv.imdecode(img, cv.IMREAD_COLOR)
        return img
    def draw_pos(self, img, objs):
        img_rgb = cv.cvtColor(img, cv.COLOR_BGR2RGB)
        pilimg = Image.fromarray(img_rgb)
        #创建 ImageDraw 绘图类
        draw = ImageDraw.Draw(pilimg)
        #设置字体
        font_size = 20
        font_path = c_dir+"/../../font/wqy-microhei.ttc"
        font_hei = ImageFont.truetype(font_path, font_size, encoding="utf-8")
        for obj in objs:
            loc = obj["location"]
            draw.rectangle((loc["left"], loc["top"], loc["left"]+loc["width"],
                            loc["top"]+loc["height"]), outline='green',width=2)
            msg = "%.2f"%obj["score"]
            draw.text((loc["left"], loc["top"]-font_size*1), msg, (0, 255, 0), font=font_hei)
        result = cv.cvtColor(np.array(pilimg), cv.COLOR_RGB2BGR)
        return result
    def inference(self, image, param_data):
        #code:  识别成功返回 200
        #msg:  相关提示信息
        #origin_image:  原始图像
        #result_image:  处理之后的图像
        #result_data:  结果数据
        return_result = {'code': 200, 'msg': None, 'origin_image': None, 'result_image': None, 'result_data': None}

        #实时视频接口：@__app.route('/stream/<action>')
        #image:  摄像头实时传递过来的图像
        #param_data:  必须为 None
        result = self.person_model.detect(image)
        result = json.loads(result)
        if result["code"] == 200 and result["result"]["obj_num"] > 0:
            r_image = self.draw_pos(image, result["result"]["obj_list"])
        else:
            r_image = image
        return_result["code"] = result["code"]
        return_result["msg"] = result["msg"]
        return_result["result_image"] = self.image_to_base64(r_image)
        return_result["result_data"] = result["result"]
```

```
            return return_result
#单元测试，注意在处理类中如果有文件引用，则要修改单元测试的文件路径
if __name__=='__main__':
    from persondet import PersonDet
    #创建视频捕获对象
    cap=cv.VideoCapture(0)
    if cap.isOpened()!=1:
        pass
    #循环获取图像、处理图像、显示图像
    while True:
        ret,img=cap.read()
        if ret==False:
            break
        #创建图像处理对象
        img_object=PersonDetection(c_dir+'/../../models/person_detection')
        #调用图像处理对象处理函数对图像进行加工处理
        result=img_object.inference(img,None)
        frame = img_object.base64_to_image(result["result_image"])
        #图像显示
        cv.imshow('frame',frame)
        key=cv.waitKey(1)
        if key==ord('q'):
            break
    cap.release()
    cv.destroyAllWindows()
else :
    from .persondet import PersonDet
```

4.6.3　开发步骤与验证

4.6.3.1　开发项目部署

开发项目部署同 2.1.3.1 节。

4.6.3.2　项目运行验证

（1）在 SSH 终端中按照 2.1.3.3 节的方法运行启动脚本 start_aicam.sh，通过启动主程序 aicam.py 来运行本项目的案例工程。

（2）在客户端或者边缘计算网关端打开 Chrome 浏览器，输入页面地址并访问 http://192.168.100.200:4001/static/person_detection/index.html，即可查看运行结果。

4.6.3.3　行人检测

（1）在 AiCam 平台界面中选择菜单"行人检测"，将在返回的视频流画面中检测是否有人。

（2）当摄像头视窗中出现人时，将在实时视频流上面将行人框出来，在实验结果处，会显示行人的坐标信息，如图 4.35 所示。

图 4.35　行人检测实验结果

4.6.4　小结

本项目首先介绍了行人检测的特点、功能和基本工作原理；然后介绍了 YOLOv4 模型的结构及其工作原理；最后通过开发实践，将理论知识应用于实践，实现了基于人工智能边缘应用平台的行人检测。

4.6.5　思考与拓展

（1）需要通过什么方式运行本项目的案例工程？请给出相应的命令，并解释每条命令的作用。

（2）在行人检测模型的代码中，哪部分代码负责将检测结果画在图像上？如何将检测到的行人位置标记出来？

（3）本项目实现了每秒处理一次文字结果，这是如何实现的？

4.7　人体姿态识别开发实例

人体姿态识别是计算机视觉中一个重要且具有挑战性的研究，在过去的几十年中，许多算法被用于解决人体姿态识别。人体姿态识别是通过人体骨骼关键点获得三维坐标信息，进而推测人体姿态的。人体姿态识别可以理解人体的运动姿态识别或者运动意图的预测。人体姿态识别在诸多领域（如行为识别、人机交互、游戏、动画、虚拟现实、康复检测、机器人等）有着广阔的应用前景。

人体姿态识别是基于人体运动方式和关键点之间的层次关系，利用深度学习的算法来识别动作信息的。人体姿态识别如图 4.36 所示。

图 4.36　人体姿态识别

本项目要求掌握的知识点如下：

（1）基于深度学习的人体姿态识别。

（2）深度学习 YOLOv4 实现人体姿态识别的基本原理，OpenPose 模型实现人体姿态检测与识别的基本原理。

（3）结合 OpenPose 模型和 AiCam 平台进行人体姿态识别。

4.7.1　原理分析

4.7.1.1　模型分析

1）人体检测

本项目采用 YOLOv4 实现人体姿态识别，YOLOv4 的工作原理请参考 4.6.1.1 节。

2）姿态检测

人体姿态估计可以理解为对人体姿态（关键点，如头、左手、右脚等）的位置估计，本项目采用 OpenPose 进行人体姿态检测与识别。OpenPose 的工作原理和 HandPose 类似，请参考 4.5.1.1 节。

4.7.1.2　接口描述与分析

人体姿态识别模型文件通过 NCNN 推理框架在边缘计算平台运行，AiCam 平台为模型提供了 C++接口库 posedet.so，可供 Python 程序调用。调用接口及返回示例如下：

```
//函数：Posedet.detect(image)
//参数：image 表示图像数据
//结果：JSON 格式的字符串，code 为 200 时表示执行成功，code 为 301 时表示授权失败
{
    "code" : 200,                //返回码
    "msg" : "SUCCESS",           //返回消息
    "result" : {                 //返回结果
        "obj_list" : [           //返回内容
        {
            "location" : {       //目标坐标
                "height" : 1200,
                "left" : 57,
                "top" : 0,
```

```
                "width" : 877
        },
        "mark" : [                        //目标关键点
        {
                "score" : 0.86533927917480469,
                "x" : 587,
                "y" : 187
        },
        {
                "score" : 0.8521275520324707,
                "x" : 623,
                "y" : 168
        },
        {
                "score" : 0.90653085708618164,
                "x" : 550,
                "y" : 150
        },
        {
                "score" : 0.85051119327545166,
                "x" : 678,
                "y" : 187
        },
        {
                "score" : 0.92724734544754028,
                "x" : 514,
                "y" : 168
        },
        {
                "score" : 0.76108467578887939,
                "x" : 769,
                "y" : 412
        },
        {
                "score" : 0.8128700852394104,
                "x" : 422,
                "y" : 393
        },
        {
                "score" : 0.59774982929229736,
                "x" : 861,
                "y" : 618
        },
        {
                "score" : 0.88053774833679199,
                "x" : 294,
                "y" : 600
        },
```

```
            {
                "score" : 0.57478326559066772,
                "x" : 769,
                "y" : 618
            },
            {
                "score" : 0.88899809122085571,
                "x" : 459,
                "y" : 637
            },
            {
                "score" : 0.47482860088348389,
                "x" : 678,
                "y" : 881
            },
            {
                "score" : 0.5548701286315918,
                "x" : 495,
                "y" : 881
            },
            {
                "score" : 0.31383508443832397,
                "x" : 641,
                "y" : 1162
            },
            {
                "score" : 0.18286462128162384,
                "x" : 550,
                "y" : 1162
            },
            {
                "score" : 0.15118566155433655,
                "x" : 660,
                "y" : 1181
            },
            {
                "score" : 0.040661673992872238,
                "x" : 550,
                "y" : 1181
            }],
            "score" : 0.99148327112197876        //置信度
        }],
        "obj_num" : 1                            //目标数量
    },
    "time" : 20.779052734375                     //推理时间（ms）
}
```

4.7.2　开发设计与实践

4.7.2.1　架构设计

本项目基于 AiCam 平台的开发框架（见图 1.3）进行开发，开发流程如下：

（1）在 aicam 工程包的配置文件中添加摄像头（config\app.json），详细代码请参考 2.1.2.1 节。

（2）在 aicam 工程包中添加：

⊃ 人体姿态识别模型文件：models\personpose_detection。

⊃ 人体检测：person_detector.bin/person_detector.param。

⊃ 姿态检测：pose_det.bin/pose_det.param。

（3）在 aicam 工程包中添加：

⊃ 算法文件：algorithm\personpose_detection\personpose_detection.py。

⊃ 人体姿态识别模型接口文件：algorithm\personpose_detection\posedet.so。

（4）在 aicam 工程包中添加项目前端应用 static\personpose_detection。

（5）前端应用采用 RESTFul 接口获取处理后的视频流，返回 base64 编码的图像和结果数据。访问 URL 地址格式如下（IP 地址为边缘计算网关的地址）：

```
http://192.168.100.200:4001/stream/[algorithm_name]?camera_id=0
```

前端应用 JS（js\index.js）处理代码请参考 2.1.2.1 节。

4.7.2.2　功能与核心代码设计

人体姿态识别检测模型能够识别并标记视频中的人体关键点，可同时识别多人的姿态，算法文件如下（algorithm\personpose_detection\personpose_detection.py）：

```python
##################################################################################
#文件：personpose_detection.py
#说明：人体姿态识别
##################################################################################
from PIL import Image,ImageDraw,ImageFont
import numpy as np
import cv2 as cv
import os
import json
import base64
c_dir = os.path.split(os.path.realpath(__file__))[0]

class PersonposeDetection(object):
    def __init__(self, model_path="models/personpose_detection"):
        self.model_path = model_path
        self.pose_model = Posedet()
        self.pose_model.init(self.model_path)

    def image_to_base64(self, img):
        image = cv.imencode('.jpg', img, [cv.IMWRITE_JPEG_QUALITY, 60])[1]
        image_encode = base64.b64encode(image).decode()
```

```
                return image_encode

        def base64_to_image(self, b64):
            img = base64.b64decode(b64.encode('utf-8'))
            img = np.asarray(bytearray(img), dtype="uint8")
            img = cv.imdecode(img, cv.IMREAD_COLOR)
            return img

        def draw_pos(self, img, objs):
            img_rgb = cv.cvtColor(img, cv.COLOR_BGR2RGB)
            pilimg = Image.fromarray(img_rgb)
            #创建 ImageDraw 绘图类
            draw = ImageDraw.Draw(pilimg)
            #设置字体
            font_size = 20
            font_path = c_dir+"/../../font/wqy-microhei.ttc"
            font_hei = ImageFont.truetype(font_path, font_size, encoding="utf-8")

            joint_pairs = (
                (0, 1), (1, 3), (0, 2), (2, 4), (5, 6), (5, 7), (7, 9), (6, 8), (8, 10), (5, 11), (6, 12),
                (11, 12), (11, 13), (12, 14), (13, 15), (14, 16)
            )
            for obj in objs:
                loc = obj["location"]
                draw.rectangle((loc["left"], loc["top"], loc["left"]+loc["width"],
                                loc["top"]+loc["height"]), outline='green',width=2)
                msg = "%.2f"%obj["score"]
                draw.text((loc["left"], loc["top"]-font_size*1), msg, (0, 255, 0), font=font_hei)

                for i in range(16):
                    p1 = obj["mark"][joint_pairs[i][0]]
                    p2 = obj["mark"][joint_pairs[i][1]]
                    if p1["score"] < 0.2 or p2["score"]<0.2:
                        continue
                    draw.line(((p1["x"],p1["y"]),(p2["x"],p2["y"])), fill=(255, 0, 0),width=2)

                for kp in obj["mark"]:
                    if kp["score"] < 0.2:
                        continue;
                    draw.ellipse(((kp["x"]-4, kp["y"]-4), (kp["x"]+4,kp["y"]+4)), fill=None,outline=(0, 255,
0),width=2)
            result = cv.cvtColor(np.array(pilimg), cv.COLOR_RGB2BGR)
            return result

        def inference(self, image, param_data):
            #code：识别成功返回 200
            #msg：相关提示信息
            #origin_image：原始图像
```

```
            #result_image：处理之后的图像
            #result_data：结果数据
            return_result = {'code': 200, 'msg': None, 'origin_image': None, 'result_image': None, 'result_data': None}

            #实时视频接口：@__app.route('/stream/<action>')
            #image：摄像头实时传递过来的图像
            #param_data：必须为 None
            result = self.pose_model.detect(image)
            result = json.loads(result)
            r_image = image
            if result["code"] == 200 and result["result"]["obj_num"] > 0:
                r_image = self.draw_pos(image, result["result"]["obj_list"])
            return_result["code"] = result["code"]
            return_result["msg"] = result["msg"]
            return_result["result_image"] = self.image_to_base64(r_image)
            return_result["result_data"] = result["result"]
            return return_result
#单元测试，注意在处理类中如果有文件引用，则要修改单元测试的文件路径
if __name__ =='__main__':
    from posedet import Posedet
    #创建视频捕获对象
    cap=cv.VideoCapture(0)
    if cap.isOpened()!=1:
        pass
    #循环获取图像、处理图像、显示图像
    while True:
        ret,img=cap.read()
        if ret==False:
            break
        #创建图像处理对象
        img_object=PersonposeDetection(c_dir+'/../../models/personpose_detection')
        #调用图像处理对象处理函数对图像进行加工处理
        result=img_object.inference(img,None)
        frame = img_object.base64_to_image(result["result_image"])
        #图像显示
        cv.imshow('frame',frame)
        key=cv.waitKey(1)
        if key==ord('q'):
            break
    cap.release()
    cv.destroyAllWindows()
else :
    from .posedet import Posedet
```

4.7.3　开发步骤与验证

4.7.3.1　开发项目部署

开发项目部署同 2.1.3.1 节。

4.7.3.2　项目运行验证

（1）在 SSH 终端中按照 2.1.3.3 节的方法运行启动脚本 start_aicam.sh，通过启动主程序 aicam.py 来运行本项目的案例工程。

（2）在客户端或者边缘计算网关端打开 Chrome 浏览器，输入页面地址并访问 http://192.168.100.200:4001/static/personpose_detection/index.html，即可查看运行结果。

4.7.3.3　人体姿态检测

（1）在 AiCam 平台界面中选择菜单"人体姿态识别"，将在返回的视频流画面中标识人体关键点。

（2）当摄像头视窗中出现人体时，将在实时视频流上面将人体框出来，并且标记人体关键点，在实验结果处，会显示人体关键点的坐标信息，如图 4.37 所示。

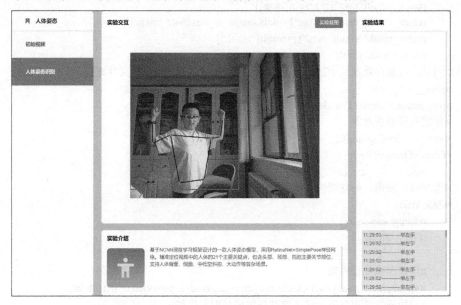

图 4.37　人体姿态检测实验结果

（3）根据获得的人体关键点设计算法，识别对应的动作。

4.7.4　小结

本项目首先介绍了人体姿态识别模型的特点、功能和基本工作原理；然后分析了人体姿态识别的核心代码；最后通过开发实践，将理论知识应用于实践，实现了基于人工智能边缘应用平台的人体姿态识别。

4.7.5　思考与拓展

（1）人体姿态识别模型可以检测视频中的什么内容？它的主要作用是什么？请提供相关的算法文件和核心代码。

（2）在人体姿态识别的代码实现中，函数 draw_pos 的作用是什么？它是如何绘制人体关键点和标识人体的？请解释人体关键点的标记逻辑。

（3）在人体姿态识别的开发案例中，硬件部署和工程部署各需要哪些操作？请列出相关的步骤。

4.8 车辆检测开发实例

随着城市交通量的增加，交通拥堵等问题不断加剧，对交通管理和智能交通系统的需求也日益迫切。车辆检测作为智能交通系统（Intelligent Traffic System，ITS）的重要组成部分，可以实时监测道路上车辆的数量、位置和运动状态，从而提供交通流量分析、拥堵监测、事故预警等重要信息，有助于改善交通管理。

当前，随着深度学习技术的不断发展，基于视频图像的车辆分析技术有了质的飞跃。借助于人工智能技术，可对视频图像中的车辆进行检测并对进行特征提取，从而对车辆的类型、品牌型号、车牌信息、车身颜色、车窗标识物、违法驾驶行为等进行准确识别。

车辆分析技术包括车型识别、车辆检测、车流统计、车辆属性识别、车辆外观损伤识别和车辆分割等，广泛适用于拍照识图、交通监控、园区物业管理、汽车后市场等各类业应用。车辆检测如图 4.38 所示。

本项目要求掌握的知识点如下：

（1）基于深度学习的车辆检测技术。

（2）深度学习模型 YOLOv5 的原理与开发。

（3）结合 YOLOv5 模型和 AiCam 平台进行车辆检测开发。

图 4.38　车辆检测

4.8.1　原理分析

4.8.1.1　YOLOv5 模型分析

本项目采用 YOLOv5 模型实现车辆检测。YOLOv5 是一种在计算机视觉中用于目标检测的深度学习模型和框架。由于具有高性能和高准确性，YOLOv5 在多个领域中得到广泛应用，如自动驾驶、工业自动化、医疗影像分析、物体追踪、安全监控等。基本特点有：

- 实时目标检测：YOLO 系列模型的主要功能是实现实时的目标检测，即在图像或视频中检测和定位多个目标的位置，并为这些目标分配类别标签。YOLOv5 旨在提供高速度和高准确性。

- 单一前馈神经网络架构：YOLOv5 采用单一前馈神经网络架构，这意味着它可以一次性处理整个图像，无须采用滑动窗口或候选框的方法，从而提高了速度。

- 锚框：YOLOv5 使用锚框（Anchors）来预测目标的边界框，锚框是一组预定义的边界框，YOLOv5 通过回归来适应这些锚框，以精确定位目标。

- 多尺度预测：YOLOv5 通过处理不同尺度的特征图来检测不同大小的目标，这有助于提高对小目标和大目标的检测能力。

  ⊃ 类别分类：YOLOv5 不仅可以检测目标的位置，还可以为检测到的目标分配一个类别标签，以标明该目标属于哪个类别。

YOLOv5 模型的结构如图 4.39 所示，从图中可以看出，YOLOv5 结构由输入端、BackBone、Neck 和输出端组成。

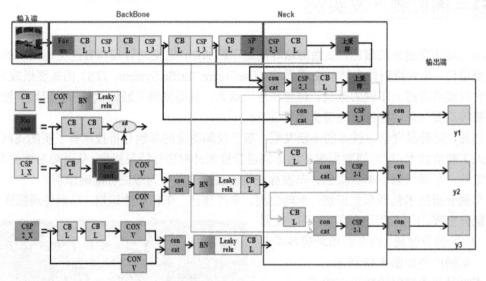

图 4.39　YOLOv5 模型的结构

（1）输入端：YOLOv5 利用 Mosaic 数据增强技术随机抽取 4 幅图像进行随机缩放、随机裁剪、随机排列等，可有效检测到小目标；采用自适应锚框计算，对于不同的数据集，YOLOv5 有一个固定长度和宽度的锚框。在网络训练中，YOLOv5 根据初始锚框对预测框和真实框进行比对，在每次训练中都能根据需要自动求出最佳锚框。

（2）Neck：采用 FPN+PAN 结构，Neck（也称为 FPN）是指用于特征融合的一系列网络层，其结构如图 4.40 所示。Neck 的主要作用是将主干网络提取的特征与不同尺度特征进行融合，从而提高目标检测的精度和召回率。另外，Neck 还可以减少特征图上的位置偏差，进而提高目标检测的准确性。

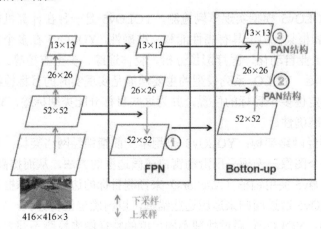

图 4.40　Neck 结构

（3）BackBone：负责从输入图像中提取特征，首先在 Focus 模块中对输入的图像进行操作，比较关键的是切片操作。以 YOLOv5s 的结构为例，原始的 416×416×3 图像输入 Focus 模块，采用切片操作，先变成 208×208×12 的特征图，再经过一次 32 个卷积核的卷积操作，最终变成 208×208×32 的特征图。YOLOv5 中设计了两种 CSP 结构，以 YOLOv5s 网络为例，将 CSP1_X 结构应用于 BackBone 主干特征提取网络，将 CSP2_X 结构应用于 Neck 中。

（4）输出端：输出端是最终的检测部分，BackBone 提取的特征图在经过 Neck 的压缩和融合后，在输出端使用不同尺度的先验框进行预测和分类。YOLOv5 的输出包括三个尺度的特征图，分别是 80×80、40×40、20×20 的网格，用于检测不同尺度的目标，根据损失函数 GIOU_Loss 的反向传播进行不断优化，最后使用 NMS 消除多余的预测框。

4.8.1.2　接口描述与分析

车辆检测模型文件通过 NCNN 推理框架在边缘计算平台运行，AiCam 平台为模型提供了 C++接口库 cardet.so，可供 Python 程序调用。调用接口及返回示例如下：

```
//函数：CarDet.detect(image)
//参数：image 表示图像数据
//结果：JSON 格式的字符串，code 为 200 时表示执行成功，code 为 301 时表示授权失败
{
    "code" : 200,                      //返回码
    "msg" : "SUCCESS",                 //返回消息
    "result" : {                       //返回结果
        "obj_list" : [                 //返回内容
        {
            "location" : {             //目标坐标
                "height" : 196.62554931640625,
                "left" : 287.98129272460938,
                "top" : 626.872314453125,
                "width" : 758.539306640625
            },
            "score" : 0.99148327112197876     //置信度
        }],
        "obj_num" : 1                  //目标数量
    },
    "time" : 30.628173828125           //推理时间（ms）
}
```

4.8.2　开发设计与实践

4.8.2.1　架构设计

本项目基于 AiCam 平台的开发框架（见图 1.3）进行开发，开发流程如下：

（1）在 aicam 工程包的配置文件中添加摄像头（config\app.json），详细代码请参考 2.1.2.1 节。

（2）在 aicam 工程包中添加车辆检测模型文件 yolov3-tiny-car-opt.bin/yolov3-tiny-car-opt.param。

（3）在 aicam 工程包中添加：

➲ 算法文件：algorithm\car_detection\car_detection.py。

➲ 车辆检测模型接口文件：algorithm\car_detection\cardet.so。

（4）在 aicam 工程包中添加项目前端应用 static\car_detection。

（5）前端应用采用 RESTFul 接口获取处理后的视频流，返回 base64 编码的图像和结果数据。访问 URL 地址格式如下（IP 地址为边缘计算网关的地址）：

```
http://192.168.100.200:4001/stream/[algorithm_name]?camera_id=0
```

前端应用 JS（js\index.js）处理代码请参考 2.1.2.1 节。

4.8.2.2　功能与核心代码设计

车辆检测模型能够检测视频中的车辆，并标记出车辆的位置坐标，可以同时检测多辆车辆，算法文件如下（algorithm\car_detection\car_detection.py）：

```python
############################################################################
#文件：car_detection.py
#说明：车辆检测
############################################################################
from PIL import Image,ImageDraw,ImageFont
import numpy as np
import cv2 as cv
import os
import json
import base64
c_dir = os.path.split(os.path.realpath(__file__))[0]
class CarDetection(object):
    def __init__(self, model_path="models/car_detection"):
        self.model_path = model_path
        self.car_model = CarDet()
        self.car_model.init(self.model_path)

    def image_to_base64(self, img):
        image = cv.imencode('.jpg', img, [cv.IMWRITE_JPEG_QUALITY, 60])[1]
        image_encode = base64.b64encode(image).decode()
        return image_encode

    def base64_to_image(self, b64):
        img = base64.b64decode(b64.encode('utf-8'))
        img = np.asarray(bytearray(img), dtype="uint8")
        img = cv.imdecode(img, cv.IMREAD_COLOR)
        return img

    def draw_pos(self, img, objs):
        img_rgb = cv.cvtColor(img, cv.COLOR_BGR2RGB)
        pilimg = Image.fromarray(img_rgb)
        #创建 ImageDraw 绘图类
        draw = ImageDraw.Draw(pilimg)
        #设置字体
```

```
            font_size = 20
            font_path = c_dir+"/../../font/wqy-microhei.ttc"
            font_hei = ImageFont.truetype(font_path, font_size, encoding="utf-8")

            for obj in objs:
                loc = obj["location"]
                draw.rectangle((loc["left"], loc["top"], loc["left"]+loc["width"],
                               loc["top"]+loc["height"]), outline='green',width=2)
                msg =   "%.2f"%obj["score"]
                draw.text((loc["left"], loc["top"]-font_size*1), msg, (0, 255, 0), font=font_hei)
            result = cv.cvtColor(np.array(pilimg), cv.COLOR_RGB2BGR)
            return result


    def inference(self, image, param_data):
        #code：识别成功返回 200
        #msg：相关提示信息
        #origin_image：原始图像
        #result_image：处理之后的图像
        #result_data：结果数据
        return_result = {'code': 200, 'msg': None, 'origin_image': None, 'result_image': None, 'result_data': None}
        #实时视频接口：@__app.route('/stream/<action>')
        #image：摄像头实时传递过来的图像
        #param_data：必须为 None
        result = self.car_model.detect(image)
        result = json.loads(result)
        r_image = image
        if result["code"] == 200 and result["result"]["obj_num"] > 0:
            r_image = self.draw_pos(r_image, result["result"]["obj_list"])

        return_result["code"] = result["code"]
        return_result["msg"] = result["msg"]
        return_result["result_image"] = self.image_to_base64(r_image)
        return_result["result_data"] = result["result"]
        return return_result
#单元测试，注意在处理类中如果有文件引用，则要修改单元测试的文件路径
if __name__=='__main__':

    from cardet import CarDet
    #创建视频捕获对象
    cap=cv.VideoCapture(0)
    if cap.isOpened()!=1:
        pass
    #循环获取图像、处理图像、显示图像
    while True:
        ret,img=cap.read()
        if ret==False:
            break
        #创建图像处理对象
        img_object=CarDetection(c_dir+'/../../models/car_detection')
```

```
            #调用图像处理对象处理函数对图像进行加工处理
            result=img_object.inference(img,None)
            frame = img_object.base64_to_image(result["result_image"])
            #图像显示
            cv.imshow('frame',frame)
            key=cv.waitKey(1)
            if key==ord('q'):
                    break
        cap.release()
        cv.destroyAllWindows()
    else :
        from .cardet import CarDet
```

4.8.3　开发步骤与验证

4.8.3.1　开发项目部署

开发项目部署同 2.1.3.1 节。

4.8.3.2　项目运行验证

（1）在 SSH 终端中按照 2.1.3.3 节的方法运行启动脚本 start_aicam.sh，通过启动主程序 aicam.py 来运行本项目的案例工程。

（2）在客户端或者边缘计算网关端打开 Chrome 浏览器，输入页面地址并访问 http://192.168.100.200:4001/static/car_detection/index.html，即可查看运行结果。

4.8.3.3　车辆检测

（1）在 AiCam 平台界面中选择菜单"车辆检测"，将在返回的视频流画面中检测是否有车辆。

（2）把样图放在摄像头视窗内，算法将会对视频中的车辆样图进行识别并标注，在实验结果处，会显示车辆的信息，如图 4.41 所示。

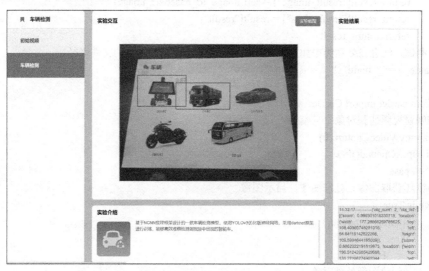

图 4.41　车辆检测实验结果

4.8.4　小结

本项目首先介绍了车辆检测的特点、功能和基本工作原理；然后介绍了 YOLOv5 的结构；最后通过开发实践，将理论知识应用于实践，实现了基于人工智能边缘应用平台的车辆检测。

4.8.5　思考与拓展

（1）请简述 YOLOv5 模型的结构，以及它在车辆检测中的作用。

（2）在车辆检测中，如果有多辆车辆同时出现在画面中，车辆检测算法是如何处理并显示这些车辆的位置的？

（3）车辆检测有哪些潜在的实际用途和应用场景？

4.9 车牌识别开发实例

车牌识别是指通过车牌提取、图像预处理、特征提取等技术，识别车辆牌号。车牌识别广泛应用于高速收费站、停车场等领域。随着人工智能深度学习技术的发展，在进行图像检测和识别时，无须人为设定具体的特征，只需要准备足够多的图像进行训练，通过逐层迭代就可以获得较好的结果。车牌识别如图 4.42 所示。

本项目要求掌握的知识点如下：

（1）基于深度学习的车牌识别技术。

（2）深度学习模型 LPRNet 的原理与开发。

（3）结合 LPRNet 和 AiCam 平台进行车牌识别的开发。

图 4.42　车牌识别

4.9.1　原理分析

4.9.1.1　LPRNet 模型分析

LPRNet（License Plate Recognition Network）是一个用于车牌识别的深度学习模型。在特征提取方面，LPRNet 使用轻量化卷积神经网络，训练阶段的损失函数选择 CTC Loss。LPRNet 的车牌识别准确率达到 95% 以上，具有以下几大优点：

（1）LPRNet 模型不需要预先对字符进行分割，支持可变字符长度的车牌识别，特别是对于字符差异性比较大的车牌，可以实现端到端的检测识别。

（2）LPRNet 以卷积神经网络为基础，没有采用循环卷积神经网络，使得网络结构更加轻量化，能够在各种嵌入式设备上运行。

（3）LPRNet 可在光照条件恶劣、拍摄视角畸变等环境下对车牌进行识别，具有优良的鲁棒性与泛化性。

LPRNet 模型的结构如图 4.43 所示，具体包含输入图像（Input Image）、CBR（Convolution, Batch Normalization, Rectified Linear Unit）、MaxPool、Small basic block、AvgPool、concat 和 container。其中输入图像的尺度为 3×24×94；CBR 由一个卷积层、批量归一化层和激活函数 ReLU 组成；MaxPool 是三维最大池化操作，三维核尺度分别为 1、3 和 3，步长均为 1；AvgPool 是二维平均池化操作，Small basic block 由 4 个卷积层和 3 个激活函数 ReLU 组成；concat 以通道维度拼接多个特征图；container 包含一个卷积核为 1×1 的卷积层。

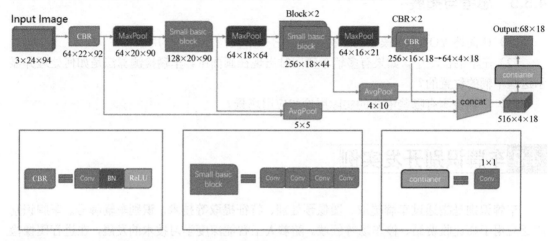

图 4.43　LPRNet 模型的结构

LPRNet 以堆叠的卷积层作为特征提取网络，以原始的 RGB 图像作为输入。为了更好地融合多层特征信息，LPRNet 对 4 个不同尺度的特征图进行融合，进而在利用高层次细粒度特征信息的同时与浅层的全局图像信息相结合。浅层特征图包含更多的图像全局特征信息且具有较高的分辨率。

4.9.1.2　接口描述与分析

车牌识别模型文件通过 NCNN 推理框架在边缘计算平台运行，AiCam 平台为模型提供了 C++接口库 plateRecognize.so，可供 Python 程序调用。调用接口及返回示例如下：

```
//函数：PlateRecognizer.plate_recognize(image)
//参数：image 表示图像数据
//结果：JSON 格式的字符串，code 为 200 时表示执行成功，code 为 301 时表示授权失败
{
    "code" : 200,              //返回码
    "msg" : "SUCCESS",         //返回消息
    "result" : {               //返回结果
        "obj_list" : [         //返回内容
        {
            "location" : {     //目标坐标
                "height" : 113,
                "left" : 352,
                "top" : 423,
                "width" : 285
```

```
        },
            "plate_color" : "蓝",                        //车牌颜色
            "plate_no" : "鄂 AQF759",                    //车牌号码
            "score" :0.99148327112197876                 //置信度
        }],
        "obj_num" : 1                                    //目标数量
    },
    "time" : 163.76416015625                             //推理时间（ms）
}
```

4.9.2 开发设计与实践

4.9.2.1 架构设计

本项目基于 AiCam 平台的开发框架（见图 1.3）进行开发，开发流程如下：

（1）在 aicam 工程包的配置文件中添加摄像头（config\app.json），详细代码请参考 2.1.2.1 节。

（2）在 aicam 工程包中添加车牌识别模型文件 models\plate_recognition，包括：

➥ 车牌检测：det3.bin/det3.param。

➥ 车牌对齐：lffd.bin/lffd.param。

➥ 颜色识别：lpc.bin/lpc.param。

➥ 车牌识别：lpr.bin/lpr.param。

（3）在 aicam 工程包中添加：

➥ 算法文件：algorithm\plate_recognition\plate_recognition.py。

➥ 模型接口文件：algorithm\plate_recognition\plateRecognize.so。

（4）在 aicam 工程包中添加项目前端应用 static\plate_recognition。

（5）前端应用采用 RESTFul 接口获取处理后的视频流，返回 base64 编码的图像和结果数据。访问 URL 地址格式如下（IP 地址为边缘计算网关的地址）：

```
http://192.168.100.200:4001/stream/[algorithm_name]?camera_id=0
```

前端应用 JS（js\index.js）处理代码请参考 2.1.2.1 节。

4.9.2.2 功能与核心代码设计

车牌识别模型的算法文件如下（algorithm\plate_recognition\plate_recognition.py）：

```
############################################################################
#文件：plate_recognition.py
#说明：车牌识别
############################################################################
from PIL import Image,ImageDraw,ImageFont
import numpy as np
import cv2 as cv
import os
import json
import base64
c_dir = os.path.split(os.path.realpath(__file__))[0]
```

```python
load = False
class PlateRecognition(object):
    def __init__(self, model_path="models/plate_recognition/"):
        global load
        if load:
            model_path="./"
        self.plate_model = PlateRecognizer()
        self.plate_model.init(model_path)
        load = True

    def image_to_base64(self, img):
        image = cv.imencode('.jpg', img, [cv.IMWRITE_JPEG_QUALITY, 60])[1]
        image_encode = base64.b64encode(image).decode()
        return image_encode

    def base64_to_image(self, b64):
        img = base64.b64decode(b64.encode('utf-8'))
        img = np.asarray(bytearray(img), dtype="uint8")
        img = cv.imdecode(img, cv.IMREAD_COLOR)
        return img

    def draw_pos(self, img, objs):
        img_rgb = cv.cvtColor(img, cv.COLOR_BGR2RGB)
        pilimg = Image.fromarray(img_rgb)
        #创建 ImageDraw 绘图类
        draw = ImageDraw.Draw(pilimg)
        #设置字体
        font_size = 20
        font_path = c_dir+"/../../font/wqy-microhei.ttc"
        font_hei = ImageFont.truetype(font_path, font_size, encoding="utf-8")

        for obj in objs:
            loc = obj["location"]
            draw.rectangle((loc["left"], loc["top"], loc["left"]+loc["width"],
                            loc["top"]+loc["height"]), outline='green',width=2)
            msg = obj["plate_no"]+" : %.2f"%obj["score"]
            draw.text((loc["left"], loc["top"]-font_size*1), msg, (0, 255, 0), font=font_hei)
        result = cv.cvtColor(np.array(pilimg), cv.COLOR_RGB2BGR)
        return result

    def inference(self, image, param_data):
        #code：识别成功返回 200
        #msg：相关提示信息
        #origin_image：原始图像
        #result_image：处理之后的图像
        #result_data：结果数据
        return_result = {'code': 200, 'msg': None, 'origin_image': None, 'result_image': None, 'result_data': None}
```

```
#实时视频接口：@__app.route('/stream/<action>')
#image：摄像头实时传递过来的图像
#param_data：必须为 None
result = self.plate_model.plate_recognize(image)
result = json.loads(result)
r_image = image

if result["code"] == 200 and result["result"]["obj_num"] > 0:
    r_image = self.draw_pos(r_image, result["result"]["obj_list"])
return_result["code"] = result["code"]
return_result["msg"] = result["msg"]
return_result["result_image"] = self.image_to_base64(r_image)
return_result["result_data"] = result["result"]
return return_result
#单元测试，注意在处理类中如果有文件引用，则要修改单元测试的文件路径
if __name__=='__main__':

    from plateRecognize import PlateRecognizer
    #创建图像处理对象
    img_object=PlateRecognition(c_dir+'/../../models/plate_recognition')
    cap=cv.VideoCapture(0)
    if cap.isOpened()!=1:
        pass
    #循环获取图像、处理图像、显示图像
    while True:
        ret,img=cap.read()
        if ret==False:
            break
        #调用图像处理对象处理函数对图像进行加工处理
        result=img_object.inference(img,None)
        frame = img_object.base64_to_image(result["result_image"])
        #图像显示
        cv.imshow('frame',frame)
        key=cv.waitKey(1)
        if key==ord('q'):
            break
    cv.destroyAllWindows()
else :
    from .plateRecognize import PlateRecognizer
```

4.9.3 开发步骤与验证

4.9.3.1 开发项目部署
开发项目部署同 2.1.3.1 节。

4.9.3.2 项目运行验证
（1）在 SSH 终端中按照 2.1.3.3 节的方法运行启动脚本 start_aicam.sh，通过启动主程序

aicam.py 来运行本项目的案例工程。

（2）在客户端或者边缘计算网关端打开 Chrome 浏览器，输入页面地址并访问 http://192.168.100.200:4001/static/plate_recognition/index.html，即可查看运行结果。

4.9.3.3　车牌识别

（1）在 AiCam 平台界面中选择菜单"车牌识别"，将在返回的视频流画面中检测车牌信息。

（2）把样图放在摄像头视窗内，本项目会在实时视频流上将车牌框出来，并且将识别的车牌显示出来，在实验结果处会显示车牌信息，如图 4.44 所示。

图 4.44　车牌识别实验结果

4.9.4　小结

本项目首先介绍了车牌识别的特点、功能和基本工作原理；然后介绍了 LPRNet 的结构及其工作原理；最后通过开发实践，将理论知识应用于实践，实现了基于人工智能边缘应用平台的车牌识别。

4.9.5　思考与拓展

（1）车牌识别模型的主要功能是什么？它能够在视频中做什么样的检测和识别？请提供相关的算法文件和核心代码。

（2）请简述 LPRNet 的结构，以及它在车牌识别中的作用。

（3）在车牌识别应用中，如何识别车牌并将其显示出来？核心代码中的哪部分完成了这个功能？

4.10 交通标志识别开发实例

随着辅助驾驶和无人驾驶的兴起，交通环境感知变得越来越重要，交通标志识别是交通环境感知的重要内容。随着计算机视觉技术的成熟及其在交通领域的广泛应用，利用目标识别技术为辅助驾驶和无人驾驶提供交通标志信息，有利于交通智能化。

随着计算机视觉和深度学习技术的发展，交通标志识别技术得到了快速的发展。传统的图像处理方法逐渐被基于深度学习的方法所取代，如卷积神经网络（CNN）、循环神经网络（RNN）等，这些方法在交通标志识别中取得了显著的效果。

交通标志识别的应用非常广泛，不仅可以用于智能驾驶系统，通过识别交通标志来帮助辅助驾驶或自动驾驶的车辆做出正确的决策；也可以用于交通管理和交通规划，更好地帮助交通部门了解交通标志的分布情况，从而做出相应的规划和管理措施；还可以用于交通监控系统，协助交警部门对交通违法行为进行监控和处罚。交通标志识别如图 4.45 所示。

图 4.45　交通标志识别

本项目要求掌握的知识点如下：

（1）基于深度学习的交通标志识别技术。

（5）深度学习模型 YOLOv3 的原理与开发。

（3）结合 YOLOv3 和 AiCam 平台进行交通标志识别。

4.10.1　原理分析

本项目采用的是 YOLOv3 模型实现交通标志的识别，请参考 4.4.1.1 节。

交通标志识别模型文件通过 NCNN 推理框架在边缘计算平台运行，AiCam 平台为模型提供了 C++接口库 trafficdet.so，可供 Python 程序调用。调用接口及返回示例如下：

```
//函数：TrafficDet.detect(image)
//参数：image 表示图像数据
//结果：JSON 格式的字符串，code 为 200 时表示执行成功，code 为 301 时表示授权失败
{
    "code" : 200,              //返回码
    "msg" : "SUCCESS",         //返回消息
    "result" : {               //返回结果
        "obj_list" : [         //返回内容
        {
            "location" : {     //目标坐标
```

```
                "height" : 400,
                "left" : 1215,
                "top" : 1052,
                "width" : 570
            },
            "name" : "right",              //目标名称
            "score" : 0.9994969367980957   //置信度
        }],
        "obj_num" : 1                      //目标数量
    },
    "time" : 33.180908203125               //推理时间（ms）
}
```

4.10.2　开发设计与实践

4.10.2.1　架构设计

本项目基于 AiCam 平台的开发框架（见图 1.3）进行开发，开发流程如下：

（1）在 aicam 工程包的配置文件中添加摄像头（config\app.json），详细代码请参考 2.1.2.1 节。

（2）在 aicam 工程包中添加：

● 交通标志识别模型文件：models\traffic_detection。

● 交通标志识别算法：yolov3-tiny-traffic-opt.bin/yolov3-tiny-traffic-opt.param。

（3）在 aicam 工程包中添加算法文件：

● 算法文件：algorithm\traffic_detection\traffic_detection.py。

● 模型接口文件：algorithm\traffic_detection\trafficdet.so。

（4）在 aicam 工程包中添加项目前端应用 static\traffic_detection。

（5）前端应用采用 RESTFul 接口获取处理后的视频流，返回 base64 编码的图像和结果数据。访问 URL 地址格式如下（IP 地址为边缘计算网关的地址）：

```
http://192.168.100.200:4001/stream/[algorithm_name]?camera_id=0
```

前端应用 JS（js\index.js）处理代码请参考 2.1.2.1 节。

4.10.2.2　功能与核心代码设计

交通标志识别模型能够检测视频中的交通标志，包括红灯、绿灯、左转、右转、直行，算法文件如下（algorithm\traffic_detection\traffic_detection.py）：

```
#############################################################################
#文件：traffic_detection.py
#说明：交通标志识别
#############################################################################
from PIL import Image,ImageDraw,ImageFont
import numpy as np
import cv2 as cv
import os
import json
import base64
```

```
c_dir = os.path.split(os.path.realpath(__file__))[0]

class TrafficDetection(object):
    def __init__(self, model_path="models/traffic_detection"):
        self.model_path = model_path
        self.traffic_model = TrafficDet()
        self.traffic_model.init(self.model_path)

    def image_to_base64(self, img):
        image = cv.imencode('.jpg', img, [cv.IMWRITE_JPEG_QUALITY, 60])[1]
        image_encode = base64.b64encode(image).decode()
        return image_encode

    def base64_to_image(self, b64):
        img = base64.b64decode(b64.encode('utf-8'))
        img = np.asarray(bytearray(img), dtype="uint8")
        img = cv.imdecode(img, cv.IMREAD_COLOR)
        return img

    def draw_pos(self, img, objs):
        img_rgb = cv.cvtColor(img, cv.COLOR_BGR2RGB)
        pilimg = Image.fromarray(img_rgb)
        #创建 ImageDraw 绘图类
        draw = ImageDraw.Draw(pilimg)
        #设置字体
        font_size = 20
        font_path = c_dir+"/../../font/wqy-microhei.ttc"
        font_hei = ImageFont.truetype(font_path, font_size, encoding="utf-8")

        for obj in objs:
            loc = obj["location"]
            draw.rectangle((loc["left"], loc["top"], loc["left"]+loc["width"],
                            loc["top"]+loc["height"]), outline='green',width=2)
            msg =    obj["name"]+": %.2f"%obj["score"]
            draw.text((loc["left"], loc["top"]-font_size*1), msg, (0, 255, 0), font=font_hei)
        result = cv.cvtColor(np.array(pilimg), cv.COLOR_RGB2BGR)
        return result
    def inference(self, image, param_data):
        #code：识别成功返回 200
        #msg：相关提示信息
        #origin_image：原始图像
        #result_image：处理之后的图像
        #result_data：结果数据
        return_result = {'code': 200, 'msg': None, 'origin_image': None, 'result_image': None, 'result_data': None}
        #实时视频接口：@__app.route('/stream/<action>')
        #image：摄像头实时传递过来的图像
        #param_data：必须为 None
        result = self.traffic_model.detect(image)
```

```
        result = json.loads(result)
        if result["code"] == 200 and result["result"]["obj_num"] > 0:
            r_image = self.draw_pos(image, result["result"]["obj_list"])
        else:
            r_image = image
        return_result["code"] = result["code"]
        return_result["msg"] = result["msg"]
        return_result["result_image"] = self.image_to_base64(r_image)
        return_result["result_data"] = result["result"]
        return return_result
#单元测试，注意在处理类中如果有文件引用，则要修改单元测试的文件路径
if __name__ == '__main__':

    from trafficdet import TrafficDet
    #创建视频捕获对象
    cap=cv.VideoCapture(0)
    if cap.isOpened()!=1:
        pass
    #循环获取图像、处理图像、显示图像
    while True:
        ret,img=cap.read()
        if ret==False:
            break
        #创建图像处理对象
        img_object=TrafficDetection(c_dir+'/../../models/traffic_detection')
        #调用图像处理对象处理函数对图像进行加工处理
        result=img_object.inference(img,None)
        frame = img_object.base64_to_image(result["result_image"])
        #图像显示
        cv.imshow('frame',frame)
        key=cv.waitKey(1)
        if key==ord('q'):
            break
    cap.release()
    cv.destroyAllWindows()
else :
    from .trafficdet import TrafficDet
```

4.10.3 开发步骤与验证

4.10.3.1 开发项目部署

开发项目部署同 2.1.3.1 节。

4.10.3.2 项目运行验证

（1）在 SSH 终端中按照 2.1.3.3 节的方法运行启动脚本 start_aicam.sh，通过启动主程序 aicam.py 来运行本项目的案例工程。

（2）在客户端或者边缘计算网关端打开 Chrome 浏览器，输入页面地址并访问 http://192.168.100.200:4001/static/traffic_detection/index.html，即可查看运行结果。

4.10.3.3　交通标志识别

（1）在 AiCam 平台界面中选择菜单"交通标志"，将在返回的视频流画面中检测并识别交通标志。

（2）把样图放在摄像头视窗内，算法将会对视频中的交通标志进行识别并标注，在实验结果处会显示交通标志的信息，如图 4.46 所示。

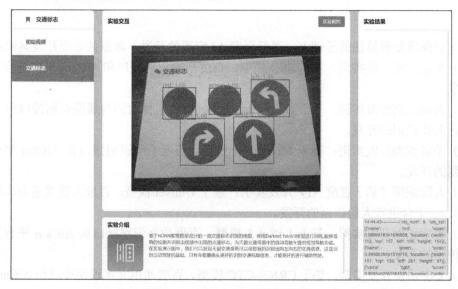

图 4.46　交通标志识别的实验结果

4.10.4　小结

本项目首先介绍了交通标志识别的特点、功能和基本工作原理；然后介绍了交通标志识别模型文件的核心算法；最后通过开发实践，将理论知识应用于实践，实现了基于人工智能边缘应用平台的交通标志识别。

4.10.5　思考与拓展

（1）交通标志识别模型文件中的 TrafficDetection 类的主要作用是什么？它在核心代码中是如何初始化和使用的？

（2）交通标志识别涉及的模型初始化步骤是什么？为什么需要在代码中设置一个全局的 load 标志？

（3）如果交通标志在视频中的位置发生变化，交通标志识别模型还能够准确识别吗？为什么？如果无法准确识别，有哪些方法可以改进？

第 5 章
百度 AI 应用开发实例

本章在图像处理算法的基础上，进行百度 AI 应用的开发。本章共 8 个开发案例：

（1）车辆识别开发实例：基于 SSD 模型、百度车辆识别接口和 AiCam 平台进行车辆识别的开发。

（2）人体识别开发实例：基于 DetectNet 模型、百度人体检测与属性识别接口和 AiCam 平台进行人体识别的开发。

（3）手势识别开发实例：基于 MobileNet 模型、百度手势识别接口和 AiCam 平台进行手势识别的开发。

（4）人脸识别（基于百度 AI）开发实例：基于 UniNet 模型、百度人脸搜索与库管理接口和 AiCam 平台进行人脸识别的开发。

（5）数字识别开发实例：基于 LeNet-5 模型、百度数字识别接口和 AiCam 平台进行手写数字识别的开发。

（6）文字识别开发实例：基于 CRNN-CTC 模型、百度通用文字识别接口和 AiCam 平台进行文字识别的开发。

（7）语音识别开发实例：基于 ResNet 模型、百度语音识别接口和 AiCam 平台进行语音识别的开发。

（8）语音合成开发实例：基于 Tacotron 2 模型、百度语音合成接口和 AiCam 平台进行语音合成的开发。

5.1 车辆识别开发实例

智能交通系统中的车辆识别技术已经成为我国道路交通安全的重要监管手段之一，在执行车辆套牌、违规行驶、肇事逃逸等检测，被盗车辆的车型识别，特定车辆追踪等特殊任务时，车辆识别技术都有出色的表现。百度车辆识别技术的应用非常广泛，该技术可用于智能交通系统，通过识别和追踪车辆来实现交通流量监测、拥堵预测和交通事故预警等功能。此外，车辆识别还可用于停车场管理、违章检测和安防监控等场景，从而提高停车场利用率、监控交通违法行为、提升交通安全。

百度车辆识别技术可以识别图像中车辆的类型和位置，并对小汽车、卡车、巴士、摩托车、三轮车等 5 类车辆分别计数，并定位小汽车、卡车、巴士的车牌位置。

车辆识别的示例如图 5.1 所示。

图 5.1 车辆识别的示例

本项目要求掌握的知识点如下：
（1）深度学习模型 SSD 和百度调用接口的原理与开发。
（2）结合百度 AI 车辆识别接口和 AiCam 平台进行车辆识别的开发。

5.1.1 原理分析

5.1.1.1 SSD 模型分析

SSD（Single Shot MultiBox Detector）是一种单阶段目标检测器，具有多尺度特征和多尺度锚框的设计，可以在一次前向传播中完成目标检测任务，因此被广泛应用在实时目标检测和视频分析领域。SSD 利用多尺度特征图实现目标检测，在车辆识别中的实时性和检测精度方面综合性能更好，在大中型目标的分类识别中可以达到与 Faster RCNN 相近的检测效果。

SSD 的深度卷积神经网络采用 VGG16 分类网络作为特征提取器，分别用 3×3×1024 的卷积层 Conv6 和 1×1×1024 的卷积层 Conv7 作基础分类网络的最终特征提取，随后在 6 个不同尺度的卷积层上进行特征预测，分别通过 38×38 的 Conv4_3、19×19 的 Conv6 和 Conv7、10×10 的 Conv8_2、5×5 的 Conv9_2、3×3 的 Conv10_2 提取特征，可融合不同尺度特征信息，将边框的输出映射为一系列不同比例和尺度的默认框，对不同大小和宽高比的目标进行相应类型判断及位置预测，并对结果进行调整以得到更好的目标边框。在分类阶段，SSD 对每个默认框的类别对应生成在[0，1]区间内置信度。由于 SSD 放弃了区域生成阶段，将分类与回归任务统一，使得检测速度明显得到提升。SSD 的结构如图 5.2 所示。

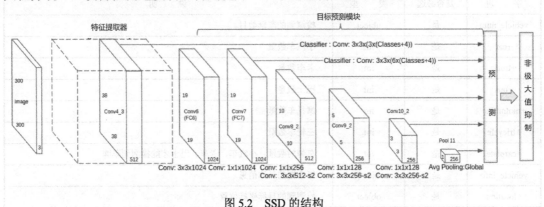

图 5.2 SSD 的结构

SSD 的目标检测损失函数由位置损失和分类损失加权求和获得，其计算公式为：

$$L(x,c,l,g) = \frac{1}{N}[L_{\text{conf}}(x,c) + \alpha L_{\text{loc}}(x,l,g)]$$ （5-1）

式中，N 表示匹配正样本的总量；x 表示默认框与真实框的匹配结果，$x=0$ 表示匹配失败，$x=1$ 表示匹配成功；c 是 Softmax 函数分别对任务中每一类别的置信度；l、g 分别是预测框和真实框；α 是位置损失的权重；分类损失 L_{conf} 和位置损失 L_{loc} 的计算公式如式（5-2）和式（5-3）所示。

$$L_{\text{conf}}(x,c) = -\sum_{i \in \text{Pos}}^{N} x_{ij}^{p} \log(\hat{c}_i^p) - \sum_{i \in \text{Pos}}^{N} \log(\hat{c}_i^0)$$ （5-2）

式中，$\hat{c}_i^p = \dfrac{\exp(c_i^p)}{\sum_p \exp(c_i^p)}$。

$$L_{\text{loc}}(x,l,g) = \sum_{i \in \text{Pos}}^{N} \sum_{m \in \{c_x, c_y, w, h\}} x_{ij}^k \text{smooth}_{L_1}(l_i^m - g_j^m)$$ （5-3）

5.1.1.2 百度 AI 接口描述与分析

百度 AI 车辆识别接口的参数如表 5.1 所示。

表 5.1 百度 AI 车辆识别接口的参数

参　数	是否必选	类　型	说　明
image	二选一	string	图像数据，采用 base64 编码，要求 base64 编码后的大小不超过 4 MB，最短边至少 50 px，最长边最大 4096 px，支持 JPG、PNG、BMP 等格式。注意：图像需要采用 base64 编码、去掉编码头后再进行 urlencode 操作
url		string	图像完整 URL，URL 长度不超过 1024 B，URL 对应的图像采用 base64 编码后不超过 4 MB，最短边至少 50 px，最长边最大 4096 px，支持 JPG、PNG、BMP 等格式，当 image 字段存在时 url 字段失效
top_num	否	uint32	返回结果 top n，默认 5
baike_num	否	integer	返回百度百科信息的结果数，默认不返回

百度 AI 车辆识别属性及输出项说明如表 5.2 所示。

表 5.2 百度 AI 车辆识别属性及输出项说明

字　段	是否必选	类　型	说　明
vehicle_num	是	object	检测到的车辆数目
+car	是	int	小汽车数量
+truck	是	int	卡车数量
+bus	是	int	巴士数量
+motorbike	是	int	摩托车数量
+tricycle	是	int	三轮车数量
+carplate	是	int	车牌的数量，小汽车、卡车、巴士才能检测到车牌
vehicle_info	是	object[]	每个框的具体信息
+location	是	object	检测到的目标坐标位置

续表

字　段	是否必选	类　型	说　明
++left	是	int32	目标检测框左坐标
++top	是	int32	目标检测框顶坐标
++width	是	int32	目标检测框宽度
++height	是	int32	目标检测框高度
+type	是	int32	目标物体类型，car（小汽车）、truck（卡车）、bus（巴士）、motorbike（摩托车）、tricycle（三轮车）、carplate（车牌）
+probability	是	float	置信度分数，取值为 0~1 之间，越接近 1 表示识别准确概率越大

5.1.1.3　接口应用示例

本项目主要识别车辆的类型和位置，在 Python 程序中的调用示例如下：

```
#调用百度车辆识别接口，通过以下用户密钥连接百度服务器
#APP_ID：百度应用 ID
#API_KEY：百度 API_KEY
#SECRET_KEY：百度用户密钥
client = AipImageClassify(param_data['APP_ID'], param_data['API_KEY'], param_data['SECRET_KEY'])
#配置可选参数
options = {}
#带参数调用车辆识别
response=client.vehicleDetect(img, options)
```

返回结果示例如下：

```
{
    "vehicle_num": {
        "motorbike": 0,
        "tricycle": 0,
        "car": 1,
        "carplate": 0,
        "truck": 1,
        "bus": 0
    },
    "vehicle_info": [{
        "type": "car",
        "location": {
            "width": 73,
            "top": 655,
            "left": 1193,
            "height": 49
        },
        "probability": 0.89164280891418
    },
    {
        "type": "truck",
        "location": {
            "width": 348,
            "top": 604,
```

```
            "left": 229,
            "height": 311
        },
        "probability": 0.80106335878372
    }]
}
```

5.1.2　开发设计与实践

5.1.2.1　架构设计

本项目基于 AiCam 平台的开发框架（见图 1.3）进行开发，开发流程如下：

（1）在 aicam 工程包的配置文件中添加摄像头（config\app.json），详细代码请参考 2.1.2.1 节。

（2）在 aicam 工程包中添加算法文件 algorithm\baidu_vehicle_detect\baidu_vehicle_detect.py。

（3）在 aicam 工程包中添加项目前端应用 static\baidu_vehicle_detect。

（4）前端应用采用 RESTFul 接口获取视频流，返回 base64 编码的图像和结果数据。由于百度 AI 接口不支持实时视频流识别，所以在本项目中通过百度 AI 接口获取实时的原始视频流图像：

http://192.168.100.200:4001/stream/index?camera_id=0

前端应用 JS（js\index.js）处理示例见 2.1.2.1 节。

（5）车辆识别请求：前端应用截取图像，通过 Ajax 将图像和含有百度账号信息的数据传递给车辆识别算法进行车辆识别。车辆识别请求参数说明如表 5.3 所示。

表 5.3　车辆识别请求参数

参　　数	车辆识别
url	"/file/baidu_vehicle_detect?camera_id=0"
method	'POST'
processData	false
contentType	false
dataType	'json'

data	let config = configData;
	let img = $('.camera>img').attr('src');
	let blob = dataURItoBlob(img);
	let formData = new FormData();
	formData.append('file_name',blob,'image.png');
	formData.append('param_data', JSON.stringify({"APP_ID":config.user.baidu_id,
	　　　　"API_KEY":config.user.baidu_apikey, "SECRET_KEY":config.user.baidu_secretkey}));

success	function(res){}内容： return_result = {'code': 200, 'msg': None, 'origin_image': None, 'result_image': None, 'result_data': None} 示例： code/msg：200/车辆识别成功、404/没有检测到车辆、500/车辆识别接口调用失败。 origin_image/result_image：原始图像/结果图像。 result_data：算法返回的车辆信息

　　前端应用 JS（js\index.js）拍照后将图像上传到车辆识别算法模块进行识别，并返回原始图像、结果图像、结果数据。

```javascript
//单击发起验证结果请求，并对返回的结果进行相应的处理
$('#result').click(function () {
    let img = $('.camera>img').attr('src')
    let blob = dataURItoBlob(img)
    swal({
        icon: "info",
        title: "识别中...",
        text: "正在识别，请稍等...",
        button: false
    });
    var formData = new FormData();
    formData.append('file_name',blob,'image.png');
    formData.append('param_data', JSON.stringify({"APP_ID":config.user.baidu_id,
            "API_KEY":config.user.baidu_apikey, "SECRET_KEY":config.user.baidu_secretkey}));
    $.ajax({
        url: '/file/baidu_vehicle_detect',
        method: 'POST',
        processData: false, //必需的
        contentType: false, //必需的
        dataType: 'json',
        data: formData,
        success: function(res) {
            console.log(res);
            if(res.code==200) {
                swal({
                    icon: "success",
                    title: "识别成功",
                    text: res.msg,
                    button: false,
                    timer: 2000
                });
                let img = 'data:image/jpeg;base64,' + res.origin_image;
                let html = `<div class="img-li">
                        <div class="img-box">
                        <img src="${img}" alt=""data-toggle="modal" data-target="#myModal">
                        </div>
                        <div class="time">原始图像<span></span><span>$
                            {new Date().toLocaleString()}</span></div>
                        </div>`
                $('.list-box').prepend(html);

                let img1 = 'data:image/jpeg;base64,' + res.result_image;
                let html1 = `<div class="img-li">
                        <div class="img-box">
                        <img src="${img1}" alt=""data-toggle="modal" data-target="#myModal">
```

```
                        </div>
                        <div class="time">识别结果<span></span><span>$
                        {new Date().toLocaleString()}</span></div>
                        </div>`
            $('.list-box').prepend(html1);
            //将识别到的车辆信息渲染到页面上
            let text = res.result_data.vehicle_num
            if(text){
                let data = ''
                Object.keys(text).forEach((val) => {
                    val == 'bus' && text[val] > 0 ? data += `巴士数量${text[val]}、`:''
                    val == 'truck' && text[val] > 0 ? data += `卡车数量${text[val]}、`:''
                    val == 'car' && text[val] > 0 ? data += `小汽车数量${text[val]}、`:''
                    val == 'motorbike' && text[val] > 0 ? data += `摩托车数量${text[val]}、`:''
                    val == 'tricycle' && text[val] > 0 ? data += `三轮车数量${text[val]}、`:''
                    val == 'carplate' && text[val] > 0 ? data += `车牌数量${text[val]}、`:''
                });
                if(data){
                    let html = `<div>${new Date().toLocaleTimeString()}——识别结果：
${data}</div>`

                    $('#text-list').prepend(html);
                }
            }
        }else if(res.code==404){
            swal({
                icon: "error",
                title: "识别失败",
                text: res.msg,
                button: false,
                timer: 2000
            });
            let img = 'data:image/jpeg;base64,' + res.origin_image;
            let html = `<div class="img-li">
                    <div class="img-box">
                    <img src="${img}" alt=""data-toggle="modal" data-target="#myModal">
                    </div>
                    <div class="time">原始图像<span></span><span>${
                                new Date().toLocaleString()}</span></div>
                    </div>`
            $('.list-box').prepend(html);
        }else{
            swal({
                icon: "error",
                title: "识别失败",
                text: res.msg,
                button: false,
                timer: 2000
            });
```

```
            }
            //请求图像流资源
            imgData.close()
            imgData = new EventSource(linkData[0])
            //对图像流返回的数据进行处理
            imgData.onmessage = function (res) {
                let data = res.data.split("===========img===========")[1].slice(0, -7);
                $('.camera>img').attr('src', `data:image/jpeg;base64,${data}`)
            }
        }, error: function(error){
            console.log(error);
            swal({
                icon: "error",
                title: "识别失败",
                text: "服务请求失败！",
                button: false,
                timer: 2000
            });
            //请求图像流资源
            imgData.close()
            imgData = new EventSource(linkData[0])
            //对图像流返回的数据进行处理
            imgData.onmessage = function (res) {
                let data = res.data.split("===========img===========")[1].slice(0, -7);
                $('.camera>img').attr('src', `data:image/jpeg;base64,${data}`)
            }
        }
    });
})
```

5.1.2.2　功能与核心代码设计

通过调用百度的车辆识别接口进行车辆识别，算法文件如下（algorithm\baidu_vehicle_detect\baidu_vehicle_detect.py）：

```
################################################################################
#文件：baidu_vehicle_detect.py
#说明：车辆识别
################################################################################
from PIL import Image, ImageDraw, ImageFont
import numpy as np
import cv2 as cv
import os,sys,time
import json
import base64
from aip import AipImageClassify

class BaiduVehicleDetect(object):
    def __init__(self, font_path="font/wqy-microhei.ttc"):
```

```python
        self.font_path = font_path

    def imencode(self,image_np):
        #JPG 图像格式编码为流数据
        data = cv.imencode('.jpg', image_np)[1]
        return data

    def image_to_base64(self, img):
        image = cv.imencode('.jpg', img, [cv.IMWRITE_JPEG_QUALITY, 60])[1]
        image_encode = base64.b64encode(image).decode()
        return image_encode

    def base64_to_image(self, b64):
        img = base64.b64decode(b64.encode('utf-8'))
        img = np.asarray(bytearray(img), dtype="uint8")
        img = cv.imdecode(img, cv.IMREAD_COLOR)
        return img

    def inference(self, image, param_data):
        #code：识别成功返回 200
        #msg：相关提示信息
        #origin_image：原始图像
        #result_image：处理之后的图像
        #result_data：结果数据
        return_result = {'code': 200, 'msg': None, 'origin_image': None, 'result_image': None, 'result_data': None}

        #应用请求接口：@__app.route('/file/<action>', methods=["POST"])
        #image：应用传递过来的数据（根据实际应用可能为图像、音频、视频、文本）
        #param_data：应用传递过来的参数，不能为空
        if param_data != None:
            #读取应用传递过来的图像
            image = np.asarray(bytearray(image), dtype="uint8")
            image = cv.imdecode(image, cv.IMREAD_COLOR)
            #图像数据格式的压缩，方便网络传输
            img = self.imencode(image)

            #调用百度车辆识别接口，通过以下用户密钥连接百度服务器
            #APP_ID：百度应用 ID
            #API_KEY：百度 API_KEY
            #SECRET_KEY：百度用户密钥
            client = AipImageClassify(param_data['APP_ID'], param_data['API_KEY'], param_data['SECRET_KEY'])
            #配置可选参数
            options = {}
            #带参数调用车辆识别
            response=client.vehicleDetect(img, options)
            #应用部分
```

```
        if "error_msg" in response:
            if response['error_msg']!='SUCCESS':
                return_result["code"] = 500
                return_result["msg"] = "车辆识别接口调用失败！"
                return_result["result_data"] = response
                return return_result
        if len(response['vehicle_info']) == 0:
            return_result["code"] = 404
            return_result["msg"] = "没有检测到车辆！"
            return_result["result_data"] = response
            return return_result
        if len(response['vehicle_num'])>0:
            #图像输入
            img_rgb = cv.cvtColor(image, cv.COLOR_BGR2RGB)   //图像色彩格式转换
            pilimg = Image.fromarray(img_rgb)                //使用 PIL 读取图像像素数组
            draw = ImageDraw.Draw(pilimg)
            #设置字体
            font_size = 20
            font_hei = ImageFont.truetype(self.font_path, font_size, encoding="utf-8")
            #取数据
            for res in response['vehicle_info']:
                probability=res['probability']
                #置信值过小则丢弃
                if probability<0.8:
                    continue
                loc=res['location']
                type=res['type']
                #绘制矩形外框
                draw.rectangle((int(loc["left"]), int(loc["top"]),(int(loc["left"]) + int(loc["width"])),
                            (int(loc["top"]) + int(loc["height"]))),
                    outline='green',width=1)
                draw.text((loc["left"], loc["top"]), '类别:'+type,fill= 'green', font=font_hei)
            #输出图像
            result = cv.cvtColor(np.array(pilimg), cv.COLOR_RGB2BGR)
            return_result["code"] = 200
            return_result["msg"] = "车辆识别成功！"
            return_result["origin_image"] = self.image_to_base64(image)
            return_result["result_image"] = self.image_to_base64(result)
            return_result["result_data"] = response
        else:
            return_result["code"] = 500
            return_result["msg"] = "百度接口调用失败！"
            return_result["result_data"] = response
#实时视频接口：@__app.route('/stream/<action>')
#image：摄像头实时传递过来的图像
#param_data：必须为 None
else:
    return_result["result_image"] = self.image_to_base64(image)
```

```
        return return_result
#单元测试,注意在处理类中如果有文件引用,则要修改单元测试的文件路径
if __name__ =='__main__':
    #创建图像处理对象
    img_object = BaiduVehicleDetect()
    #读取测试图像
    img = cv.imread("./test.jpg")
    #将图像编码成数据流
    img = img_object.imencode(img)
    #设置参数
    param_data = {"APP_ID":"12345678", "API_KEY":"12345678", "SECRET_KEY":"12345678"}
    img_object.font_path = "../../font/wqy-microhei.ttc"
    #调用接口处理图像并返回结果
    result = img_object.inference(img, param_data)
    if result["code"] == 200:
        frame = img_object.base64_to_image(result["result_image"])
        print(result["result_data"])
        #图像显示
        cv.imshow('frame',frame)
        while True:
            key=cv.waitKey(1)
            if key==ord('q'):
                break
        cv.destroyAllWindows()
    else:
        print("识别失败!")
```

5.1.3　开发步骤与验证

5.1.3.1　开发项目部署

开发项目部署同 2.1.3.1 节。

5.1.3.2　单元测试

（1）修改算法文件 algorithm\baidu_vehicle_detect\baidu_vehicle_detect.py 内的单元测试代码,填写正确的百度账号信息。示例如下:

```
#设置参数
param_data = {"APP_ID":"12345678", "API_KEY":"12345678", "SECRET_KEY":"12345678"}
```

（2）文件修改好后,通过 MobaXterm 工具创建的 SSH 连接,将修改好的文件上传到边缘计算网关。

（3）在 SSH 终端中输入以下命令运行算法进行单元测试,本项目将会读取测试图像,在终端打印识别的结果,并将识别结果图像进行视窗显示,如图 5.3 所示。

```
$ cd ~/aicam-exp/baidu_vehicle_detect/algorithm/baidu_vehicle_detect
$ python3 baidu_vehicle_detect.py
{'vehicle_info': [{'location': {'width': 442, 'top': 159, 'height': 183, 'left': 623}, 'type': 'car', 'probability':
```

0.9720384}, {'location': {'width': 467, 'top': 524, 'height': 248, 'left': 339}, 'type': 'bus', 'probability': 0.9734899}, {'location': {'width': 226, 'top': 109, 'height': 269, 'left': 101}, 'type': 'truck', 'probability': 0.97902185}, {'location': {'width': 25, 'top': 312, 'height': 12, 'left': 158}, 'type': 'carplate', 'probability': 0.64954346}, {'location': {'width': 21, 'top': 745, 'height': 13, 'left': 389}, 'type': 'carplate', 'probability': 0.5150595}], 'vehicle_num': {'truck': 1, 'carplate': 2, 'car': 1, 'motorbike': 0, 'tricycle': 0, 'bus': 1}, 'log_id': 1527484328584772818}

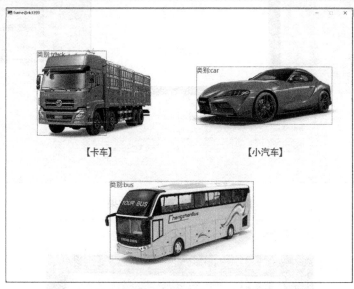

图 5.3 单元测试结果

5.1.3.3 工程运行

（1）修改工程配置文件 static\baidu_vehicle_detect\js\config.js 内的百度账号信息，填写正确的百度账号信息。示例如下：

```
baidu_id: '12345678',          //百度 APP_ID
baidu_apikey: '12345678',      //百度 API_KEY
baidu_secretkey: '12345678',   //百度 SECRET_KEY
```

（2）文件修改好后，通过 MobaXterm 工具创建的 SSH 连接，将修改好的文件上传到边缘计算网关。

（3）在 SSH 终端中输入以下命令运行本项目案例工程：

```
$ cd ~/aicam-exp/baidu_vehicle_detect
$ chmod 755 start_aicam.sh
$ ./start_aicam.sh
```

（4）在客户端或者边缘计算网关端打开 Chrome 浏览器，输入页面地址并访问 http://192.168.100.200:4001/static/baidu_vehicle_detect/index.html，即可查看运行结果。

5.1.3.4 车辆识别

（1）把样图放在摄像头视窗内，单击实验交互窗口右上角的"车辆检测"按钮，将会调用百度车辆识别接口进行识别并弹窗提示识别状态，如图 5.4 所示。

（2）在实验结果处会显示识别的原始图像、结果图像、结果数据，单击右侧的实验结果图像，将弹出该图像进行预览，如图 5.5 所示。

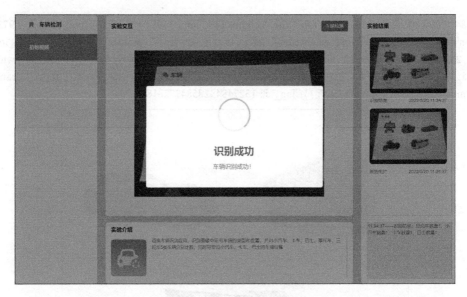

图 5.4 车辆识别的实验结果

图 5.5 车辆识别后保存的图像

5.1.4 小结

本项目首先介绍了车辆识别的特点、功能和基本工作原理；然后介绍了 SSD 模型的结构及其工作原理；最后通过开发实践，将理论知识应用于实践，实现了基于人工智能边缘应用平台的车辆识别。

5.1.5 思考与拓展

（1）本项目是通过什么方式连接到百度服务器并调用车辆识别接口的？

（2）本项目前端应用是通过什么方式获取摄像头实时传递的图像数据的？如何处理这些图像数据并进行车辆识别？

（3）当车辆识别一直失败时，请检查配置文件 static\baidu_vehicle_detect\js\config.js 内是否填写了正确的百度账号，并确保该账号开通了车辆识别的权限。

5.2 人体识别开发实例

目标识别是在指视频或图像中选择感兴趣的目标，并在后续视频或图像中能够持续并准确地找到该目标的准确位置，还可以形成该目标的运动轨迹。人体识别是目标识别中的一个分支，旨在从视频或图像中自动检测和识别人体是否存在及其位置。人体识别在智能安防、人机交互、视频监控、健康医疗等领域有广泛应用。

百度人体检测和属性识别接口主要适用于监控场景的中低空斜拍视角，能工作在人体轻度截断、轻度遮挡、背面、侧面、动作变化等复杂场景。对于输入的一张图像（可正常解码，且长宽比适宜）。通过百度人体检测和属性识别接口可以检测图像中的所有人体，返回人体的矩形位置，并识别人体的静态属性和行为。

百度人体检测和属性识别接口共支持 22 种属性，包括性别、年龄阶段、上/下身服饰（含类别/颜色）、是否戴帽子、是否戴口罩、是否戴眼镜、是否背包、是否吸烟、是否使用手机、人体朝向等。

本项目要求掌握的知识点如下：
（1）深度学习模型 DetectNet 算法和百度调用接口的原理与开发。
（2）结合百度人体检测与属性识别接口和 AiCam 平台进行人体识别的开发。

5.2.1　原理分析

常用的人体识别模型有 YOLO、YOLOv3 和 DetectNet。这些模型将识别目标看成位于边界框中心的单个点，使用关键点估计寻找该中心点和识别目标的属性，如方向、姿势、大小，甚至三维位置等。这些模型属于典型的端到端检测器，可以更快地获得识别目标的边界盒。DetectNet 模型是基于 CenterNet 模型实现的，以 ResNet101 为主干网络，可满足视频的裁剪需求。

5.2.1.1　DetectNet 模型分析

DetectNet 是一种用于目标检测任务的深度学习模型，具有多尺度特征图、锚框、目标分类、边界框回归等关键组件，可以用于检测图像中的目标并对目标进行定位。DetectNet 可以实现人体识别，该模型的组成如图 5.6 所示，图中正方形框中的数字表示节点数量，长方形框中的数字表示状态。

输入图像为 $I \in \mathbb{R}^{W \times H \times 3}$，输出为生成的关键点热力图 $Y\_hat \in [0,1]^{(W/R) \times (H/R) \times C}$，其中 R 为变换尺度，C 为关键点输出特征通道数（即类别数）。DetectNet 需要三种基本框架来生成关键点热力图：沙漏（Hourglass）网络、ResNet（包括 ResNet101、ResNet18 等）、DLA-34 网络。沙漏网络在 DetectNet 中的使用和在 CornerNet 中的使用是一样的；ResNet 实现转置卷积，在每个上采样层之前加一个 3×3 的可变形卷积层，具体来说，首先使用可变形卷积来改变通道数，然后利用卷积对特征图进行上采样（这两个步骤分别在 32→16 中显示），本项目将这两个步骤一起显示为 16→8 和 8→4 的虚线箭头）；DLA-34 用于进行语义分割；改进的 DLA-34 从底层添加更多跳过连接（Skip Connection），并将每个卷积层都改进为上采样阶段的可变形卷积层。

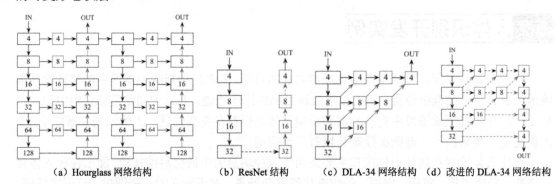

（a）Hourglass 网络结构　　（b）ResNet 结构　　（c）DLA-34 网络结构　（d）改进的 DLA-34 网络结构

图 5.6　DetectNet 模型的组成

训练的目标函数是一个像素级逻辑回归的 L_k，就每个类别 c 的关键点 p 而言，DetectNet 先计算一个低分辨率等效值：

$$\tilde{p} = \left[\frac{p}{R}\right] \tag{5-4}$$

然后通过高斯核计算热力图上的关键点：

$$Y_{xyc} = \exp\left(-\frac{(x-\hat{p}_x)^2 + (y-\hat{p}_y)^2}{2\sigma_p^2}\right) \tag{5-5}$$

$$L_k = \begin{cases} \dfrac{1}{N}\sum_p (1-\hat{Y}_{xyc})^\alpha \log(\hat{Y}_{xyc}), & Y_{xyc}=1 \\ \dfrac{1}{N}\sum_p (1-\hat{Y}_{xyc})^\beta (\hat{Y}_{xyc})^\alpha \log(\hat{Y}_{xyc}), & 其他 \end{cases} \tag{5-6}$$

式中，α 和 β 分别为 Focal 损失函数的超参数，一般设置为 2 和 4；N 为图像中的关键点个数。

在式（5-6）中，$(1-\hat{Y}_{xyc})^\alpha$ 和 $(\hat{Y}_{xyc})^\alpha$ 的主要作用是限制检测体的梯度被容易区分的中心点主导，在训练中的工作如下：

（1）当 $Y_{xyc}=1$ 时，如果 $\hat{Y}_{xyc}$ 接近于 1，则说明这是一个非常容易被检测出来的点，相应的 $(1-\hat{Y}_{xyc})^\alpha$ 就很小。

（2）当 $Y_{xyc}=1$ 时，如果 $\hat{Y}_{xyc}$ 接近于 0，则说明这是一个不容易被检测出来的点，即还没有学习到中心点，要加大训练比重，相应的 $(1-\hat{Y}_{xyc})^\alpha$ 就很大了，同时，α 在这里取 2。

（3）当 $Y_{xyc}=0$ 时，理论上 $\hat{Y}_{xyc}$ 应该接近于 0，但如果 $\hat{Y}_{xyc}$ 也接近于 1，那么 $(\hat{Y}_{xyc})^\alpha$ 就会变得非常大，将继续增大这个没有被准确预测样本的损失，此时，仅 $(1-\hat{Y}_{xyc})^\beta$ 在训练中起主要作用。

（4）平衡正/负样本，这是由于实际目标只有一个中心点，而其余全都是负样本，因此会减弱实际中心点附近其他负样本的损失比例，并增强远离实际中心点的负样本的损失比例，同时，与中心点相比，负样本数量很多。

（5）高斯核 Y_{xyc} 生成了中心点，在中心点上 $Y_{xyc}=1$，对于离中心点越远的点，Y_{xyc} 就会逐渐趋于 0，此时，Y_{xyc} 就会越大，需要损失减小一些；对应的 $(1-\hat{Y}_{xyc})^\beta$ 就会越小，可以通

过 $(1-\hat{Y}_{xyc})^{\beta}$ 控制损失。

（6）对远离中心点的点来说，假设 $Y_{xyc}=0.1$（其他情况），但预测得到点是非常接近于 1，这显然是不对的，要被 $(\hat{Y}_{xyc})^{\alpha}$ 惩罚；另外，如果预测的点接近于 0，就比较合理了，$(\hat{Y}_{xyc})^{\alpha}$ 会很小，而 $(1-\hat{Y}_{xyc})^{\beta}$ 会较大。换句话说就是，远离中心点的点的损失比例较大，靠近中心点的点的损失比例较小，这相当于削弱了其他负样本在实际中心点附近的损失比例，加强了远离实际中心点的负样本的损失比例。

式（5-7）对每个关键点都额外地预测了 offset-$\hat{O}$，即偏差损失。

$$L_{\text{off}}=\frac{1}{N}\sum_{p}\left|\hat{O}_{\tilde{p}}-\left(\frac{p}{R}-\tilde{p}\right)\right|\qquad(5\text{-}7)$$

令 $(x_1^k,\ y_1^k,\ x_2^k,\ y_2^k)$ 为目标 k 对应类别 c（即 c_k）的坐标，由中心点 $p_k=\left(\dfrac{x_1^k+x_2^k}{2},\dfrac{y_1^k+y_2^k}{2}\right)$ 使用找到的关键点预测中心点，这里的预测中点是 $\hat{p}_k$。此外每个目标 k 都要对大小为 $s_k=[x_2^{(k)}-x_1^{(k)},\ y_2^{(k)}-y_1^{(k)}]$ 的目标进行回归。

$$L_{\text{size}}=\frac{1}{N}\sum_{k=1}^{N}\left|\hat{S}_{pk}-s_k\right|\qquad(5\text{-}8)$$

式（5-9）就是需要回归的总损失：

$$L_{\text{det}}=L_k+\lambda_{\text{size}}L_{\text{size}}+\lambda_{\text{off}}L_{\text{off}}\qquad(5\text{-}9)$$

式中，$\lambda_{\text{size}}=0.1$；$\lambda_{\text{off}}=1$。$L_k$ 表示目标损失，$\lambda_{\text{size}}L_{\text{size}}$ 表示大小损失，$\lambda_{\text{off}}L_{\text{off}}$ 表示偏置损失，分别用于预测 $\hat{Y}$、$\hat{O}$、$\hat{S}$。

5.2.1.2　百度 AI 接口描述与分析

人体识别接口参数如表 5.4 所示。

表 5.4　人体识别接口参数

参　数	是否必选	类　型	取值范围	说　明
image	是	string	—	图像数据，在 base64 编码后进行 urlencode 操作，要求 base64 编码和 urlencode 操作后大小不超过 4 MB。图像的 base64 编码不包含图像头，如（data:image/jpg;base64,），支持图像格式包括 JPG、BMP、PNG，最短边至少 50 px，最长边最大 4096 px
type	否	string	Gender、age、lower_wear、upper_wear、headwear、face_mask、glasses、upper_color、lower_color、cellphone、upper_wear_fg、upper_wear_texture、lower_wear_texture、orientation、umbrella、bag、smoke、vehicle、carrying_item、upper_cut、lower_cut、occlusion、is_human	（1）可选值说明：gender 表示性别、age 表示年龄阶段、lower_wear 表示下身服饰、upper_wear 表示上身服饰、headwear 表示是否戴帽子、face_mask 表示是否戴口罩、glasses 表示是否戴眼镜、upper_color 表示上身服饰颜色、lower_color 表示下身服饰颜色、cellphone 表示是否使用手机、upper_wear_fg 表示上身服饰细分类、upper_wear_texture 表示上身服饰纹理、orientation 表示人体朝向、umbrella 表示是否打伞、bag 表示背包、smoke 表示是否吸烟、vehicle 表示是否有交通工具、carrying_item 表示是否有手提物、upper_cut 表示上方截断、lower_cut 表示下方截断、occlusion 表示遮挡情况、is_human 表示是否是正常人体。（2）type 参数可以是可选值的组合，用逗号分隔，如果无此参数，则默认输出全部的 22 个属性

22 种属性及输出项说明如表 5.5 所示。

表 5.5   22 种属性及输出项说明

序 号	属 性	接口字段	说 明
1	性别	gender	男性、女性
2	年龄阶段	age	幼儿、青少年、青年、中年、老年
3	上身服饰	upper_wear	长袖、短袖
4	下身服饰	lower_wear	长裤、短裤、长裙、短裙、不确定
5	上身服饰颜色	upper_color	红、橙、黄、绿、蓝、紫、粉、黑、白、灰、棕
6	下身服饰颜色	lower_color	红、橙、黄、绿、蓝、紫、粉、黑、白、灰、棕、不确定
7	上身服饰纹理	upper_wear_texture	纯色、图案、碎花、条纹或格子
8	背包	bag	无背包、单肩包、双肩包、不确定
9	上身服饰细分类	upper_wear_fg	T恤、无袖、衬衫、西装、毛衣、夹克、羽绒服、风衣、外套
10	是否戴帽子	headwear	无帽、普通帽、安全帽
11	是否戴口罩	face_mask	无口罩、戴口罩、不确定
12	是否戴眼镜	glasses	戴眼镜、戴墨镜、无眼镜、不确定
13	是否打伞	umbrella	打伞、未打伞
14	是否使用手机	cellphone	未使用手机、看手机、打电话、不确定
15	人体朝向	orientation	正面、背面、左侧面、右侧面
16	是否吸烟	smoke	吸烟、未吸烟、不确定
17	是否有手提物	carrying_item	无手提物、有手提物、不确定
18	交通工具	vehicle	无交通工具、骑摩托车、骑自行车、骑三轮车
19	上方截断	upper_cut	无上方截断、有上方截断
20	下方截断	lower_cut	无下方截断、有下方截断
21	遮挡情况	occlusion	无遮挡、轻度遮挡、重度遮挡
22	是否正常人体	is_human	非正常人体、正常人体；用于判断说明人体的截断/遮挡情况，并非判断动物等非人类生物。正常人体是指身体露出大于二分之一的人体，一般以能看到腰部或肚脐眼为标准；非正常人体是指严重截断或严重遮挡的人体，一般看不到肚脐眼，如只有个脑袋或一条腿

5.2.1.3   接口应用示例

本项目主要识别性别、年龄、是否戴口罩、是否戴帽子，在 Python 程序中的调用示例如下：

```
#调用百度人体检测与属性识别接口，通过以下用户密钥连接百度服务器
#APP_ID：百度应用 ID
#API_KEY：百度 API_KEY
#SECRET_KEY：百度用户密钥
client = AipBodyAnalysis(param_data['APP_ID'], param_data['API_KEY'], param_data['SECRET_KEY'])
#配置可选参数
options = {}
#配置参数 type，开启 gender(性别)、age(年龄阶段)、headwear(是否戴帽子)、face_mask(是否戴口罩)
检测
```

```
options["type"] = "gender,age,headwear,face_mask"

#调用人体检测与属性识别接口
response=client.bodyAttr(img, options)
```

返回结果示例如下：

```
{
    'person_info': [{
        'location': {
            'height': 396,
            'width': 122,
            'left': 232,
            'score': 0.961183488368988,
            'top': 91
        },
        'attributes': {
            'gender': {
                'name': '女性',
                'score': 0.9191954731941223
            },
            'face_mask': {
                'name': '无口罩',
                'score': 0.9963939785957336
            },
            'headwear': {
                'name': '无帽',
                'score': 0.9534960985183716
            },
            'age': {
                'name': '青年',
                'score': 0.9173248410224915
            }
        }
    }],
    'person_num': 1,
    'log_id': 1527478141055285289
}
```

5.2.2　开发设计与实践

5.2.2.1　架构设计

本项目基于 AiCam 平台的开发框架（见图 1.3）进行开发，开发流程如下：

（1）在 aicam 工程包的配置文件中添加摄像头（config\app.json），详细代码请参考 2.1.2.1 节。

（2）在 aicam 工程包中添加算法文件 algorithm\baidu_body_attr\baidu_body_attr.py。

（3）在 aicam 工程包中添加项目前端应用 static\baidu_body_attr。

（4）前端应用采用 RESTFul 接口获取视频流，返回 base64 编码的图像和结果数据。由于百度 AI 接口不支持实时视频流识别，所以在本项目中通过百度 AI 接口获取实时的原始视频流图像：

```
http://192.168.100.200:4001/stream/index?camera_id=0
```

前端应用 JS（js\index.js）处理示例见 2.1.2.1 节。

（5）人体识别请求：前端应用截取图像，通过 Ajax 将图像和含有百度账号信息的数据传递给人体识别请求算法进行人体识别。人体识别请求参数说明如表 5.6 所示。

表 5.6　人体识别请求参数

参　　数	人　体　识　别
url	"/file/baidu_body_attr?camera_id=0"
method	'POST'
processData	false
contentType	false
dataType	'json'

data	let config = configData;
	let img = $('.camera>img').attr('src');
	let blob = dataURItoBlob(img);
	let formData = new FormData();
	formData.append('file_name',blob,'image.png');
	formData.append('param_data', JSON.stringify({"APP_ID":config.user.baidu_id,
	　　　　"API_KEY":config.user.baidu_apikey, "SECRET_KEY":config.user.baidu_secretkey}));

success	function(res){}内容： return_result = {'code': 200, 'msg': None, 'origin_image': None, 'result_image': None, 'result_data': None} 示例： code/msg：200/人体识别成功、404/没有检测到人体、500/人体识别接口调用失败。 origin_image/result_image：原始图像/结果图像。 result_data：算法返回的人体信息

前端应用 JS（js\index.js）拍照后将图像上传到人体识别算法模块进行识别，并返回原始图像、结果图像、结果数据：

```
//单击发起验证结果请求，并对返回的结果进行相应的处理
$('#result').click(function () {
    let img = $('.camera>img').attr('src')
    let blob = dataURItoBlob(img)
    swal({
        icon: "info",
        title: "识别中...",
        text: "正在识别，请稍等...",
        button: false
    });
    var formData = new FormData();
    formData.append('file_name',blob,'image.png');
    formData.append('param_data', JSON.stringify({"APP_ID":config.user.baidu_id,
            "API_KEY":config.user.baidu_apikey, "SECRET_KEY":config.user.baidu_secretkey}));
```

```
$.ajax({
    url: '/file/baidu_body_attr',
    method: 'POST',
    processData: false,                    //必需的
    contentType: false,                    //必需的
    dataType: 'json',
    data: formData,
    success: function(res) {
        console.log(res);
        if(res.code==200) {
            swal({
                icon: "success",
                title: "识别成功",
                text: res.msg,
                button: false,
                timer: 2000
            });
            let img = 'data:image/jpeg;base64,' + res.origin_image;
            let html = `<div class="img-li">
                    <div class="img-box">
                    <img src="${img}" alt=""data-toggle="modal" data-target="#myModal">
                     </div>
                    <div class="time">原始图像<span></span><span>${
                                    new Date().toLocaleString()}</span></div>
                    </div>`
            $('.list-box').prepend(html);

            let img1 = 'data:image/jpeg;base64,' + res.result_image;
            let html1 = `<div class="img-li">
                    <div class="img-box">
                    <img src="${img1}" alt=""data-toggle="modal" data-target="#myModal">
                    </div>
                    <div class="time">识别结果<span></span><span>${
                                    new Date().toLocaleString()}</span></div>
                    </div>`
            $('.list-box').prepend(html1);
            //将识别到的人体文本信息渲染到页面上
            let text = res.result_data.person_info
            if(text){
                text.forEach(val => {
                    val = val.attributes
                    let html = `<div>${new Date().toLocaleTimeString()}——识别结果：${
                            val.age.name}${val.gender.name}、${val.headwear.name}、
                            ${val.face_mask.name}</div>`
                    $('#text-list').prepend(html);
                });
            }
        }else if(res.code==404){
```

```
        swal({
            icon: "error",
            title: "识别失败",
            text: res.msg,
            button: false,
            timer: 2000
        });
        let img = 'data:image/jpeg;base64,' + res.origin_image;
        let html = `<div class="img-li">
                    <div class="img-box">
                    <img src="${img}" alt=""data-toggle="modal" data-target="#myModal">
                    </div>
                    <div class="time">原始图像<span></span><span>${
                            new Date().toLocaleString()}</span></div>
                    </div>`
        $('.list-box').prepend(html);
    }else{
        swal({
            icon: "error",
            title: "识别失败",
            text: res.msg,
            button: false,
            timer: 2000
        });
    }
        //请求图像流资源
        imgData.close()
        imgData = new EventSource(linkData[0])
        //对图像流返回的数据进行处理
        imgData.onmessage = function (res) {
            let data = res.data.split("===========img============")[1].slice(0, -7);
            $('.camera>img').attr('src', `data:image/jpeg;base64,${data}`)
        }
}, error: function(error){
    console.log(error);
    swal({
        icon: "error",
        title: "识别失败",
        text: "服务请求失败！",
        button: false,
        timer: 2000
    });
    //请求图像流资源
    imgData.close()
    imgData = new EventSource(linkData[0])
    //对图像流返回的数据进行处理
    imgData.onmessage = function (res) {
        let data = res.data.split("===========img============")[1].slice(0, -7);
```

```
                $('.camera>img').attr('src', `data:image/jpeg;base64,${data}`)
            }
        }
    });
})
```

5.2.2.2　功能与核心代码设计

本项目通过百度人体检测和属性识别接口进行人体识别，算法文件如下（algorithm\
baidu_body_attr\baidu_body_attr.py）：

```
################################################################################
#文件：baidu_body_attr.py
#说明：百度人体检测与属性识别
################################################################################
from PIL import Image, ImageDraw, ImageFont
import numpy as np
import cv2 as cv
import os,sys,time
import json
import base64
from aip import AipBodyAnalysis

class BaiduBodyAttr(object):
    def __init__(self, font_path="font/wqy-microhei.ttc"):
        self.font_path = font_path

    def imencode(self, image_np):
        #'.jpg'表示把当前图像 img 按照 jpg 格式编码，将图像格式转换（编码）成流数据，图像数据
格式的压缩，方便网络传输
        data = cv.imencode('.jpg', image_np)[1]
        return data

    def image_to_base64(self, img):
        if isinstance(img, str):
            img = cv.imread(img)
        else:
            pass
        image = cv.imencode('.jpg', img, [cv.IMWRITE_JPEG_QUALITY, 60])[1]
        image_encode = base64.b64encode(image).decode()
        return image_encode

    def base64_to_image(self, b64):
        img = base64.b64decode(b64.encode('utf-8'))
        img = np.asarray(bytearray(img), dtype="uint8")
        img = cv.imdecode(img, cv.IMREAD_COLOR)
        return img

    def inference(self, image, param_data):
```

```
                    #code：识别成功返回 200
                    #msg：相关提示信息
                    #origin_image：原始图像
                    #result_image：处理之后的图像
                    #result_data：结果数据
                    return_result = {'code': 200, 'msg': None, 'origin_image': None, 'result_image': None, 'result_data':
None}

                    #应用请求接口：@__app.route('/file/<action>', methods=["POST"])
                    #image：应用传递过来的数据（根据实际应用可能为图像、音频、视频、文本）
                    #param_data：应用传递过来的参数，不能为空
                    if param_data != None:
                        #读取应用传递过来的图像
                        image = np.asarray(bytearray(image), dtype="uint8")
                        image = cv.imdecode(image, cv.IMREAD_COLOR)
                        #图像数据格式的压缩，方便网络传输。
                        img = self.imencode(image)

                        #调用百度人体检测与属性识别接口，通过以下用户密钥连接百度服务器
                        #APP_ID：百度应用 ID
                        #API_KEY：百度 API_KEY
                        #SECRET_KEY：百度用户密钥
                        client = AipBodyAnalysis(param_data['APP_ID'], param_data['API_KEY'], param_data
['SECRET_KEY'])
                        #配置可选参数
                        options = {}
                        #配置参数 type，开启 gender（性别）、age（年龄阶段）、headwear（是否戴帽子）、face_mask
（是否戴口罩）检测
                        options["type"] = "gender,age,headwear,face_mask"
                        #调用百度人体检测与属性识别接口
                        response=client.bodyAttr(img, options)

                        #应用部分
                        if "error_msg" in response:
                            if response['error_msg'] != 'SUCCESS':
                                print("request data error!")
                                return_result["code"] = 500
                                return_result["msg"] = "人体接口调用失败！"
                                return_result["result_data"] = response
                                return return_result

                        if response['person_num'] == 0:
                            return_result["code"] = 404
                            return_result["msg"] = "没有检测到人体！"
                            return_result["origin_image"] = self.image_to_base64(image)
                            return_result["result_data"] = response

                        if response['person_num'] > 0:
```

```
#图像输入
img_rgb = cv.cvtColor(image, cv.COLOR_BGR2RGB)
pilimg = Image.fromarray(img_rgb)
#创建 ImageDraw 绘图类
draw = ImageDraw.Draw(pilimg)
#设置字体
font_size = 20
font_hei = ImageFont.truetype(self.font_path, font_size, encoding="utf-8")
#取数据
for res in response['person_info']:
    #初始化数据
    gender = age = face_mask = headwear = None
    #保存识别位置信息
    loc = res['location']
    #保存识别出人的属性信息
    for i in res['attributes'].keys():
        if i == 'gender':   #性别
            gender=res['attributes']['gender']['name']
            gender_score = '%.2f'%res['attributes']['gender']['score']
        if i == 'age':   #年龄
            age=res['attributes']['age']['name']
            age_score = '%.2f'%res['attributes']['age']['score']
        if i == 'face_mask':   #是否戴口罩
            face_mask=res['attributes']['face_mask']['name']
            face_mask_score = '%.2f'%res['attributes']['face_mask']['score']
        if i == 'headwear':   #是否戴帽子
            headwear=res['attributes']['headwear']['name']
            headwear_score = '%.2f'%res['attributes']['headwear']['score']
    #绘制矩形外框
    draw.rectangle((int(loc["left"]), int(loc["top"]), (int(loc["left"]) + int(loc["width"])),
                (int(loc["top"]) + int(loc["height"]))),
    outline='green', width=1)
    #绘制字符
    if gender is not None:
        draw.text((loc["left"], loc["top"]-font_size*4), '性别:'+gender+gender_score,
                (0, 255, 0),font=font_hei)
    if age is not None:
        draw.text((loc["left"], loc["top"]-font_size*3), '年龄:'+age+age_score, (0, 255, 0),
                font=font_hei)
    if face_mask is not None:
        draw.text((loc["left"], loc["top"]-font_size*2), '口罩:'+face_mask+face_mask_score,
                (0, 255, 0), font=font_hei)
    if headwear is not None:
        draw.text((loc["left"], loc["top"]-font_size*1), '帽子:'+headwear+headwear_score,
                (0, 255, 0), font=font_hei)
#输出图像
result = cv.cvtColor(np.array(pilimg), cv.COLOR_RGB2BGR)
return_result["code"] = 200
```

```
                            return_result["msg"] = "人体识别成功！"
                            return_result["origin_image"] = self.image_to_base64(image)
                            return_result["result_image"] = self.image_to_base64(result)
                            return_result["result_data"] = response
                    else:
                            print("request data error!")
                            return_result["code"] = 500
                            return_result["msg"] = "百度接口调用失败！"
                            return_result["result_data"] = response

                    #实时视频接口：@__app.route('/stream/<action>')
                    #image：摄像头实时传递过来的图像
                    #param_data：必须为 None
                    else:
                            return_result["result_image"] = self.image_to_base64(image)


                    return return_result
#单元测试，注意在处理类中如果有文件引用，则要修改单元测试的文件路径
if __name__ =='__main__':
        #创建图像处理对象
        img_object = BaiduBodyAttr()
        #读取测试图像
        img = cv.imread("./test.jpg")
        #将图像编码成数据流
        img = img_object.imencode(img)
        #设置参数
        param_data = {"APP_ID":"12345678", "API_KEY":"12345678", "SECRET_KEY":"12345678"}
        img_object.font_path = "../../font/wqy-microhei.ttc"
        #调用接口处理图像并返回结果
        result = img_object.inference(img, param_data)
        if result["code"] == 200:
                frame = img_object.base64_to_image(result["result_image"])
                print(result["result_data"])
                #图像显示
                cv.imshow('frame',frame)
                while True:
                        key=cv.waitKey(1)
                        if key==ord('q'):
                                break
                cv.destroyAllWindows()
        else:
                print("识别失败！")
```

5.2.3　开发步骤与验证

5.2.3.1　开发项目部署

开发项目部署同 2.1.3.1 节。

5.2.3.2　单元测试

（1）修改算法文件 algorithm\baidu_body_attr\baidu_body_attr.py 内的单元测试代码，填写正确的百度账号信息。示例如下：

```
#设置参数
param_data = {"APP_ID":"12345678", "API_KEY":"12345678", "SECRET_KEY":"12345678"}
```

（2）文件修改好后，通过 MobaXterm 工具创建的 SSH 连接，将修改好的文件上传到边缘计算网关。

（3）在 SSH 终端中输入以下命令运行算法进行单元测试，本项目将会读取测试图像，在终端打印识别的结果，并将识别结果图像进行视窗显示，如图 5.7 所示。

```
$ cd ~/aicam-exp/baidu_body_attr/algorithm/baidu_body_attr
$ python3 baidu_body_attr.py
{'person_info': [{'attributes': {'face_mask': {'name': '无口罩', 'score': 0.9963939785957336}, 'gender': {'name': '女性', 'score': 0.9191954731941223}, 'headwear': {'name': '无帽', 'score': 0.9534960985183716}, 'age': {'name': '青年', 'score': 0.9173248410224915}}, 'location': {'height': 396, 'score': 0.961183488368988, 'top': 91, 'left': 232, 'width': 122}}], 'log_id': 1527257236376961949, 'person_num': 1}
{'person_info': [{'attributes': {'face_mask': {'name': '无口罩', 'score': 0.9963939785957336}, 'gender': {'name': '女性', 'score': 0.9191954731941223}, 'headwear': {'name': '无帽', 'score': 0.9534960985183716}, 'age': {'name': '青年', 'score': 0.9173248410224915}}, 'location': {'height': 396, 'score': 0.961183488368988, 'top': 91, 'left': 232, 'width': 122}}], 'log_id': 1527257236376961949, 'person_num': 1}
```

图 5.7　单元测试结果

5.2.3.3　工程运行

（1）修改工程配置文件 static\baidu_body_attr\js\config.js 内的百度账号信息，填写正确的百度账号信息。示例如下：

```
baidu_id: '12345678',          //百度 APP_ID
baidu_apikey: '12345678',      //百度 API_KEY
baidu_secretkey: '12345678',   //百度 SECRET_KEY
```

（2）文件修改好后，通过 MobaXterm 工具创建的 SSH 连接，将修改好的文件上传到边缘计算网关。

（3）在 SSH 终端中按照 5.1.3.3 节的方法运行启动脚本 start_aicam.sh，通过启动主程序 aicam.sh 来运行本项目案例工程。

（4）在客户端或者边缘计算网关端打开 Chrome 浏览器，输入页面地址并访问 http://192.168.100.200:4001/static/baidu_body_attr/index.html，即可查看运行结果。

5.2.3.4　人体识别

（1）在摄像头视窗内出现人体时，单击实验交互窗口右上角的"人体识别"按钮，将会调用百度人体检测和属性识别接口进行人体识别并弹窗提示识别状态，如图 5.8 所示。

图 5.8　人体识别实验结果

（2）在实验结果处会显示识别的原始图像、结果图像、结果数据，单击右侧的实验结果图像，将弹出该图像进行预览，如图 5.9 所示。

图 5.9　人体识别后保存的图像

5.2.4　小结

本项目首先介绍了人体识别的特点、功能和基本工作原理；然后介绍了 DetectNet 模型的结构及其工作原理；最后通过开发实践，将理论知识应用于实践，实现了基于人工智能边缘应用平台的人体识别。

5.2.5　思考与拓展

（1）BaiduBodyAttr 算法能够识别一个人的哪些属性？这些属性是如何处理和显示的？
（2）前端应用如何处理人体识别请求？
（3）如何扩展本项目，以支持更高级的功能或应用？
（4）当人体识别一直失败时，请检查配置文件 static\baidu_body_attr\js\config.js 内是否填写了正确的百度账号，并确保该账号开通了人体识别的权限。

5.3 手势识别开发实例

手势识别是一种计算机视觉技术，旨在通过分析图像或视频中的手部动作，自动检测和识别不同手势的意义或动作。手势识别技术对于许多应用领域都非常重要，如人机交互、虚拟现实、智能家居等。

本项目要求掌握的知识点如下：
（1）深度学习模型 MobileNet 和百度调用接口的原理与开发。
（2）结合百度手势识别接口和 AiCam 平台进行手势识别的开发。

5.3.1　原理分析

5.3.1.1　MobileNet 模型分析

MobileNet 是一种轻量级的卷积神经网络模型，目的是在移动设备和嵌入式系统上实现高效的图像分类和目标检测，它的主要特点是高度优化，可以在资源受限的环境中高效运行，同时保持较高的准确性。

本项目采用 MobileNet 模型进行手势识别。MobileNet 对传统卷积模块进行了改进，使用深度可分离卷积代替传统卷积，使用宽度乘数减少参数量。深度可分离卷积的核心思想是把传统卷积拆分为 Depthwise 和 Pointwise 两部分，其中 Depthwise 对应分组卷积，Pointwise 对应串联信息。传统卷积计算方式如图 5.10 所示，分组卷积计算方式如图 5.11 所示，串联信息计算方式如图 5.12 所示，分组卷积+串联信息计算方式如图 5.13 所示。

本项目将 MobileNet V1 的输出分别送入一个卷积核尺度为 1×1 的卷积层和一个没有激活函数的卷积核为 1×1 的卷积层，二者输出的结果进行逐元素相加，即将两个矩阵中的元素相加，再经过一个 ReLU 激活函数，输出的结果依次经过深度可分离卷积、反卷积、卷积核尺度为 1×1 的卷积层、没有激活函数的卷积核为 1×1 的卷积层，最终输出突出显示关键点的热图。MobileNet V1 模型的结构如图 5.14 所示。

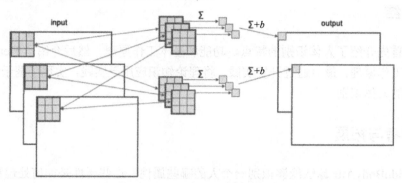

图 5.10　传统卷积计算方式

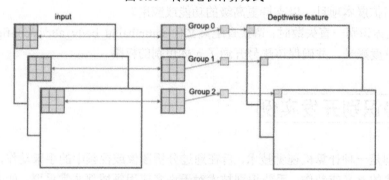

图 5.11　分组卷积计算方式

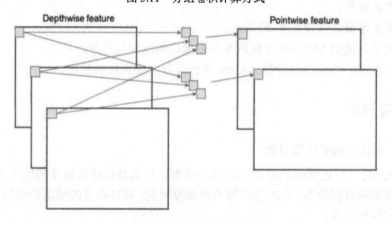

图 5.12　串联信息计算方式

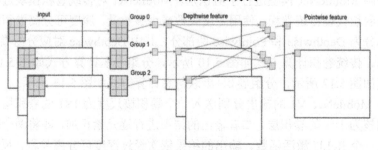

图 5.13　分组卷积+串联信息计算方式

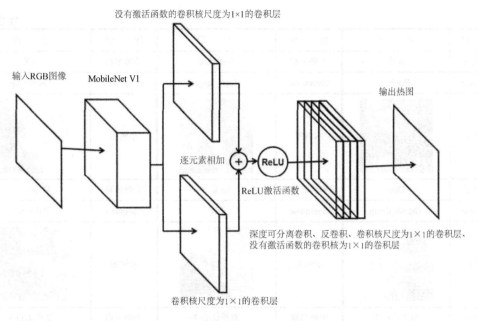

图 5.14 MobileNet V1 模型的结构

MobileNet V1 可以用来实现手部 21 个关键点的识别,并且是一个轻量级模型,易于集成在移动终端设备上。

5.3.1.2 百度手势识别接口

百度手势识别接口主要检测图像中的手部位置和手势类型,可定位手部的 21 个关键点,可识别 24 种常见手势,包括拳头、OK、比心、作揖、作别、祈祷、我爱你、点赞、Diss、Rock、数字等,常用于自定义手势检测、手部 AR 特效、人机交互、在线教育、智能家居等场景。

百度手势识别接口可识别的 24 种手势如表 5.7 所示。

表 5.7 百度手势识别接口可识别的 24 种手势

属　性	字　段	属　性	字　段	属　性	字　段
手势名称	数字 1(食指)	手势名称	数字 5(掌心向前)	手势名称	拳头
classname	One	classname	Five	classname	Fist
示例图		示例图		示例图	
手势名称	OK	手势名称	祈祷	手势名称	作揖
classname	OK	classname	Prayer	classname	Congratulation
示例图		示例图		示例图	

属　性	字　段	属　性	字　段	属　性	字　段
手势名称	作别	手势名称	单手比心	手势名称	点赞
classname	Honour	classname	Heart_single	classname	Thumb_up
示例图		示例图		示例图	
手势名称	Diss	手势名称	我爱你	手势名称	掌心向上
classname	Thumb_down	classname	ILY	classname	Palm_up
示例图		示例图		示例图	
手势名称	双手比心 1	手势名称	双手比心 2	手势名称	双手比心 3
classname	Heart_1	classname	Heart_2	classname	Heart_3
示例图		示例图		示例图	
手势名称	数字 2	手势名称	数字 3	手势名称	数字 4
classname	Two	classname	Three	classname	Four
示例图		示例图		示例图	
手势名称	数字 6	手势名称	数字 7	手势名称	数字 8
classname	Six	classname	Seven	classname	Eight
示例图		示例图		示例图	
手势名称	数字 9	手势名称	Rock	手势名称	竖中指
classname	Nine	classname	Rock	classname	Insult
示例图		示例图		示例图	

常用的手势识别算法包括基于候选窗口的算法（如 R-CNN、Fast R-CNN、R-FCN），基于回归的算法（如 YOLO 系列、RetinaNet），以及基于无锚框的算法（如 CornerNet、CenterNet）。

5.3.1.3　百度 AI 接口描述与分析

手势识别接口参数说明如表 5.8 所示。

表 5.8　手势识别接口参数

参　　数	是否必选	类　　型	说　　明
image	是	string	图像数据，在 base64 编码后进行 urlencode 操作，要求 base64 编码和 urlencode 操作后大小不超过 4 MB。图像的 base64 编码不包含图像头，如 (data:image/jpg;base64,)，支持图像格式包括 JPG、BMP、PNG，最短边至少 50 px，最长边最大 4096 px

手势识别属性及输出项说明如表 5.9 所示。

表 5.9　手势识别属性及输出项说明

字　　段	是否必选	类　　型	说　　明
result_num	是	int	结果数量
result	是	object[]	检测到的目标，如手势、人脸
+classname	否	string	目标所属类别，24 种手势、人脸、其他
+top	否	int	目标框上的坐标
+width	否	int	目标框的宽
+left	否	int	目标框最左坐标
+height	否	int	目标框的高
+probability	否	float	目标属于该类别的概率
log_id	是	int64	唯一的 log id，用于问题定位

本项目在 Python 程序中的调用示例如下：

```
#调用百度手势识别接口，通过以下用户密钥连接百度服务器
#APP_ID：百度应用 ID
#API_KEY：百度 API_KEY
#SECRET_KEY：百度用户密钥
client = AipBodyAnalysis(param_data['APP_ID'], param_data['API_KEY'], param_data['SECRET_KEY'])
#调用手势识别接口
response=client.gesture(img)
```

返回结果示例如下：

```
{
    "log_id": 4466502370458351471,
    "result_num": 1,
    "result": [{
        "probability": 0.9679304957389832,
        "top": 157,
        "height": 106,
        "classname": "Heart_2",
```

```
            "width": 177,
            "left": 183
    }]
}
```

5.3.2　开发设计与实践

5.3.2.1　架构设计

本项目基于 AiCam 平台的开发框架（见图 1.3）进行开发，开发流程如下：

（1）在 aicam 工程包的配置文件中添加摄像头（config\app.json），详细代码请参考 2.1.2.1 节。

（2）在 aicam 工程包中添加算法文件 algorithm\baidu_gesture_recognition\baidu_gesture_recognition.py。

（3）在 aicam 工程包中添加项目前端应用 static\baidu_gesture_recognition。

（4）前端应用采用 RESTFul 接口获取视频流，返回 base64 编码的图像和结果数据。由于百度 AI 接口不支持实时视频流识别，所以在本项目中通过百度 AI 接口获取实时的原始视频流图像：

http://192.168.100.200:4001/stream/index?camera_id=0

前端应用 JS（js\index.js）处理示例见 2.1.2.1 节。

（5）手势识别请求：前端应用截取图像，通过 Ajax 将图像和含有百度账号信息的数据传递给手势识别请求算法进行手势识别。手势识别请求参数说明如表 5.10 所示。

表 5.10　手势识别请求参数

参　数	手　势　识　别
url	"/file/baidu_gesture_recognition?camera_id=0"
method	'POST'
processData	false
contentType	false
dataType	'json'

data	let config = configData;
	let img = $('.camera>img').attr('src');
	let blob = dataURItoBlob(img);
	let formData = new FormData();
	formData.append('file_name',blob,'image.png');
	formData.append('param_data', JSON.stringify({"APP_ID":config.user.baidu_id,
	　　　　"API_KEY":config.user.baidu_apikey, "SECRET_KEY":config.user.baidu_secretkey}));

success	function(res){}内容： return_result = {'code': 200, 'msg': None, 'origin_image': None, 'result_image': None, 'result_data': None} 示例： code/msg：200/手势识别成功、404/没有检测到手势、500/手势识别接口调用失败。 origin_image/result_image：原始图像/结果图像。 result_data：算法返回的手势信息

前端应用 JS（js\index.js）拍照后将图像上传到手势识别算法模块进行识别，并返回原始图像、结果图像、结果数据：

```
//单击发起验证结果请求，并对返回的结果进行相应的处理
$('#result').click(function () {
    let img = $('.camera>img').attr('src')
    let blob = dataURItoBlob(img)
    swal({
        icon: "info",
        title: "识别中...",
        text: "正在识别，请稍等...",
        button: false
    });
    var formData = new FormData();
    formData.append('file_name',blob,'image.png');
    formData.append('param_data', JSON.stringify({"APP_ID":config.user.baidu_id,
            "API_KEY":config.user.baidu_apikey, "SECRET_KEY":config.user.baidu_secretkey}));
    $.ajax({
        url: '/file/baidu_gesture_recognition',
        method: 'POST',
        processData: false,            //必需的
        contentType: false,            //必需的
        dataType: 'json',
        data: formData,
        success: function(res) {
            console.log(res);
            if(res.code==200) {
                swal({
                    icon: "success",
                    title: "识别成功",
                    text: res.msg,
                    button: false,
                    timer: 2000
                });
                let img = 'data:image/jpeg;base64,' + res.origin_image;
                let html = `<div class="img-li">
                            <div class="img-box">
                            <img src="${img}" alt=""data-toggle="modal" data-target="#myModal">
                            </div>
                            <div class="time">原始图像<span></span><span>${
                                    new Date().toLocaleString()}</span></div>
                            </div>`
                $('.list-box').prepend(html);

                let img1 = 'data:image/jpeg;base64,' + res.result_image;
                let html1 = `<div class="img-li">
                            <div class="img-box">
                            <img src="${img1}" alt=""data-toggle="modal" data-target="#myModal">
```

```
                    </div>
                    <div class="time">识别结果<span></span><span>${
                            new Date().toLocaleString()}</span></div>
                </div>`
        $('.list-box').prepend(html1);
        //将识别到的手势文本信息渲染到页面上
        let text = res.result_data.result[0]
        if(text){
            let html = `<div>${new  Date().toLocaleTimeString()}—— 识 别 结 果：
${text.classname}</div>`
                $('#text-list').prepend(html);
        }
    }else if(res.code==404){
        swal({
            icon: "error",
            title: "识别失败",
            text: res.msg,
            button: false,
            timer: 2000
        });
        let img = 'data:image/jpeg;base64,' + res.origin_image;
        let html = `<div class="img-li">
                    <div class="img-box">
                    <img src="${img}" alt=""data-toggle="modal" data-target="#myModal">
                    </div>
                    <div class="time">原始图像<span></span><span>${
                            new Date().toLocaleString()}</span></div>
                </div>`
        $('.list-box').prepend(html);
    }else{
        swal({
            icon: "error",
            title: "识别失败",
            text: res.msg,
            button: false,
            timer: 2000
        });
    }
        //请求图像流资源
        imgData.close()
        imgData = new EventSource(linkData[0])
        //对图像流返回的数据进行处理
        imgData.onmessage = function (res) {
            let data = res.data.split("===========img===========")[1].slice(0, -7);
            $('.camera>img').attr('src', `data:image/jpeg;base64,${data}`)
        }
}, error: function(error){
    console.log(error);
```

```
                swal({
                    icon: "error",
                    title: "识别失败",
                    text: "服务请求失败！",
                    button: false,
                    timer: 2000
                });
                //请求图像流资源
                imgData.close()
                imgData = new EventSource(linkData[0])
                //对图像流返回的数据进行处理
                imgData.onmessage = function (res) {
                    let data = res.data.split("============img===========")[1].slice(0, -7);
                    $('.camera>img').attr('src', `data:image/jpeg;base64,${data}`)
                }
            }
        });
})
```

5.3.2.2　功能与核心代码设计

本项目通过调用百度手势识别接口进行手势识别，算法文件如下（algorithm\baidu_gesture_recognition\baidu_gesture_recognition.py）：

```python
##############################################################################
#文件：baidu_gesture_recognition.py
#说明：手势识别
##############################################################################
from PIL import Image, ImageDraw, ImageFont
import numpy as np
import cv2 as cv
import os,sys,time
import json
import base64
from aip import AipBodyAnalysis

class BaiduGestureRecognition(object):
    def __init__(self, font_path="font/wqy-microhei.ttc"):
        self.font_path = font_path

    def imencode(self, image_np):
        #JPG 图像格式编码为流数据
        data = cv.imencode('.jpg', image_np)[1]
        return data

    def image_to_base64(self, img):
        image = cv.imencode('.jpg', img, [cv.IMWRITE_JPEG_QUALITY, 60])[1]
        image_encode = base64.b64encode(image).decode()
        return image_encode
```

```
def base64_to_image(self, b64):
    img = base64.b64decode(b64.encode('utf-8'))
    img = np.asarray(bytearray(img), dtype="uint8")
    img = cv.imdecode(img, cv.IMREAD_COLOR)
    return img


def inference(self, image, param_data):
    #code：识别成功返回 200
    #msg：相关提示信息
    #origin_image：原始图像
    #result_image：处理之后的图像
    #result_data：结果数据
    return_result = {'code': 200, 'msg': None, 'origin_image': None, 'result_image': None, 'result_data': None}

    #应用请求接口：@__app.route('/file/<action>', methods=["POST"])
    #image：应用传递过来的数据（根据实际应用可能为图像、音频、视频、文本）
    #param_data：应用传递过来的参数，不能为空
    if param_data != None:
        #读取应用传递过来的图像
        image = np.asarray(bytearray(image), dtype="uint8")
        image = cv.imdecode(image, cv.IMREAD_COLOR)
        #图像数据格式的压缩，方便网络传输。
        img = self.imencode(image)

        #调用百度手势识别接口，通过以下用户密钥连接百度服务器
        #APP_ID：百度应用 ID
        #API_KEY：百度 API_KEY
        #SECRET_KEY：百度用户密钥
        client = AipBodyAnalysis(param_data['APP_ID'], param_data['API_KEY'], param_data['SECRET_KEY'])
        #调用百度手势识别接口
        response=client.gesture(img)

        #应用部分
        if "error_msg" in response:
            if response['error_msg']!='SUCCESS':
                return_result["code"] = 500
                return_result["msg"] = "手势识别接口调用失败！"
                return_result["result_data"] = response
                return return_result
        if response['result_num'] == 0:
            return_result["code"] = 404
            return_result["msg"] = "没有检测到手势"
            return_result["origin_image"] = self.image_to_base64(image)
            return_result["result_data"] = response
            return return_result
```

```
                if response['result_num'] > 0:
                    #图像输入
                    img_rgb = cv.cvtColor(image, cv.COLOR_BGR2RGB)
                    pilimg = Image.fromarray(img_rgb)
                    #创建 ImageDraw 绘图类
                    draw = ImageDraw.Draw(pilimg)
                    #设置字体
                    font_size = 20
                    font_hei = ImageFont.truetype(self.font_path, font_size, encoding="utf-8")
                    #取数据
                    for res in response['result']:
                        probability=res['probability']
                        classname=res['classname']
                        #绘制矩形外框
                        draw.rectangle((int(res["left"]), int(res["top"]),(int(res["left"]) + int(res["width"])),
                                    (int(res["top"]) + int(res["height"])))),
                            outline='blue',width=4)
                        #绘制字符
                        draw.text((res["left"], res["top"]-font_size*2), '手势:'+classname, (0, 255, 0),
                                    font=font_hei)                        #手势
                        draw.text((res["left"], res["top"]-font_size*1), '置信值:'+str(probability),
                                    (0, 255, 0), font=font_hei)            #置信值
                    #输出图像
                    result = cv.cvtColor(np.array(pilimg), cv.COLOR_RGB2BGR)
                    return_result["code"] = 200
                    return_result["msg"] = "手势识别成功！"
                    return_result["origin_image"] = self.image_to_base64(image)
                    return_result["result_image"] = self.image_to_base64(result)
                    return_result["result_data"] = response
                else:
                    return_result["code"] = 500
                    return_result["msg"] = "百度接口调用失败！"
                    return_result["result_data"] = response

            #实时视频接口：@__app.route('/stream/<action>')
            #image: 摄像头实时传递过来的图像
            #param_data: 必须为 None
            else:
                return_result["result_image"] = self.image_to_base64(image)

        return return_result
#单元测试，注意在处理类中如果有文件引用，则要修改单元测试的文件路径
if __name__=='__main__':
    #创建图像处理对象
    img_object = BaiduGestureRecognition()
    #读取测试图像
    img = cv.imread("./test.jpg")
    #将图像编码成数据流
```

```
img = img_object.imencode(img)
#设置参数
param_data = {"APP_ID":"12345678", "API_KEY":"12345678", "SECRET_KEY":"12345678"}
img_object.font_path = "../../font/wqy-microhei.ttc"
#调用接口处理图像并返回结果
result = img_object.inference(img, param_data)
if result["code"] == 200:
    frame = img_object.base64_to_image(result["result_image"])
    print(result["result_data"])
    #图像显示
    cv.imshow('frame',frame)
    while True:
        key=cv.waitKey(1)
        if key==ord('q'):
            break
    cv.destroyAllWindows()
else:
    print("识别失败！")
```

5.3.3　开发步骤与验证

5.3.3.1　开发项目部署

开发项目部署同 2.1.3.1 节。

5.3.3.2　单元测试

（1）修改算法文件 algorithm\baidu_gesture_recognition\baidu_gesture_recognition.py 内的单元测试代码，填写正确的百度账号信息。示例如下：

```
#设置参数
param_data = {"APP_ID":"12345678", "API_KEY":"12345678", "SECRET_KEY":"12345678"}
```

（2）文件修改好后，通过 MobaXterm 工具创建的 SSH 连接，将修改好的文件上传到边缘计算网关。

（3）在 SSH 终端中输入以下命令：

```
$ cd ~/aicam-exp/baidu_gesture_recognition/algorithm/baidu_gesture_recognition
$ python3 baidu_gesture_recognition.py
```

运行算法进行单元测试，本项目将会读取测试图像，在终端打印识别的结果，并将识别结果图像进行视窗显示，如图 5.15 所示。

{'log_id': 1527496747917028681, 'result_num': 4, 'result': [{'left': 39, 'classname': 'ILY', 'top': 470, 'probability': 0.998446524143219, 'height': 248, 'width': 200}, {'left': 75, 'classname': 'Five', 'top': 65, 'probability': 0.983726978302002, 'height': 249, 'width': 195}, {'left': 323, 'classname': 'Four', 'top': 83, 'probability': 0.9568274021148682, 'height': 222, 'width': 174}, {'left': 322, 'classname': 'Thumb_up', 'top': 488, 'probability': 0.4288118481636047, 'height': 239, 'width': 164}]]}

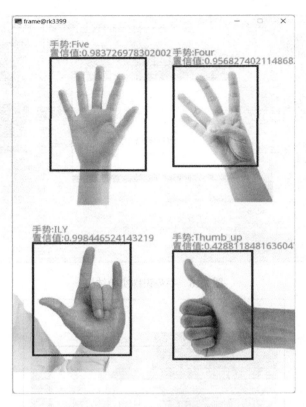

图 5.15　单元测试结果

5.3.3.3　工程运行

（1）修改工程配置文件 static\baidu_gesture_recognition\js\config.js 内的百度账号信息，填写正确的百度账号信息。示例如下：

```
baidu_id: '12345678',              //百度 APP_ID
baidu_apikey: '12345678',          //百度 API_KEY
baidu_secretkey: '12345678',       //百度 SECRET_KEY
```

（2）文件修改好后，通过 MobaXterm 工具创建的 SSH 连接，将修改好的文件上传到边缘计算网关。

（3）在 SSH 终端中按照 5.1.3.3 节的方法运行启动脚本 start_aicam.sh，通过启动主程序 aicam.sh 来运行本项目案例工程。

（4）在客户端或者边缘计算网关端打开 Chrome 浏览器，输入页面地址并访问 http://192.168.100.200:4001/static/baidu_gesture_recognition/index.html，即可查看运行结果。

5.3.3.4　手势识别

（1）在摄像头视窗内展示手势，单击实验交互窗口右上角的"手势识别"按钮，将调用百度手势识别接口进行手势识别并弹窗提示识别状态，如图 5.16 所示。

（2）在实验结果处会显示识别的原始图像、结果图像、结果数据，单击右侧的实验结果图像，将弹出该图像进行预览，如图 5.17 所示。

（3）本项目可进行单手手势和双手手势的识别，包括拳头、OK、比心、作揖、作别、祈祷、我爱你、点赞、Diss、Rock、数字等，读者可摆出不同手势进行测试。

图 5.16　手势识别实验结果

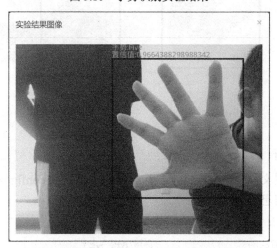

图 5.17　手势识别后保存的图像

5.3.4　小结

本项目首先介绍了手势识别的特点、功能和基本工作原理；然后介绍了 MobileNet 模型的结构及其工作原理；最后通过开发实践，将理论知识应用于实践，实现了基于人工智能边缘应用平台的手势识别。

5.3.5　思考与拓展

（1）前端应用是如何通过 RESTFul 接口获取摄像头实时视频流的？

（2）如何准备测试图像并通过 SSH 终端运行手势识别算法的单元测试？

（3）如何处理从服务器返回 base64 编码的图像数据？

（4）当手势识别一直失败时，请检查配置文件 static\baidu_gesture_recognition\js\config.js 内是否填写了正确的百度账号，并确保该账号开通了手势识别的权限。

5.4 人脸识别（基于百度 AI）开发实例

人脸识别技术在许多领域有着广泛的应用。在安全认证领域，人脸识别技术可以用于手机解锁、计算机登录和门禁系统等，实现更安全和便捷的身份验证；在人机交互领域，人脸识别技术可以用于面部表情分析和情感识别，提供更智能化和自然化的交互体验；在犯罪侦察领域，人脸识别技术可以用于嫌疑人追踪和犯罪嫌疑人识别，提供重要的线索和证据。

人脸识别如图 5.18 所示。

图 5.18　人脸识别

本项目要求掌握的知识点如下：

（1）深度学习模型 UniNet 和百度调用接口的原理与开发。

（2）结合百度人脸搜索与库管理接口和 AiCam 平台进行人脸识别的开发。

5.4.1　原理分析

5.4.1.1　UniNet 模型分析

在人脸识别领域，常用的深度学习模型有 VGGFace、FaceNet、DeepFace、UniNet 和 ArcFace 等。在这些模型中，UniNet 是一种小样本学习、低计算复杂度、高鲁棒性的人脸识别模型，其结构如图 5.19 所示。

在 UniNet 中，人脸图像的输入是一个三元组，分别是一个随机抽取的参考样本、一个负样本和一个正样本。UniNet 将人脸图像映射到特征空间以后，利用在批归一化（Batch Normalization，BN）中提取到的人脸特征，尽可能地学习参考样本与正样本之间的向量差，最后进行多损失函数的联合计算。

UniNet 底层的编码网络使用了自定义的 VGG16 网络结构。UniNet 采用自定义全连接层

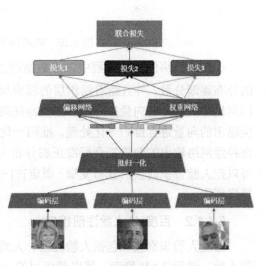

图 5.19　UniNet 模型的结构

与 VGG16 拼接的方法，将 VGG16 后 3 层的全连接层去掉，并在余下层数的最后一层之后接入自定义的网络结构。UniNet 中数据类别繁多，需要尽量保留较多的底层特征，因此选择

将保存顶层特征的全连接层丢弃。VGG16 原结构与并置网络结构如图 5.20 所示，卷积层用 conv3 表示，全连接层用 fc 表示，池化层使用 pool 表示，卷积层中使用的均是大小为 3×3 的卷积核，卷积层中的通道数由 64 逐渐翻倍至 512 后不再增长。UniNet 的自定义结构在保持 VGG16 的卷积层与池化层同时，加入了 flatten、dense、dropout 和 batchnorm 层。

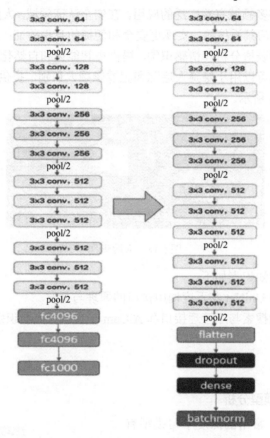

图 5.20 VGG16 的原结构与并置网络结构

在神经网络的训练过程中，当数据经过 $\sigma(wx+b)$ 的计算后，矩阵的乘法运算会使向量的分布逐渐分散，并且随着卷积层的深度增加，特征向量的变化会越来越大。因此，在编码网络输出人脸特征向量后，为了避免特征向量维度跑偏，提高模型的泛化能力，需要对编码层输出的向量进行批归一化处理。批归一化的主要作用是通过人为赋予的规范化操作，强行使神经网络输出的向量符合标准正态分布（该标准正态分布的均值为 0、方差为 1），这样就可以把人脸特征向量的分布变窄（固定在[-1, 1]的区间），可以在加快收敛速度的同时也避免梯度消失。

5.4.1.2 百度 AI 人脸注册接口

百度人脸识别接口包括人脸注册、人脸库管理、人脸对比等功能。通过对比人脸库中 N 张人脸，进行 $1:N$ 检索，找出最相似的一张或多张人脸，并返回相似度分数。百度人脸识别接口支持百万级人脸库管理，可达到毫秒级的识别响应速度，能满足身份核验、人脸考勤、刷脸通行等应用场景。

百度人脸识别接口参数说明如表 5.11 所示。

表 5.11　百度人脸识别接口参数说明

参　　数	是否必选	类　　型	说　　明
image	是	string	图像信息：总数据大小应小于 10 MB，图像上传方式由 image_type 来决定。注意：组内每个 uid 下的人脸图像数目上限为 20 张
image_type	是	string	图像类型：采用 base64 编码，编码后的图像大小不超过 2 MB。URL 表示图像的下载地址（可能会由于网络原因导致下载时间过长）；FACE_TOKEN 表示人脸图像的唯一标识，在调用百度人脸识别接口时，会为每张人脸赋予一个唯一的 FACE_TOKEN，同一张图像多次检测得到的 FACE_TOKEN 是一样的
group_id	是	string	用户组 id（由数字、字母、下画线组成），长度不超过 128 B
user_id	是	string	用户 id（由数字、字母、下画线组成），长度不超过 128 B
user_info	否	string	用户资料，长度不超过 256 B
quality_control	否	string	图像质量控制：NONE 表示不进行控制；LOW 表示较低的质量要求；NORMAL 表示一般的质量要求；HIGH 表示较高的质量要求。默认值为 NONE
liveness_control	否	string	活体检测控制：NONE 表示不进行控制；LOW 表示较低的活体要求（高通过率、低攻击拒绝率）；NORMAL 表示一般的活体要求（平衡的攻击拒绝率和通过率）；HIGH 表示较高的活体要求（高攻击拒绝率、低通过率）。默认值为 NONE
action_type	否	string	操作方式：APPEND 表示当 user_id 在库中已经存在时，如果对该 user_id 重复注册，则新注册的图像默认会追加到该 user_id 下；REPLACE 表示如果对该 user_id 重复注册，则会用新图像替换库中该 user_id 下的所有图像。默认值为 APPEND

5.4.1.3　百度 AI 人脸对比接口

人脸对比接口参数说明如表 5.12 所示。

表 5.12　人脸对比接口参数说明

参　　数	是否必选	类　　型	说　　明
image	是	string	图像信息：总数据大小应小于 10 MB，图像上传方式由 image_type 来决定
image_type	是	string	图像类型：采用 base64 编码，编码后的图像大小不超过 2 MB。URL 表示图像的下载地址（可能会由于网络原因导致下载时间过长）；FACE_TOKEN 表示人脸图像的唯一标识，在调用百度人脸识别接口时，会为每张人脸赋予一个唯一的 FACE_TOKEN，同一张图像多次检测得到的 FACE_TOKEN 是一样的
group_id_list	是	string	在指定的组中进行查找人脸，用逗号分隔，上限是 10 个
max_face_num	否	string	最多处理人脸的数目，默认值为 1（仅检测图像中面积最大的那张人脸），最大值是 10
match_threshold	否	string	匹配阈值（设置阈值后，Score 低于此阈值的用户信息将不会返回）：最大为 100，最小为 0，默认为 80。阈值设置得越高，检索速度将越快，推荐使用默认阈值
quality_control	否	string	图像质量控制：NONE 表示不进行控制；LOW 表示较低的质量要求；NORMAL 表示一般的质量要求；HIGH 表示较高的质量要求。默认值为 NONE

续表

参　数	是否必选	类　型	说　明
liveness_control	否	string	活体检测控制：NONE 表示不进行控制；LOW 表示较低的活体要求（高通过率、低攻击拒绝率）；NORMAL 表示一般的活体要求（平衡的攻击拒绝率和通过率）；HIGH 表示较高的活体要求（高攻击拒绝率、低通过率）。默认值为 NONE
max_user_num	否	string	查找后返回的用户数量。返回相似度最高的几个用户，默认为 1，最多返回 50 个

人脸对比属性及输出项说明如表 5.13 所示。

表 5.13　人脸对比属性及输出项说明

字　段	是否必选	类　型	说　明
face_num	是	int	图像中的人脸数量
face_list	是	array	人脸信息列表
+face_token	是	string	人脸标志
+location	是	array	人脸在图像中的位置
++left	是	double	人脸区域离左边界的距离
++top	是	double	人脸区域离上边界的距离
++width	是	double	人脸区域的宽度
++height	是	double	人脸区域的高度
++rotation	是	int64	人脸框相对于竖直方向的顺时针旋转角，范围为[-180,180]
+user_list	是	array	匹配的用户信息列表
++group_id	是	string	用户所属的 group_id
++user_id	是	string	用户的 user_id
++user_info	是	string	注册用户时携带的 user_info
++score	是	float	用户的匹配得分，80 分以上可以判断为同一人，有万分之一误识率

5.4.1.4　接口示例

人脸对比接口会从人脸库中搜索并进行识别，在 Python 程序中的调用示例如下：

```
#调用百度人脸搜索与库管理接口，通过以下用户密钥连接百度服务器
#APP_ID：百度应用 ID
#API_KEY：百度 API_KEY
#SECRET_KEY：百度用户密钥
client = AipFace(param_data['APP_ID'], param_data['API_KEY'], param_data['SECRET_KEY'])

#配置可选参数
options = {}
options["max_face_num"] = 10          #检测人脸的最大数量
options["match_threshold"] = 70       #匹配阈值
options["quality_control"] = "NORMAL" #图像质量控制
options["liveness_control"] = "NONE"  #活体检测控制
options["max_user_num"] = 3           #查找后返回的用户数量
```

```
#搜索的组列表,这里只搜索 zonesion 组下的用户
groupIdList = "zonesion"
imageType = "BASE64"
#带参数调用人脸搜索 M:N 识别接口
response = client.multiSearch(img, imageType, groupIdList, options)
```

返回结果示例如下:

```
{
    "error_code": 0,
    "error_msg": "SUCCESS",
    "log_id": 240483475,
    "timestamp": 1535533440,
    "cached": 0,
    "result": {
        "face_num": 2,
        "face_list": [
            {
                "face_token": "6fe19a6ee0c4233db9b5bba4dc2b9233",
                "location": {
                    "left": 31.95568085,
                    "top": 120.3764267,
                    "width": 87,
                    "height": 85,
                    "rotation": -5
                },
                "user_list": [
                    {
                        "group_id": "group1",
                        "user_id": "5abd24fd062e49bfa906b257ec40d284",
                        "user_info": "userinfo1",
                        "score": 69.85684967041
                    },
                    {
                        "group_id": "group1",
                        "user_id": "2abf89cffb31473a9948268fde9e1c3f",
                        "user_info": "userinfo2",
                        "score": 66、586112976074
                    }
                ]
            },
            {
                "face_token": "fde61e9c074f48cf2bbb319e42634f41",
                "location": {
                    "left": 219.4467773,
                    "top": 104.7486954,
                    "width": 81,
                    "height": 77,
```

```
                    "rotation": 3
                },
                "user_list": [
                    {
                        "group_id": "group1",
                        "user_id": "088717532b094c3990755e91250adf7d",
                        "user_info": "userinfo",
                        "score": 65.154159545898
                    }
                ]
            }
        ]
    }
}
```

5.4.2　开发设计与实践

5.4.2.1　架构设计

本项目基于 AiCam 平台的开发框架（见图 1.3）进行开发，开发流程如下：

（1）在 aicam 工程包的配置文件中添加摄像头（config\app.json），详细代码请参考 2.1.2.1 节。

（2）在 aicam 工程包中添加算法文件 algorithm\baidu_face_recognition\baidu_face_recognition.py。

（3）在 aicam 工程包中添加项目前端应用 static\baidu_face_recognition。

（4）前端应用采用 RESTFul 接口获取视频流，返回 base64 编码的图像和结果数据。由于百度 AI 接口不支持实时视频流识别，所以在本项目中通过百度 AI 接口获取实时的原始视频流图像：

```
http://192.168.100.200:4001/stream/index?camera_id=0
```

前端应用 JS（js\index.js）处理示例见 2.1.2.1 节。

（5）人脸注册请求：前端应用截取图像，通过 Ajax 将图像和含有百度账号信息的数据传递到人脸注册请求算法模块进行注册。人脸注册请求参数说明如表 5.14 所示。

表 5.14　人脸注册请求参数

参　数	人 脸 注 册
url	"/file/baidu_face_recognition?camera_id=0"
method	'POST'
processData	false
contentType	false
dataType	'json'

data	let img = $('#face').attr('src');
	let id = $('#userName').val();
	let blob = dataURItoBlob(img);
	let formData = new FormData();

续表

参　　数	人 脸 注 册

data	formData.append('file_name',blob,'image.png');
	//type=0 表示人脸注册
	formData.append('param_data',JSON.stringify({"APP_ID":config.user.baidu_id,
	"API_KEY":config.user.baidu_apikey,
	　　　　　"SECRET_KEY":config.user.baidu_secretkey,"userId":id,"type":0}));

success	function(res){}内容： return_result = {'code': 200, 'msg': None, 'origin_image': None, 'result_image': None, 'result_data': None} 示例： code/msg：200/人脸注册成功、404/没有检测到人脸、408/注册超时、500/人脸接口调用失败

前端应用 JS（js\index.js）拍照后将图像上传到人脸注册算法模块进行识别，并返回原始图像、结果图像、结果数据：

```
//人脸注册
$('#registered').click(function () {
    let img = $('#face').attr('src')
    let id = $('#userName').val()
    if(id && img){
        console.log(img);
        let blob = dataURItoBlob(img);
        let formData = new FormData();
        formData.append('file_name',blob,'image.png');
        //type=0 表示人脸注册
        formData.append('param_data',JSON.stringify({"APP_ID":config.user.baidu_id,
                    "API_KEY":config.user.baidu_apikey,
                    "SECRET_KEY":config.user.baidu_secretkey,"userId":id,"type":0}));
        if(img.length>100){
            $.ajax({
                url: "/file/baidu_face_recognition",
                method: 'POST',
                processData: false,             //必需的
                contentType: false,             //必需的
                dataType: 'json',
                data:formData,
                success:function(res){
                    console.log(res);
                    if(res.code == 200){
                        swal({
                            icon: "success",
                            title: "注册成功",
                            text: res.msg,
                            button: false,
                            timer: 2000
                        });
                    }else if(res.code == 404){
                        swal({
```

```
                                    icon: "error",
                                    title: "注册失败",
                                    text: res.msg,
                                    button: false,
                                    timer: 2000
                                });
                            }else if(res.code == 408){
                                swal({
                                    icon: "error",
                                    title: "注册失败",
                                    text: res.msg,
                                    button: false,
                                    timer: 2000
                                });
                            }else if(res.code == 500){
                                swal({
                                    icon: "error",
                                    title: "注册失败",
                                    text: res.msg,
                                    button: false,
                                    timer: 2000
                                });
                            }else{
                                swal({
                                    icon: "error",
                                    title: "注册失败",
                                    text: "未知错误！",
                                    button: false,
                                    timer: 2000
                                });
                            }
                            setTimeout(() => {
                                $('#faceModal').modal('hide')
                            }, 2000);
                        }
                    });
                }else{
                    swal({
                        icon: "error",
                        title: "注册失败",
                        text: "获取人脸图像失败，请重新单击注册按钮再确定！",
                        button: false,
                        timer: 2000
                    });
                    setTimeout(() => {
                        $('#faceModal').modal('hide')
                    }, 2000);
                }
```

```
        }else{
            swal({
                icon: "error",
                title: "注册失败",
                text: "名称或照片不存在！",
                button: false,
                timer: 2000
            });
            setTimeout(() => {
                $('#faceModal').modal('hide')
            }, 2000);
        }
    })
```

（6）人脸识别请求：前端应用截取图像，通过 Ajax 将图像和含有百度账号信息的数据传递到人脸识别请求算法模块进行识别。人脸识别请求参数说明如表 5.15 所示。

表 5.15　人脸识别请求参数

参　　数	人 脸 识 别
url	"/file/baidu_face_recognition?camera_id=0"
method	'POST'
processData	false
contentType	false
dataType	'json'

data	let img = $('.camera>img').attr('src');
	let blob = dataURItoBlob(img);
	var formData = new FormData();
	formData.append('file_name',blob,'image.png');
	//type=1 表示人脸识别
	formData.append('param_data', JSON.stringify({"APP_ID":config.user.baidu_id,
	　　　　　　　　　"API_KEY":config.user.baidu_apikey,
	"SECRET_KEY":config.user.baidu_secretkey,"type":1}));

success	function(res){}内容： return_result = {'code': 200, 'msg': None, 'origin_image': None, 'result_image': None, 'result_data': None} 示例： code/msg：200/人脸识别成功、404/没有识别到人脸、500/人脸识别接口调用失败。 origin_image/result_image：原始图像/结果图像。 result_data：算法返回的人脸信息

前端应用 JS（js\index.js）拍照后将图像上传到人脸识别算法模块进行识别，并返回原始图像、结果图像、结果数据：

```
//人脸识别
$('#result').click(function () {
    let img = $('.camera>img').attr('src')
    let blob = dataURItoBlob(img)
    swal({
```

```
                    icon: "info",
                    title: "识别中...",
                    text: "正在识别，请稍等...",
                    button: false
            });
            var formData = new FormData();
            formData.append('file_name',blob,'image.png');
            //type=1 表示人脸识别
            formData.append('param_data', JSON.stringify({"APP_ID":config.user.baidu_id,
                    "API_KEY":config.user.baidu_apikey, "SECRET_KEY":config.user.baidu_secretkey,"type":1}));
            $.ajax({
                url: '/file/baidu_face_recognition',
                method: 'POST',
                processData: false,          //必需的
                contentType: false,          //必需的
                dataType: 'json',
                data: formData,
                success: function(res) {
                    console.log(res);
                    if(res.code==200) {
                        swal({
                            icon: "success",
                            title: "识别成功",
                            text: res.msg,
                            button: false,
                            timer: 2000
                        });
                        let img = 'data:image/jpeg;base64,' + res.origin_image;
                        let html = `<div class="img-li">
                                <div class="img-box">
                                <img src="${img}" alt=""data-toggle="modal" data-target="#myModal">
                                </div>
                                <div class="time">原始图像<span></span><span>${
                                        new Date().toLocaleString()}</span></div>
                                </div>`
                        $('.list-box').prepend(html);

                        let img1 = 'data:image/jpeg;base64,' + res.result_image;
                        let html1 = `<div class="img-li">
                                <div class="img-box">
                                <img src="${img1}" alt=""data-toggle="modal" data-target="#myModal">
                                </div>
                                <div class="time">识别结果<span></span><span>${
                                        new Date().toLocaleString()}</span></div>
                                </div>`
                        $('.list-box').prepend(html1);
                        //将识别到的人脸文本信息渲染到页面上
                        let text = res.result_data.result.face_list[0].user_list[0].user_id
```

```
                let html2 = `<div>${new Date().toLocaleTimeString()}——识别结果：${text}</div>`
                $('#text-list').prepend(html2);
            }else if(res.code==404){
                swal({
                    icon: "error",
                    title: "识别失败",
                    text: res.msg,
                    button: false,
                    timer: 2000
                });
                let img = 'data:image/jpeg;base64,' + res.origin_image;
                let html = `<div class="img-li">
                            <div class="img-box">
                            <img src="${img}" alt=""data-toggle="modal" data-target="#myModal">
                            </div>
                            <div class="time">原始图像<span></span><span>${
                                    new Date().toLocaleString()}</span></div>
                            </div>`
                $('.list-box').prepend(html);
            }else{
                swal(`识别失败！`, " ", "error", {button: false,timer: 2000});
            }
                //请求图像流资源
                imgData.close()
                imgData = new EventSource(linkData[0])
                //对图像流返回的数据进行处理
                imgData.onmessage = function (res) {
                    let data = res.data.split("==========img===========")[1].slice(0, -7);
                    $('.camera>img').attr('src', `data:image/jpeg;base64,${data}`)
                }
    }, error: function(error){
        console.log(error);
        swal({
            icon: "error",
            title: "识别失败",
            text: "服务请求失败！ ",
            button: false,
            timer: 2000
        });
        //请求图像流资源
        imgData.close()
        imgData = new EventSource(linkData[0])
        //对图像流返回的数据进行处理
        imgData.onmessage = function (res) {
            let data = res.data.split("==========img===========")[1].slice(0, -7);
            $('.camera>img').attr('src', `data:image/jpeg;base64,${data}`)
        }
    }
}
```

```
        });
    })
```

5.4.2.2　功能与核心代码设计

本项目通过调用百度人脸识别接口进行人脸注册和识别，算法文件如下（algorithm\baidu_face_recognition\baidu_face_recognition.py）：

```python
##############################################################################
#文件：baidu_face_recognition.py
#说明：人脸注册与识别
##############################################################################
from PIL import Image, ImageDraw, ImageFont
import numpy as np
import cv2 as cv
import os,sys,time
import json
import base64
from aip import AipFace

class BaiduFaceRecognition(object):
    def __init__(self, font_path="font/wqy-microhei.ttc"):
        self.font_path = font_path

    def imencode(self, image_np):
        #JPG 图像格式编码为流数据
        data = cv.imencode('.jpg', image_np)[1]
        return data

    def image_to_base64(self, img):
        image = cv.imencode('.jpg', img, [cv.IMWRITE_JPEG_QUALITY, 60])[1]
        image_encode = base64.b64encode(image).decode()
        return image_encode

    def base64_to_image(self, b64):
        img = base64.b64decode(b64.encode('utf-8'))
        img = np.asarray(bytearray(img), dtype="uint8")
        img = cv.imdecode(img, cv.IMREAD_COLOR)
        return img

    def inference(self, image, param_data):
        #code：识别成功返回 200
        #msg：相关提示信息
        #origin_image：原始图像
        #result_image：处理之后的图像
        #result_data：结果数据
        return_result = {'code': 200, 'msg': None, 'origin_image': None, 'result_image': None, 'result_data':
None}
```

```
#应用请求接口：@__app.route('/file/<action>', methods=["POST"])
#image：应用传递过来的数据（根据实际应用可能为图像、音频、视频、文本）
#param_data：应用传递过来的参数，不能为空
if param_data != None:
    #读取应用传递过来的图像
    image = np.asarray(bytearray(image), dtype="uint8")
    image = cv.imdecode(image, cv.IMREAD_COLOR)
    #图像数据格式的压缩，方便网络传输。
    img=self.image_to_base64(image)
    #type=0 表示注册
    if param_data["type"] == 0:
        #调用百度人脸识别接口，通过以下用户密钥连接百度服务器
        #APP_ID：百度应用 ID
        #API_KEY：百度 API_KEY
        #SECRET_KEY：百度用户密钥
        client = AipFace(param_data['APP_ID'], param_data['API_KEY'], param_data
['SECRET_KEY'])

        #配置可选参数
        options = {}
        options["user_info"] = param_data["userId"]          #用户信息
        options["quality_control"] = "NORMAL"               #图像质量正常
        options["liveness_control"] = "NONE"                #活体检测
        options["action_type"] = "REPLACE"                  #替换之前的注册的用户数据
        imageType = "BASE64"

        #组名
        groupId = "zonesion"
        st = time.time()
        #避免注册多个用户时 QPS 不足
        while True:
            #带参数调用人脸注册
            response = client.addUser(img, imageType, groupId, param_data["userId"], options)

            if response['error_msg'] == 'SUCCESS':
                return_result["code"] = 200
                return_result["msg"] = "注册成功，已成功添加至人脸库！"
                return_result["result_data"] = response
                break
            time.sleep(1)
            if time.time() - st > 5:
                return_result["code"] = 408
                return_result["msg"] = "注册超时，请检查网络！"
                return_result["result_data"] = response
                break
            if response['error_msg'] == 'pic not has face':
                return_result["code"] = 404
                return_result["msg"] = "未检测到人脸！"
```

```
                                    return_result["result_data"] = response
                                    break
                        else:
                            #调用百度人脸搜索与库管理接口，通过以下用户密钥连接百度服务器
                            client    =    AipFace(param_data['APP_ID'],    param_data['API_KEY'],    param_data
['SECRET_KEY'])
                            #配置可选参数
                            options = {}
                            options["max_face_num"] = 10                   #检测人脸的最大数量
                            options["match_threshold"] = 70               #匹配阈值
                            options["quality_control"] = "NORMAL"         #图像质量控制
                            options["liveness_control"] = "NONE"          #活体检测控制
                            options["max_user_num"] = 3                    #查找后返回的用户数量
                            #搜索的组列表，这里只搜索 zonesion 组下的用户
                            groupIdList = "zonesion"
                            imageType = "BASE64"
                            #带参数调用人脸搜索  M:N  识别接口
                            response = client.multiSearch(img, imageType, groupIdList, options)
                            #应用部分
                            if "error_msg" in response:
                                if response['error_msg'] == 'pic not has face':
                                    return_result["code"] = 404
                                    return_result["msg"] = "未检测到人脸！"
                                    return_result["result_data"] = response
                                    return_result["origin_image"] = self.image_to_base64(image)
                                    return return_result
                                if response['error_msg'] == 'SUCCESS':
                                    #图像输入
                                    img_rgb = cv.cvtColor(image, cv.COLOR_BGR2RGB)
                                    pilimg = Image.fromarray(img_rgb)
                                    #创建 ImageDraw 绘图类
                                    draw = ImageDraw.Draw(pilimg)
                                    #设置字体
                                    font_size = 20
                                    font_hei = ImageFont.truetype(self.font_path, font_size, encoding="utf-8")
                                    #取数据
                                    #人脸数据列表
                                    face_list = response['result']['face_list']
                                    #人脸数量
                                    face_num = response['result']['face_num']
                                    for i in range(face_num):
                                        loc = face_list[i]['location']
                                        if len(face_list[i]['user_list'])>0:
                                            #取识别分数最高的人脸数据
                                            user = face_list[i]['user_list'][0]
                                            score = '%.2f'%user['score']
                                            user_id = user['user_id']
                                            group_id = user['group_id']
```

```
                                            user_info = user['user_info']
                        else:
                                 score=user_id=group_id=user_info='none'

                        #绘制矩形外框
                        draw.rectangle((int(loc["left"]), int(loc["top"]),(int(loc["left"]) + int(loc
["width"])),

                                           (int(loc["top"]) + int(loc["height"]))),
                        outline='green',width=2)
                        #绘制字符
                        draw.text((loc["left"], loc["top"]-font_size*4), '用户 ID:'+user_id, (0, 255, 0),
                                 font=font_hei)
                        draw.text((loc["left"], loc["top"]-font_size*3), '用户组 ID:'+group_id,
                                 (0, 255, 0), font=font_hei)
                        draw.text((loc["left"], loc["top"]-font_size*2), '用户信息:'+user_info,
                                 (0, 255, 0), font=font_hei)
                        draw.text((loc["left"], loc["top"]-font_size*1), '置信值:'+score, (0, 255, 0),
                                 font=font_hei)
                    #输出图像
                    result = cv.cvtColor(np.array(pilimg), cv.COLOR_RGB2BGR)
                    return_result["code"] = 200
                    return_result["msg"] = "人脸识别成功！"
                    return_result["origin_image"] = self.image_to_base64(image)
                    return_result["result_image"] = self.image_to_base64(result)
                    return_result["result_data"] = response
                else:
                    return_result["code"] = 500
                    return_result["msg"] = "人脸接口调用失败！"
                    return_result["result_data"] = response
            else:
                return_result["code"] = 500
                return_result["msg"] = "百度接口调用失败！"
                return_result["result_data"] = response

    #实时视频接口：@__app.route('/stream/<action>')
    #image：摄像头实时传递过来的图像
    #param_data：必须为 None
    else:
        return_result["result_image"] = self.image_to_base64(image)
    return return_result
#单元测试，注意在处理类中如果有文件引用，则要修改单元测试的文件路径
if __name__=='__main__':
    #创建图像处理对象
    img_object = BaiduFaceRecognition()
    #读取测试图像
    img = cv.imread("./test.jpg")
    #将图像编码成数据流
    img = img_object.imencode(img)
```

```
#设置参数
addUser_data = {"APP_ID":"12345678", "API_KEY":"12345678", "SECRET_KEY":"12345678",
                "type":0, "userId":"lilianjie"}
searchUser_data = {"APP_ID":"12345678", "API_KEY":"12345678", "SECRET_KEY":"12345678",
"type":1}
img_object.font_path = "../../font/wqy-microhei.ttc"
#调用接口进行人脸注册
result = img_object.inference(img, addUser_data)
#调用接口进行人脸识别
if result["code"] == 200:
    result = img_object.inference(img, searchUser_data)
    try:
        frame = img_object.base64_to_image(result["result_image"])
        print(result["result_data"])

        #图像显示
        cv.imshow('frame',frame)
        while True:
            key=cv.waitKey(1)
            if key==ord('q'):
                break
        cv.destroyAllWindows()

    except AttributeError:
        print("识别结果图像为空！，请重新识别！")
else:
    print("注册失败！")
```

5.4.3　开发步骤与验证

5.4.3.1　开发项目部署

开发项目部署同 2.1.3.1 节。

5.4.3.2　单元测试

（1）修改算法文件 algorithm\baidu_face_recognition\baidu_face_recognition.py 内的单元测试代码，填写正确的百度账号信息。示例如下：

```
#设置参数
param_data = {"APP_ID":"12345678", "API_KEY":"12345678", "SECRET_KEY":"12345678"}
```

（2）文件修改好后，通过 MobaXterm 工具创建的 SSH 连接，将修改好的文件上传到边缘计算网关。

（3）在 SSH 终端中输入以下命令：

```
$ cd ~/aicam-exp/baidu_face_recognition/algorithm/baidu_face_recognition
$ python3 baidu_face_recognition.py
```

运行算法进行单元测试，本项目将会读取测试图像，在终端打印识别的结果，并将识别结果图像进行视窗显示，如图 5.21 所示。

{'error_msg': 'SUCCESS', 'timestamp': 1653148096, 'cached': 0, 'result': {'face_num': 1, 'face_list': [{'location': {'top': 221.33, 'left': 202.96, 'rotation': 0, 'height': 211, 'width': 220}, 'face_token': '7f3f90aca7385152f2ef266d54cc073a', 'user_list': [{'user_info': 'lilianjie', 'score': 100, 'group_id': 'zonesion', 'user_id': 'lilianjie'}]}]}, 'log_id': 2896274903, 'error_code': 0}

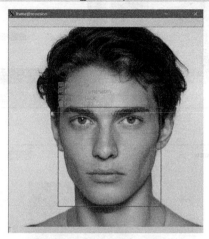

图 5.21　单元测试

5.4.3.3　工程运行

（1）修改工程配置文件 static\baidu_face_recognition\js\config.js 内的百度账号信息，填写正确的百度账号信息。示例如下：

```
baidu_id: '12345678',              //百度 APP_ID
baidu_apikey: '12345678',          //百度 API_KEY
baidu_secretkey: '12345678',       //百度 SECRET_KEY
```

（2）文件修改好后，通过 MobaXterm 工具创建的 SSH 连接，将修改好的文件上传到边缘计算网关。

（3）在 SSH 终端中按照 5.1.3.3 节的方法运行启动脚本 start_aicam.sh，通过启动主程序 aicam.sh 来运行本项目案例工程。

（4）在客户端或者边缘计算网关端打开 Chrome 浏览器，输入页面地址并访问 http://192.168.100.200:4001/static/baidu_face_recognition/index.html，即可查看运行结果。

5.4.3.4　人脸注册

（1）在 AiCam 平台界面中选择菜单"原始视频"，当摄像头视窗内出现人脸时，单击右上角的"人脸注册"，可弹出人脸注册窗口，输入英文格式的用户名称，单击"注册"按钮，等待注册成功的提示窗，并自动返回原始视频页面，如图 5.22 所示。

5.4.3.5　人脸识别

（1）在 AiCam 平台界面中选择菜单"人脸识别"，出现实时视频识别画面，当摄像头视窗内出现人脸时，将识别人脸并标注人脸信息，如图 5.23 所示。

图 5.22　人脸注册

图 5.23　人脸识别

5.4.4　小结

本项目首先介绍了人脸识别的特点、功能和基本工作原理；然后介绍了 UniNet 模型的结构及其工作原理；最后通过开发实践，将理论知识应用于实践，实现了基于人工智能边缘应用平台的人脸识别。

5.4.5　思考与拓展

（1）文件 baidu_face_recognition.py 中的 BaiduFaceRecognition 类的作用、方法和属性是什么？

（2）在人脸识别算法中，单元测试是如何进行的？这个过程涉及哪些步骤？

（3）在实际运行中，人脸识别算法是如何调百度人脸识别接口的？

（4）当一直出现识别失败时，检查配置文件 static\baidu_face_recognition\js\config.js 内是否填写了正确的百度账号，并且该账号开通了人脸识别的权限。

5.5 数字识别开发实例

数字识别是一种计算机视觉技术，旨在从图像或视频中自动检测和识别数字。这项技术对于许多应用领域都非常重要，如手写数字识别、自动车牌识别、邮件地址识别等。

数字识别技术的起因是为了实现自动化和高效化的数字信息提取。在很多场景下，数字信息是以图像或图像的形式出现的，传统的识别方法需要人工干预或需要设置复杂规则来提取这些数字信息，效率较低。数字识别技术可以自动识别和提取图像中的数字信息，实现数字化的数据处理和分析。

图 5.24　百度数字识别的示例

百度数字识别的示例如图 5.24 所示。

本项目要求掌握的知识点如下：

（1）深度学习模型 LeNet-5 和百度调用接口的原理与开发。

（2）结合百度数字识别接口和 AiCam 平台进行手势识别的开发。

5.5.1　原理分析

5.5.1.1　LeNet-5 模型分析

LeNet-5 是一个经典的数字识别模型，其结构如图 5.25 所示。

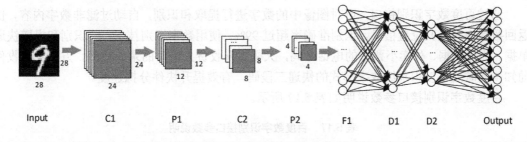

| Input | C1 | P1 | C2 | P2 | F1 | D1 | D2 | Output |

图 5.25　LeNet-5 模型的结构

LeNet-5 是用来识别手写数字的 CNN 模型，包括输入层（Input）、两个卷积层（C1 和 C2）、两个池化层（P1 和 P2）、一个平铺层（F1）、两个全连接层（D1 和 D2）和输出层（Output）。卷积层和全连接层中使用的激活函数是 ReLU，输出层使用的激活函数为 Softmax。

LeNet-5 的各层参数及输入输出大小如下：

（1）LeNet-5 的输入是大小为 28×28×1 的手写体数字图像。

（2）卷积层 C1 有 6 个大小为 5×5 的卷积核，步长为 1，填充像素数为 0，激活函数为 ReLU。由卷积运算输出大小的计算公式可知，C1 输出宽度为 $\lfloor 28-5+0 \rfloor+1$，同理可得输出高度为 24，因此，C1 的输出大小为 24×24×6。

（3）池化层 P1 的输入为 C1 的输出，池化窗口大小为 2×2，填充像素数为 0，步长为 2，输出宽度为$\lfloor (24-2+0)/2 \rfloor +1=12$，同理可得输出高度为 12，因此 P1 的输出大小为 12×12×6。

（4）将 P1 的输出送入卷积层 C2，C2 有 16 个大小为 5×5×6 的卷积核，其他参数与 C1 相同，因此 C2 的输出大小为 8×8×16。

（5）池化层 P2 的输入为 C2 的输出，P2 的池化窗口大小、填充、步长与 P1 相同，因此 P2 的输出大小为 4×4×16。

（6）全连接层 D1 的输入为 F1 的一维输出，大小为 256，和 256×120 的权重进行全连接运算，输出大小为 120。全连接层 D2 的输入为 D1 输出，和 120×84 的权重进行全连接运算，输出大小为 84，D1 和 D2 的激活函数为 ReLU。

（7）输出层 Output 的输入为 D2 的输出，输出共分为 0～9 类，激活函数为 Softmax。

LeNet-5 各层的输入、输出、卷积核的参数说明如表 5.16 所示。

表 5.16　LeNet-5 各层的输入、输出、卷积核的参数说明

LeNet-5 各层	输入大小	输出大小	卷积核个数	卷积核大小
C1	28×28×1	24×24×6	6	5×5×1
P1	24×24×6	12×12×6	—	—
C2	12×12×6	8×8×16	16	5×5×6
P2	8×8×16	4×4×16	—	—
D1	256	120	—	256×120
D2	120	84	—	120×84
Output	84	10	—	84×10

5.5.1.2　百度 AI 接口描述与分析

通过百度数字识别接口，可对图像中的数字进行提取和识别，自动过滤非数字内容，仅返回数字内容及其位置信息，识别准确率超过 99%。使用数字识别技术，可识别和提取快递单据、物流单据、外卖小票中的电话号码，大幅提升收货人信息的录入效率，方便发送收件通知；同时还可以识别纯数字形式的快递三段码，有效提升快件分拣速度。

百度数字识别接口参数说明如表 5.17 所示。

表 5.17　百度数字识别接口参数说明

参　　数	是否必选	类　型	取值范围	说　　明
image	二选一	string	—	图像数据在 base64 编码后进行 urlencode 操作，需去掉编码头（data:image/jpeg;base64），要求 base64 编码和 urlencode 处理后大小不超过 4 MB，最短边至少 15 px，最长边最大 4096 px，支持 JPG、JPEG、PNG、BMP 等格式
url		string	—	图像的完整 URL 长度不超过 1024 B，URL 对应的图像在 base64 编码后不超过 4 MB，最短边至少 15 px，最长边最大 4096 px，支持 JPG、JPEG、PNG、BMP 等格式。当 image 字段的 url 字段失效时，请注意关闭 URL 防盗链
recognize_granularity	否	string	big/small	是否定位单字符，big 表示不定位单字符；small 表示定位单字符。默认值为 big

续表

参　　数	是否必选	类　型	取 值 范 围	说　　明
detect_direction	否	string	true/false	是否检测图像朝向，默认不检测，即 false。朝向是指输入图像是正常方向、逆时针旋转 90°、180°、270°。可选值包括 true（检测朝向）和 false（不检测朝向）

百度数字识别属性及输出项说明如表 5.18 所示。

表 5.18　百度数字识别属性及输出项说明

字　　段	是否必选	类　型	说　　明
log_id	是	uint64	唯一的 log id，用于问题定位
words_result_num	是	uint32	识别结果数，表示 words_result 的元素个数
words_result	是	array[]	定位和识别结果数组
+ location	是	object	位置数组（坐标 0 点为左上角）
++ left	是	uint32	表示定位位置的长方形左上顶点的水平坐标
++ top	是	uint32	表示定位位置的长方形左上顶点的垂直坐标
++ width	是	uint32	表示定位位置的长方形的宽度
++ height	是	uint32	表示定位位置的长方形的高度
+ words	是	string	识别结果字符串
+ chars	否	array[]	单字符结果，当 recognize_granularity=small 时返回该字段
++ char	否	string	单字符识别结果
++ location	否	object	位置数组（坐标 0 点为左上角）
+++ left	否	uint32	表示定位位置的长方形左上顶点的水平坐标
+++ top	否	uint32	表示定位位置的长方形左上顶点的垂直坐标
+++ width	否	uint32	表示定位位置的长方形的宽度
+++ height	否	uint32	表示定位位置的长方形的高度

5.5.1.3　接口应用示例

在 Python 程序中调用百度数字识别接口的示例如下：

```
#调用百度数字识别接口，通过以下用户密钥连接百度服务器
#APP_ID：百度应用 ID
#API_KEY：百度 API_KEY
#SECRET_KEY：百度用户密钥
client = AipOcr(param_data['APP_ID'], param_data['API_KEY'], param_data['SECRET_KEY'])

#配置可选参数
options={}
#small：定位单字符位置
options['recognize_granularity']='small'

#带参数调用数字识别
response=client.numbers(img, options)
返回结果示例如下：
```

```
{
    'words_result': [{
        'location': {
            'width': 593,
            'left': 164,
            'height': 148,
            'top': 53
        },
        'words': '2345',
        'chars': [{
            'char': '2',
            'location': {
                'width': 64,
                'left': 195,
                'height': 128,
                'top': 63
            }
        }, {
            'char': '3',
            'location': {
                'width': 64,
                'left': 363,
                'height': 128,
                'top': 63
            }
        }, {
            'char': '4',
            'location': {
                'width': 63,
                'left': 507,
                'height': 128,
                'top': 63
            }
        }, {
            'char': '5',
            'location': {
                'width': 63,
                'left': 653,
                'height': 128,
                'top': 63
            }
        }]
    }],
    'words_result_num': 1,
    'log_id': 1527510265126187389
}
```

5.5.2　开发设计与实践

5.5.2.1　架构设计

本项目基于 AiCam 平台的开发框架（见图 1.3）进行开发，开发流程如下：

（1）在 aicam 工程包的配置文件中添加摄像头（config\app.json），详细代码请参考 2.1.2.1 节。

（2）在 aicam 工程包中添加算法文件 algorithm\baidu_numbers_detect\baidu_numbers_detect.py。

（3）在 aicam 工程包中添加项目前端应用 static\baidu_numbers_detect。

（4）前端应用采用 RESTFul 接口获取视频流，返回 base64 编码的图像和结果数据。由于百度 AI 接口不支持实时视频流识别，所以在本项目中通过百度 AI 接口获取实时的原始视频流图像：

http://192.168.100.200:4001/stream/index?camera_id=0

前端应用 JS（js\index.js）处理示例见 2.1.2.1 节。

（5）数字识别请求：前端应用截取图像，通过 Ajax 将图像和含有百度账号信息的数据传递给数字识别请求算法进行数字识别。数字识别请求参数说明如表 5.19 所示。

表 5.19　数字识别请求参数

参　　数	数 字 识 别
url	"/file/baidu_numbers_detect?camera_id=0"
method	'POST'
processData	false
contentType	false
dataType	'json'

data	let config = configData;
	let img = $('.camera>img').attr('src');
	let blob = dataURItoBlob(img);
	let formData = new FormData();
	formData.append('file_name',blob,'image.png');
	formData.append('param_data', JSON.stringify({"APP_ID":config.user.baidu_id,
	　　　　　　"API_KEY":config.user.baidu_apikey, "SECRET_KEY":config.user.baidu_secretkey}));

success	function(res){}内容： return_result = {'code': 200, 'msg': None, 'origin_image': None, 'result_image': None, 'result_data': None} 示例： code/msg: 200/数字识别成功、404/没有检测到数字、500/数字识别接口调用失败。 origin_image/result_image: 原始图像/结果图像。 result_data: 算法返回的数字信息

前端应用 JS（js\index.js）拍照后将图像上传到数字识别算法模块进行识别，并返回原始图像、结果图像、结果数据：

```
//单击发起验证结果请求，并对返回的结果进行相应的处理
$('#result').click(function () {
```

```javascript
let img = $('.camera>img').attr('src')
let blob = dataURItoBlob(img)
swal({
    icon: "info",
    title: "识别中...",
    text: "正在识别，请稍等...",
    button: false
});
var formData = new FormData();
formData.append('file_name',blob,'image.png');
formData.append('param_data', JSON.stringify({"APP_ID":config.user.baidu_id,
            "API_KEY":config.user.baidu_apikey, "SECRET_KEY":config.user.baidu_secretkey}));
$.ajax({
    url: '/file/baidu_numbers_detect',
    method: 'POST',
    processData: false,            //必需的
    contentType: false,            //必需的
    dataType: 'json',
    data: formData,
    success: function(res) {
        console.log(res);
        if(res.code==200) {
            swal({
                icon: "success",
                title: "识别成功",
                text: res.msg,
                button: false,
                timer: 2000
            });
            let img = 'data:image/jpeg;base64,' + res.origin_image;
            let html = `<div class="img-li">
                    <div class="img-box">
                    <img src="${img}" alt=""data-toggle="modal" data-target="#myModal">
                    </div>
                    <div class="time">原始图像<span></span><span>${
                            new Date().toLocaleString()}</span></div>
                    </div>`
            $('.list-box').prepend(html);

            let img1 = 'data:image/jpeg;base64,' + res.result_image;
            let html1 = `<div class="img-li">
                    <div class="img-box">
                    <img src="${img1}" alt=""data-toggle="modal" data-target="#myModal">
                    </div>
                    <div class="time">识别结果<span></span><span>${
                            new Date().toLocaleString()}</span></div>
                    </div>`
            $('.list-box').prepend(html1);
```

```
                    //将识别到的数字文本信息渲染到页面上
                    let text = res.result_data.words_result
                    if(text){
                        let data = ''
                        text.forEach(val => {
                            data += val.words+'、'
                        });
                        if(data){
                            let  html  =  `<div>${new  Date().toLocaleTimeString()}——识别结果：
${data}</div>`

                            $('#text-list').prepend(html);
                        }
                    }
                }else if(res.code==404){
                    swal({
                        icon: "error",
                        title: "识别失败",
                        text: res.msg,
                        button: false,
                        timer: 2000
                    });
                    let img = 'data:image/jpeg;base64,' + res.origin_image;
                    let html = `<div class="img-li">
                                    <div class="img-box">
                                    <img src="${img}" alt=""data-toggle="modal" data-target="#myModal">
                                    </div>
                                    <div class="time">原始图像<span></span><span>${
                                            new Date().toLocaleString()}</span></div>
                                    </div>`
                    $('.list-box').prepend(html);
                }else{
                    swal({
                        icon: "error",
                        title: "识别失败",
                        text: res.msg,
                        button: false,
                        timer: 2000
                    });
                }
                    //请求图像流资源
                    imgData.close()
                    imgData = new EventSource(linkData[0])
                    //对图像流返回的数据进行处理
                    imgData.onmessage = function (res) {
                        let data = res.data.split("===========img===========")[1].slice(0, -7);
                        $('.camera>img').attr('src', `data:image/jpeg;base64,${data}`)
                    }
            }, error: function(error){
```

```
                    console.log(error);
                    swal({
                        icon: "error",
                        title: "识别失败",
                        text: "服务请求失败！",
                        button: false,
                        timer: 2000
                    });
                    //请求图像流资源
                    imgData.close()
                    imgData = new EventSource(linkData[0])
                    //对图像流返回的数据进行处理
                    imgData.onmessage = function (res) {
                        let data = res.data.split("===========img===========")[1].slice(0, -7);
                        $('.camera>img').attr('src', `data:image/jpeg;base64,${data}`)
                    }
                }
            });
        })
```

5.5.2.2　功能与核心代码设计

本项目通过调用百度数字识别接口进行数字识别，算法文件如下（algorithm\baidu_numbers_detect\ baidu_numbers_detect.py）：

```
###############################################################################
#文件：baidu_numbers_detect.py
#说明：数字识别
###############################################################################
from PIL import Image, ImageDraw, ImageFont
import numpy as np
import cv2 as cv
import os,sys,time
import json
import base64
from aip import AipOcr

class BaiduNumbersDetect(object):
    def __init__(self, font_path="font/wqy-microhei.ttc"):
        self.font_path = font_path

    def imencode(self,image_np):
        #JPG 图像格式编码为流数据
        data = cv.imencode('.jpg', image_np)[1]
        return data

    def image_to_base64(self, img):
        image = cv.imencode('.jpg', img, [cv.IMWRITE_JPEG_QUALITY, 60])[1]
        image_encode = base64.b64encode(image).decode()
```

```python
            return image_encode

    def base64_to_image(self, b64):
        img = base64.b64decode(b64.encode('utf-8'))
        img = np.asarray(bytearray(img), dtype="uint8")
        img = cv.imdecode(img, cv.IMREAD_COLOR)
        return img

    def inference(self, image, param_data):
        #code：识别成功返回 200
        #msg：相关提示信息
        #origin_image：原始图像
        #result_image：处理之后的图像
        #result_data：结果数据
        return_result = {'code': 200, 'msg': None, 'origin_image': None, 'result_image': None, 'result_data':
None}

        #应用请求接口：@__app.route('/file/<action>', methods=["POST"])
        #image：应用传递过来的数据（根据实际应用可能为图像、音频、视频、文本）
        #param_data：应用传递过来的参数，不能为空
        if param_data != None:
            #读取应用传递过来的图像
            image = np.asarray(bytearray(image), dtype="uint8")
            image = cv.imdecode(image, cv.IMREAD_COLOR)
            #图像数据格式的压缩，方便网络传输。
            img = self.imencode(image)

            #调用百度数字识别接口，通过以下用户密钥连接百度服务器
            #APP_ID：百度应用 ID
            #API_KEY：百度 API_KEY
            #SECRET_KEY：百度用户密钥
            client = AipOcr(param_data['APP_ID'], param_data['API_KEY'], param_data
['SECRET_KEY'])
            #配置可选参数
            options={}
            #small：定位单字符位置
            options['recognize_granularity']='small'
            #带参数调用数字识别接口
            response=client.numbers(img, options)
            #应用部分
            if "error_msg" in response:
                if response['error_msg']!='SUCCESS':
                    return_result["code"] = 500
                    return_result["msg"] = "数字识别接口调用失败！"
                    return_result["result_data"] = response
                    return return_result
            if response['words_result_num'] == 0:
                return_result["code"] = 404
```

```python
                return_result["msg"] = "没有检测到数字！"
                return_result["origin_image"] = self.image_to_base64(image)
                return_result["result_data"] = response
                return return_result

            if response['words_result_num']>0:
                #图像输入
                img_rgb = cv.cvtColor(image, cv.COLOR_BGR2RGB)    #图像色彩格式转换
                pilimg = Image.fromarray(img_rgb)                        #使用 PIL 读取图像像素数组
                draw = ImageDraw.Draw(pilimg)
                #设置字体
                font_size = 20
                font_hei = ImageFont.truetype(self.font_path, font_size, encoding="utf-8")
                #取数据
                words_result=response['words_result']
                for m in words_result:
                    loc=m['location']              #文字位置
                    words=m['words']               #文字数据
                    #使用绿色字体和方框标注文字信息
                    draw.rectangle((int(loc["left"]), int(loc["top"]),(int(loc["left"]) + int(loc["width"])),
                                (int(loc["top"]) + int(loc["height"])))),
                    outline='green',width=1)
                    draw.text((loc["left"]+loc["width"]+1, loc["top"]), words,fill= 'green', font=font_hei)
                    chars=m['chars']
                    for n in chars:
                        loc=n['location']     #字符位置
                        char=n['char']         #字符数据
                        #使用绿色字体和方框标注字符信息
                        draw.rectangle((int(loc["left"]), int(loc["top"]),(int(loc["left"]) +
                                    int(loc["width"])), (int(loc["top"]) + int(loc["height"])))),
                        outline='green',width=1)
                        draw.text((loc["left"], loc["top"]-font_size-2), char,fill= 'green', font=font_hei)
                #输出图像
                result = cv.cvtColor(np.array(pilimg), cv.COLOR_RGB2BGR)
                return_result["code"] = 200
                return_result["msg"] = "数字识别成功！"
                return_result["origin_image"] = self.image_to_base64(image)
                return_result["result_image"] = self.image_to_base64(result)
                return_result["result_data"] = response
            else:
                return_result["code"] = 500
                return_result["msg"] = "百度接口调用失败！"
                return_result["result_data"] = response
    #实时视频接口：@__app.route('/stream/<action>')
    #image：摄像头实时传递过来的图像
    #param_data：必须为 None
    else:
        return_result["result_image"] = self.image_to_base64(image)
```

```
            return return_result
#单元测试，注意在处理类中如果有文件引用，则要修改单元测试的文件路径
if __name__=='__main__':
    #创建图像处理对象
    img_object = BaiduNumbersDetect()
    #读取测试图像
    img = cv.imread("./test.jpg")
    #将图像编码成数据流
    img = img_object.imencode(img)
    #设置参数
    param_data = {"APP_ID":"12345678", "API_KEY":"12345678", "SECRET_KEY":"12345678"}
    img_object.font_path = "../../font/wqy-microhei.ttc"
    #调用接口处理图像并返回结果
    result = img_object.inference(img, param_data)
    if result["code"] == 200:
        frame = img_object.base64_to_image(result["result_image"])
        print(result["result_data"])
        #图像显示
        cv.imshow('frame',frame)
        while True:
            key=cv.waitKey(1)
            if key==ord('q'):
                break
        cv.destroyAllWindows()
    else:
        print("识别失败！")
```

5.5.3　开发步骤与验证

5.5.3.1　开发项目部署

开发项目部署同 2.1.3.1 节。

5.5.3.2　单元测试

（1）修改算法文件 algorithm\baidu_numbers_detect\baidu_numbers_detect.py 内的单元测试代码，填写正确的百度账号信息。示例如下：

```
#设置参数
param_data = {"APP_ID":"12345678", "API_KEY":"12345678", "SECRET_KEY":"12345678"}
```

（2）文件修改好后，通过 MobaXterm 工具创建的 SSH 连接，将修改好的文件上传到边缘计算网关。

（3）在 SSH 终端中输入以下命令：

```
$ cd ~/aicam-exp/baidu_numbers_detect/algorithm/baidu_numbers_detect
$ python3 baidu_numbers_detect.py
```

运行算法进行单元测试，本项目将会读取测试图像，在终端打印识别的结果，并将识别结果图像进行视窗显示，如图 5.26 所示。

{'words_result': [{'location': {'width': 593, 'left': 164, 'height': 148, 'top': 53}, 'words': '2345', 'chars': [{'char': '2', 'location': {'width': 64, 'left': 195, 'height': 128, 'top': 63}}, {'char': '3', 'location': {'width': 64, 'left': 363, 'height': 128, 'top': 63}}, {'char': '4', 'location': {'width': 63, 'left': 507, 'height': 128, 'top': 63}}, {'char': '5', 'location': {'width': 63, 'left': 653, 'height': 128, 'top': 63}}]}, {'location': {'width': 726, 'left': 32, 'height': 169, 'top': 241}, 'words': '67890', 'chars': [{'char': '6', 'location': {'width': 72, 'left': 71, 'height': 144, 'top': 255}}, {'char': '7', 'location': {'width': 73, 'left': 235, 'height': 144, 'top': 255}}, {'char': '8', 'location': {'width': 72, 'left': 375, 'height': 144, 'top': 255}}, {'char': '9', 'location': {'width': 73, 'left': 514, 'height': 144, 'top': 255}}, {'char': '0', 'location': {'width': 73, 'left': 653, 'height': 144, 'top': 255}}]}], 'words_result_num': 2, 'log_id': 1527510265126187389}

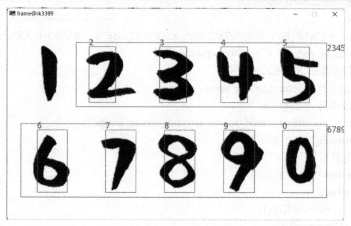

图 5.26　单元测试结果

5.5.3.3　工程运行

（1）修改工程配置文件 static\baidu_numbers_detect\js\config.js 内的百度账号信息，填写正确的百度账号信息。示例如下：

```
baidu_id: '12345678',                      //百度 APP_ID
baidu_apikey: '12345678',                  //百度 API_KEY
baidu_secretkey: '12345678',               //百度 SECRET_KEY
```

（2）文件修改好后，通过 MobaXterm 工具创建的 SSH 连接，将修改好的文件上传到边缘计算网关。

（3）在 SSH 终端中按照 5.1.3.3 节的方法运行启动脚本 start_aicam.sh，通过启动主程序 aicam.py 来运行本项目案例工程。

（4）在客户端或者边缘计算网关端打开 Chrome 浏览器，输入页面地址并访问 http://192.168.100.200:4001/static/baidu_numbers_detect/index.html，即可查看运行结果。

5.5.3.4　数字识别

（1）把样图放在摄像头视窗内，单击实验交互窗口右上角的"数字识别"按钮，将会调用百度数字识别接口进行识别并弹窗提示识别状态，如图 5.27 所示。

（2）在实验结果处会显示识别的原始图像、结果图像、结果数据，单击右侧的实验结果图像，将弹出该图像进行预览，如图 5.28 所示。

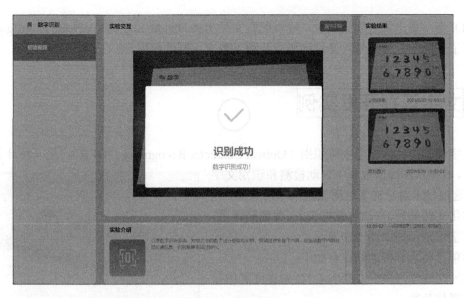

图 5.27　数字识别

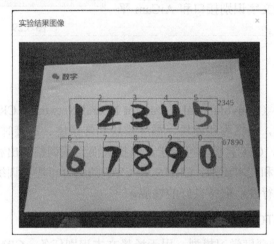

图 5.28　数字识别后保存的图像

5.5.4　小结

本项目首先介绍了数字识别的特点、功能和基本工作原理；然后介绍了 LeNet-5 模型的结构及工作原理；最后通过开发实践，将理论知识应用于实践，实现了基于人工智能边缘应用平台的数字识别。

5.5.5　思考与拓展

（1）百度数字识别接口是用来做什么的？如何调用该接口进行数字识别？

（2）数字识别算法是如何使用 LeNet-5 进行数字识别的？LeNet-5 有什么特点？

（3）百度数字识别接口调用失败时会返回什么样的错误信息？如何处理接口调用失败的情况？

（4）当一直出现识别失败时，检查配置文件 static\baidu_numbers_detect\js\config.js 内是否填写了正确的百度账号，并且该账号开通了数字识别的权限。

5.6 文字识别开发实例

文字识别也称为光学字符识别（Optical Character Recognition，OCR），是一种计算机视觉技术，旨在从图像或视频中自动检测和识别文字信息。这项技术对于许多应用领域都非常重要，包括数字化文档处理、自动化数据录入、图像翻译等。

文字识别示例如图 5.29 所示。

本项目要求掌握的知识点如下：

（1）深度学习模型 CRNN-CTC 和百度调用接口的原理与开发。

（2）结合百度通用文字识别接口和 AiCam 平台进行文字识别的开发。

图 5.29　文字识别示例

5.6.1　原理分析

卷积循环神经网络（Convolutional Recurrent Neural Network，CRNN）模型可用于端到端的文本序列识别系统，包括卷积模块、循环模块和转录层。连接时序分类（Connectionist Temporal Classification，CTC）模型可用于计算损失而无须调整输出和目标，被广泛应用于训练过程中的语音识别和文本识别。CRNN 和 CTC 的结合可避免训练过程中的梯度退化和梯度爆炸，能够提高并行性，取得良好的性能。

5.6.1.1　CRNN-CTC 模型分析

CRNN-CTC 是一种深度学习模型，用于场景文本识别任务。CRNN-CTC 结合了卷积神经网络（CNN）和循环神经网络（RNN），并使用了 CTC 的损失函数来处理序列标签任务，该模型常用于将图像中的文本转化为文本序列，如光学字符识别（OCR）、车牌识别等。

CRNN-CTC 模型的结构如图 5.30 所示，采取 CNN+RNN+CTC 架构，卷积层（Convolutionl Layer）使用 CNN，从输入图像中提取特征序列；循环层（Recurrent Layer）使用 RNN，预测从卷积层获取的特征序列的标签（真实值）分布；转录层（Transcription Layer）使用 CTC，把从循环层获取的标签分布通过去重整合等操作转换成最终的识别结果。

（1）卷积层采用深度卷积神经网络，对输入的图像进行提取特征，得到特征图。这一层采用卷积神经网络将初始图像转换为一系列特征图，并且可以保留初始图像包含的视觉特征信息。卷积层使用了与 VGG 很相似的 CNN 模型，通过大小为 3×3 的卷积核进行卷积操作，使用的卷积核的数目也会成倍增加，从开始的 64 个卷积核增加到最后的 512 个卷积核。在进行最大池化操作时，卷积层将过滤器的尺度设置为 2×2、将步长设置为 2，此时特征图的高度与宽度均变为池化前的一半。CRNN-CTC 模型在进行第 3 次与第 4 次最大池化时将过滤器的尺度设置为 2×1、将步长设置为 2，高度会随之变为之前的一半，而宽度则只会减少一个单位，这样就能够尽量保留水平方向上的特征信息。一张单通道的 128×32 的图像经过卷积层后会变成 31×1 且具有 512 维通道的一张图像。

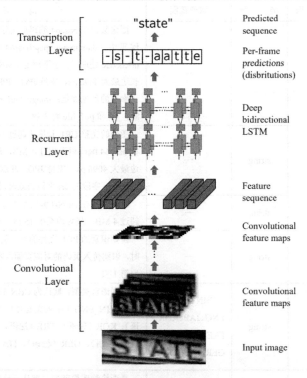

图 5.30　CRNN-CTC 模型的结构

（2）循环层使用双向 RNN（BLSTM）模型对特征序列中的每个特征向量进行学习，并输出预测结果的分布位置。在特征序列中，假定待处理并识别的字体都是水平且单向的，因为 CRNN 很难对非水平的弯曲文本进行识别。卷积层对图像进行特征提取后，可以得到很多特征向量，但这些特征向量仅能代表图像视觉中的信息，并未挖掘其中所包含的语义信息。LSTM 是定向的，它仅使用过去的上下文，但在基于图像的序列中，来自两个方向的上下文都是有用的并且彼此互补，所以为了提取图像内的语义关系，循环层采用双向 LSTM 模型，这样文本行中所包含的某一个字符不仅可以和左边的相邻字符关联起来，也可以和右边的相邻字符关联起来，这样就能够成功地把图像中的视觉信息与图像信息保留下来。

（3）转录层把从循环层中得到的一系列标签分布转换成标签序列。是否可以将文字从图像上识别出来，主要依赖于转录层。在一般的深度学习网络模型中，输入与输出都是确定的。对于文字识别来说，为了将图像中的每个字符位置和标注的标签一一对齐，按照过去的思路，需要逐个标注字符在图像中的位置。为了解决这个问题，转录层使用 CTC 模型，在采用 CTC Loss 后，仅需要把图像中的文本行和相应字段标注出来。例如，只需要将上述图像中的文本标记为"STATE"，而不用标记出"S"字符在图像中的具体位置。

5.6.1.2　百度 AI 接口描述与分析

百度通用文字识别接口可提供多场景、多语种、高精度的整图文字检测和识别服务，多项 ICDAR 指标居世界第一，可识别中、英、日、韩等 20 余种文字。

百度通用文字识别接口参数说明如表 5.20 所示。

表 5.20　百度通用文字识别接口参数说明

参　数	是否必选	类　型	取值范围	说　明
image	三选一	string	—	图像数据在 base64 编码后进行 urlencode 操作，需去掉编码头（data:image/jpeg;base64），要求 base64 编码和 urlencode 处理后大小不超过 4 MB，最短边至少 15 px，最长边最大 4096 px，支持 JPG、JPEG、PNG、BMP 等格式 参数的优先级是：image→url→pdf_file，当 image 存在时，url 和 pdf_file 将失效
url		string	—	图像的完整 URL 长度不超过 1024 B，URL 对应的图像在 base64 编码后不超过 4 MB，最短边至少 15 px，最长边大 4096 px，支持 JPG、JPEG、PNG、BMP 等格式。当 image 字段的 url 字段失效时，请注意关闭 URL 防盗链
pdf_file		string	—	PDF 文件在 base64 编码后进行 urlencode 操作后大小不超过 4 MB，最短边至少 15 px，最长边最大 4096 px
pdf_file_num	否	string	—	需要识别的 PDF 文件的对应页码，当 pdf_file 参数有效时，识别传入页码的对应页面内容，若不传入，则默认识别第 1 页
language_type	否	string	CHN_ENG、ENG、JAP、KOR、FRE、SPA、POR、GER、ITA、RUS	识别语言类型，默认为 CHN_ENG。该参数的可选值包括：CHN_ENG（中英文混合）、ENG（英文）、JAP（日语）、KOR（韩语）、FRE（法语）、SPA（西班牙语）、POR（葡萄牙语）、GER（德语）、ITA（意大利语）、RUS（俄语）
detect_direction	否	string	true/false	是否检测图像朝向，默认不检测，即 false。朝向是指输入图像是正常方向、逆时针旋转 90°、180°、270°。可选值包括 true（检测朝向）和 false（不检测朝向）
detect_language	否	string	true/false	是否检测语言，默认不检测。当前支持中文、英语、日语、韩语
paragraph	否	string	true/false	是否输出段落信息
probability	否	string	true/false	是否返回识别结果中每一行的置信度

百度通用文字识别属性及输出项说明如表 5.21 所示。

表 5.21　百度通用文字识别属性及输出项说明

字　段	是否必选	类　型	说　明
log_id	是	uint64	唯一的 log id，用于问题定位
direction	否	int32	图像方向，当 detect_direction=true 时返回该字段。-1 表示未定义，0 表示正向，1 表示逆时针 90°，2 表示逆时针 180°，3 表示逆时针 270°
words_result	是	array[]	识别结果数组
words_result_num	是	uint32	识别结果数量，表示 words_result 的元素个数
+ words	否	string	识别结果字符串
paragraphs_result	否	array[]	段落检测结果，当 paragraph=true 时返回该字段
+ words_result_idx	否	array[]	一个段落包含的行序号，当 paragraph=true 时返回该字段

5.6.1.3　接口应用示例

在 Python 程序中调用百度通用文字识别接口的示例如下：

```
#调用百度通用文字识别（标准版）接口，通过以下用户密钥连接百度服务器
client = AipOcr(param_data['APP_ID'], param_data['API_KEY'], param_data['SECRET_KEY'])
#配置可选参数
options = {}
options["language_type"] = "CHN_ENG"          #识别语言类型，默认为 CHN_ENG
options["detect_direction"] = "true"          #是否检测图像朝向，默认不检测
options["detect_language"] = "true"           #是否检测语言，默认不检测。
options["paragraph"] = "true"                 #是否输出段落信息
options["probability"] = "true"               #是否返回识别结果中每一行的置信度
#调用百度通用文字识别（标准版）
response=client.basicGeneral(img, options)
```

返回结果示例如下：

```
{
    'paragraphs_result_num': 1,
    'paragraphs_result': [{
        'words_result_idx': [0]
    }],
    'direction': 0,
    'log_id': 1527530768064652236,
    'words_result': [{
        'words': '楼梯间',
        'probability': {
            'average': 0.987426579,
            'variance': 0.0002836154599,
            'min': 0.9636163712
        }
    }],
    'words_result_num': 1,
    'language': -1
}
```

5.6.2　开发设计与实践

5.6.2.1　架构设计

本项目基于 AiCam 平台的开发框架（见图 1.3）进行开发，开发流程如下：

（1）在 aicam 工程包的配置文件中添加摄像头（config\app.json），详细代码请参考 2.1.2.1 节。

（2）在 aicam 工程包中添加算法文件 algorithm\baidu_general_characters_recognition\baidu_general_characters_recognition.py。

（3）在 aicam 工程包中添加项目前端应用 static\baidu_general_characters_recognition。

（4）前端应用采用 RESTFul 接口获取视频流，返回 basc64 编码的图像和结果数据。由于百度 AI 接口不支持实时视频流识别，所以在本项目中通过百度 AI 接口获取实时的原始视

频流图像：

> http://192.168.100.200:4001/stream/index?camera_id=0

前端应用 JS（js\index.js）处理示例见 2.1.2.1 节。

（5）文字识别请求：前端应用截取图像，通过 Ajax 将图像和含有百度账号信息的数据传递给文字识别请求算法进行文字识别。文字识别请求参数说明如表 5.22 所示。

表 5.22　文字识别请求参数

参　　　数	文　字　识　别
url	"/file/baidu_general_characters_recognition?camera_id=0"
method	'POST'
processData	false
contentType	false
dataType	'json'

data	let config = configData;
	let img = $('.camera>img').attr('src');
	let blob = dataURItoBlob(img);
	let formData = new FormData();
	formData.append('file_name',blob,'image.png');
	formData.append('param_data', JSON.stringify({"APP_ID":config.user.baidu_id,
	　　　　　　"API_KEY":config.user.baidu_apikey, "SECRET_KEY":config.user.baidu_secretkey}));

success	function(res){}内容： return_result = {'code': 200, 'msg': None, 'origin_image': None, 'result_image': None, 'result_data': None} 示例： code/msg：200/文字识别成功、404/没有检测到文字、500/文字识别接口调用失败。 origin_image/result_image：原始图像/结果图像。 result_data：算法返回的文字信息

前端应用 JS（js\index.js）拍照后将图像上传到文字识别算法模块进行识别，并返回原始图像、结果图像、结果数据：

```
//单击发起验证结果请求，并对返回的结果进行相应的处理
$('#result').click(function () {
    let img = $('.camera>img').attr('src')
    let blob = dataURItoBlob(img)
    swal({
        icon: "info",
        title: "识别中...",
        text: "正在识别，请稍等...",
        button: false
    });
    var formData = new FormData();
    formData.append('file_name',blob,'image.png');
    formData.append('param_data', JSON.stringify({"APP_ID":config.user.baidu_id,
            "API_KEY":config.user.baidu_apikey, "SECRET_KEY":config.user.baidu_secretkey}));
    $.ajax({
```

```
url: '/file/baidu_general_characters_recognition',
method: 'POST',
processData: false,                    //必需的
contentType: false,                    //必需的
dataType: 'json',
data: formData,
success: function(res) {
    console.log(res);
    if(res.code==200) {
        swal({
            icon: "success",
            title: "识别成功",
            text: res.msg,
            button: false,
            timer: 2000
        });
        let img = 'data:image/jpeg;base64,' + res.origin_image;
        let html = `<div class="img-li">
                <div class="img-box">
                <img src="${img}" alt=""data-toggle="modal" data-target="#myModal">
                </div>
                <div class="time">原始图像<span></span><span>${
                            new Date().toLocaleString()}</span></div>
                </div>`
        $('.list-box').prepend(html);

        let img1 = 'data:image/jpeg;base64,' + res.result_image;
        let html1 = `<div class="img-li">
                <div class="img-box">
                <img src="${img1}" alt=""data-toggle="modal" data-target="#myModal">
                </div>
                <div class="time">识别结果<span></span><span>${
                            new Date().toLocaleString()}</span></div>
                </div>`
        $('.list-box').prepend(html1);
        //将识别到的文本信息渲染到页面上
        let text = res.result_data.words_result
        if(text){
            let data = ''
            text.forEach(val => {
                data += val.words+'、'
            });
            if(data){
                let  html  =  `<div>${new  Date().toLocaleTimeString()}—— 识 别 结 果：
${data}</div>`
                $('#text-list').prepend(html);
            }
        }
    }
```

```
    }else if(res.code==404){
        swal({
            icon: "error",
            title: "识别失败",
            text: res.msg,
            button: false,
            timer: 2000
        });
        let img = 'data:image/jpeg;base64,' + res.origin_image;
        let html = `<div class="img-li">
                <div class="img-box">
                <img src="${img}" alt=""data-toggle="modal" data-target="#myModal">
                </div>
                <div class="time">原始图像<span></span><span>${
                        new Date().toLocaleString()}</span></div>
                </div>`
        $('.list-box').prepend(html);
    }else{
        swal({
            icon: "error",
            title: "识别失败",
            text: res.msg,
            button: false,
            timer: 2000
        });
    }
        //请求图像流资源
        imgData.close()
        imgData = new EventSource(linkData[0])
        //对图像流返回的数据进行处理
        imgData.onmessage = function (res) {
            let data = res.data.split("===========img===========")[1].slice(0, -7);
            $('.camera>img').attr('src', `data:image/jpeg;base64,${data}`)
        }
}, error: function(error){
    console.log(error);
    swal({
        icon: "error",
        title: "识别失败",
        text: "服务请求失败！",
        button: false,
        timer: 2000
    });
    //请求图像流资源
    imgData.close()
    imgData = new EventSource(linkData[0])
    //对图像流返回的数据进行处理
    imgData.onmessage = function (res) {
```

```
                    let data = res.data.split("==========img==========")[1].slice(0, -7);
                    $('.camera>img').attr('src', `data:image/jpeg;base64,${data}`)
                }
            }
        });
    })
```

5.6.2.2　功能与核心代码设计

本项目通过调用百度通用文字识别接口进行文字识别，算法文件如下（algorithm\baidu_general_ characters_recognition\baidu_general_characters_recognition.py）：

```python
########################################################################################
#文件：baidu_general_characters_recognition.py
#说明：百度通用文字识别（标准版）
########################################################################################
from PIL import Image, ImageDraw, ImageFont
import numpy as np
import cv2 as cv
import os,sys,time
import json
import base64
from aip import AipOcr

class BaiduGeneralCharactersRecognition(object):
    def __init__(self, font_path="font/wqy-microhei.ttc"):
        self.font_path = font_path

    def imencode(self, image_np):
        #JPG 图像格式编码为流数据
        data = cv.imencode('.jpg', image_np)[1]
        return data
    def image_to_base64(self, img):
        image = cv.imencode('.jpg', img, [cv.IMWRITE_JPEG_QUALITY, 60])[1]
        image_encode = base64.b64encode(image).decode()
        return image_encode

    def base64_to_image(self, b64):
        img = base64.b64decode(b64.encode('utf-8'))
        img = np.asarray(bytearray(img), dtype="uint8")
        img = cv.imdecode(img, cv.IMREAD_COLOR)
        return img

    def inference(self, image, param_data):
        #code：识别成功返回 200
        #msg：相关提示信息
        #origin_image：原始图像
        #result_image：处理之后的图像
        #result_data：结果数据
        return_result = {'code': 200, 'msg': None, 'origin_image': None, 'result_image': None, 'result_data':
```

None}

```python
#应用请求接口：@__app.route('/file/<action>', methods=["POST"])
#image：应用传递过来的数据（根据实际应用可能为图像、音频、视频、文本）
#param_data：应用传递过来的参数，不能为空
if param_data != None:
    #读取应用传递过来的图像
    image = np.asarray(bytearray(image), dtype="uint8")
    image = cv.imdecode(image, cv.IMREAD_COLOR)
    #图像数据格式的压缩，方便网络传输
    img = self.imencode(image)

    #调用百度通用文字识别（标准版）接口，通过以下用户密钥连接百度服务器
    client  =  AipOcr(param_data['APP_ID'],  param_data['API_KEY'],  param_data['SECRET_KEY'])

    #配置可选参数
    options = {}
    options["language_type"] = "CHN_ENG"        #识别语言类型，默认为 CHN_ENG
    options["detect_direction"] = "true"        #是否检测图像朝向，默认不检测
    options["detect_language"] = "true"         #是否检测语言，默认不检测
    options["paragraph"] = "true"               #是否输出段落信息
    options["probability"] = "true"             #是否返回识别结果中每一行的置信度

    #调用百度通用文字识别（标准版）
    response=client.basicGeneral(img, options)

    #应用部分
    if "error_msg" in response:
        if response['error_msg']!='SUCCESS':
            return_result["code"] = 500
            return_result["msg"] = "文字识别接口调用失败！"
            return_result["result_data"] = response
            return return_result
    if response['words_result_num'] == 0:
        return_result["code"] = 404
        return_result["msg"] = "没有检测到文字！"
        return_result["origin_image"] = self.image_to_base64(image)
        return_result["result_data"] = response
        return return_result
    if response['words_result_num']>0:
        #图像输入
        img_rgb = cv.cvtColor(image, cv.COLOR_BGR2RGB)
        pilimg = Image.fromarray(img_rgb)
        #创建 ImageDraw 绘图类
        draw = ImageDraw.Draw(pilimg)
        #设置字体
        font_size = 20
        font_hei = ImageFont.truetype(self.font_path, font_size, encoding="utf-8")
```

```python
            #定义显示文字起始位置
            loc={}
            loc["left"]=20
            loc["top"]=20
            #初始化已显示行数
            t=0
            #取数据
            #段落数据
            paragraphs_result=response['paragraphs_result']
            #文字数据
            words_result=response['words_result']
            for m in paragraphs_result:
                #取段落索引，表示 words_result 中哪几个文字是一个段落里的
                words_result_idx=m['words_result_idx']
                words=str()
                probability=0
                for n in words_result_idx:
                    #每个段落中的文字用空格隔开
                    words=words+' '+words_result[n]['words']
                    probability=probability+words_result[n]['probability']['average']
                #段落的平均置信值
                probability='%.2f%%'%(probability/len(words_result_idx))
                #绘制每个段落的文字
                draw.text((loc["left"], loc["top"]+font_size*t), words+' '+'置信值：'+probability,
                        fill= 'green', font=font_hei)
                t=t+1
            #输出图像
            result = cv.cvtColor(np.array(pilimg), cv.COLOR_RGB2BGR)
            return_result["code"] = 200
            return_result["msg"] = "文字识别成功！"
            return_result["origin_image"] = self.image_to_base64(image)
            return_result["result_image"] = self.image_to_base64(result)
            return_result["result_data"] = response
        else:
            return_result["code"] = 500
            return_result["msg"] = "百度接口调用失败！"
            return_result["result_data"] = response


    #实时视频接口：@__app.route('/stream/<action>')
    #image：摄像头实时传递过来的图像
    #param_data：必须为 None
    else:
        return_result["result_image"] = self.image_to_base64(image)
    return return_result
#单元测试，注意在处理类中如果有文件引用，则要修改单元测试的文件路径
if __name__=='__main__':
    #创建图像处理对象
    img_object = BaiduGeneralCharactersRecognition()
    #读取测试图像
```

```
img = cv.imread("./test.jpg")
#将图像编码成数据流
img = img_object.imencode(img)
#设置参数
param_data = {"APP_ID":"12345678", "API_KEY":"12345678", "SECRET_KEY":"12345678"}
img_object.font_path = "../../font/wqy-microhei.ttc"
#调用接口处理图像并返回结果
result = img_object.inference(img, param_data)
if result["code"] == 200:
    frame = img_object.base64_to_image(result["result_image"])
    print(result["result_data"])
    #图像显示
    cv.imshow('frame',frame)
    while True:
        key=cv.waitKey(1)
        if key==ord('q'):
            break
    cv.destroyAllWindows()
else:
    print("识别失败！")
```

5.6.3 开发步骤与验证

5.6.3.1 开发项目部署

开发项目部署同 2.1.3.1 节。

5.6.3.2 单元测试

（1）修改算法文件 algorithm\baidu_general_characters_recognition\baidu_general_characters_recognition.py 内的单元测试代码，填写正确的百度账号信息。示例如下：

```
#设置参数
param_data = {"APP_ID":"12345678", "API_KEY":"12345678", "SECRET_KEY":"12345678"}
```

（2）文件修改好后，通过 MobaXterm 工具创建的 SSH 连接，将修改好的文件上传到边缘计算网关。

（3）在 SSH 终端中输入以下命令：

```
$ cd ~/aicam-exp/baidu_general_characters_recognition/algorithm/baidu_general_characters_recognition
$ python3 baidu_general_characters_recognition.py
```

运行算法进行单元测试，本项目将会读取测试图像，在终端打印识别的结果，并将识别结果图像进行视窗显示如图 5.31 所示。

{'paragraphs_result_num': 3, 'paragraphs_result': [{'words_result_idx': [0]}, {'words_result_idx': [1]}, {'words_result_idx': [2]}], 'direction': 0, 'log_id': 1527530768064652236, 'words_result': [{'words': '楼梯间', 'probability': {'average': 0.987426579, 'variance': 0.0002836154599, 'min': 0.9636163712}}, {'words': 'STAIR ROOM', 'probability': {'average': 1, 'variance': 0, 'min': 1}}, {'words': 'K3-F3-B', 'probability': {'average': 1, 'variance': 0, 'min': 1}}], 'words_result_num': 3, 'language': -1}

图 5.31　单元测试结果

5.6.3.3　工程运行

（1）修改工程配置文件 static\baidu_general_characters_recognition\js\config.js 内的百度账号信息，填写正确的百度账号信息。示例如下：

```
baidu_id: '12345678',              //百度 APP_ID
baidu_apikey: '12345678',          //百度 API_KEY
baidu_secretkey: '12345678',       //百度 SECRET_KEY
```

（2）文件修改好后，通过 MobaXterm 工具创建的 SSH 连接，将修改好的文件上传到边缘计算网关。

（3）在 SSH 终端中按照 5.1.3.3 节的方法运行启动脚本 start_aicam.sh，通过启动主程序 aicam.py 来运行本项目案例工程。

（4）在客户端或者边缘计算网关端打开 Chrome 浏览器，输入页面地址并访问 http://192.168.100.200:4001/static/baidu_general_characters_recognition/index.html，即可查看运行结果。

5.6.3.4　文字识别

（1）在摄像头视窗内放置书籍，单击实验交互窗口右上角的"文字识别"按钮，将会调用百度通用文字识别接口进行识别，并弹窗提示识别状态，如图 5.32 所示。

图 5.32　文字识别

（2）在实验结果处会显示识别的原始图像、结果图像、结果数据，单击右侧的实验结果图像，将弹出该图像进行预览，如图 5.33 所示。

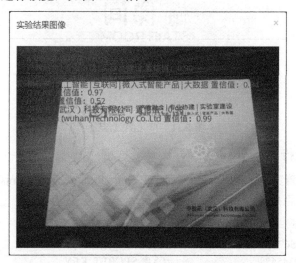

图 5.33 文字识别后保存的图像

5.6.4 小结

本项目首先介绍了文字识别的特点、功能和基本工作原理；然后介绍了 CRNN-CTC 模型的结构及工作原理；最后通过开发实践，将理论知识应用于实践，实现了基于人工智能边缘应用平台的文字识别。

5.6.5 思考与拓展

（1）本项目是如何使用 CRNN-CTC 模型进行文字识别的？CRNN 和 CTC 的作用分别是什么？

（2）在实际应用中，文字识别算法是如何在人工智能边缘应用平台上运行的？具体的操作步骤有哪些？

（3）本项目是如何将识别结果以段落形式进行展示的？段落的平均置信值是如何计算的？

（4）当一直出现识别失败时，检查配置文件 static\baidu_general_characters_recognition\js\config.js 内是否填写了正确的百度账号，并且该账号开通了文字识别的权限。

5.7 语音识别开发实例

语音识别的目的是将一段语音转换成文字，其过程蕴含着复杂的算法和逻辑。语音识别的工作原理如图 5.34 所示，其中的预处理主要工作包括预加重、加窗分帧和端点检测。

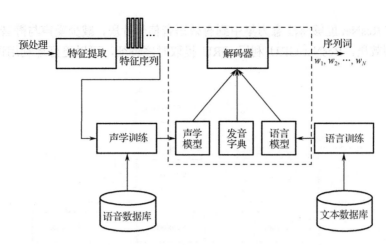

图 5.34　语音识别的工作原理

本项目要求掌握的知识点如下：

（1）深度学习模型 ResNet 和百度调用接口的原理与开发。

（2）结合百度语音识别接口和 AiCam 平台进行语音识别的开发。

5.7.1　原理分析

5.7.1.1　ResNet-GRU 模型分析

ResNet-GRU 是一种深度学习模型，结合了 ResNet（Residual Networks）和 GRU（Gated Recurrent Units）模型的特性。

ResNet 是一种用于图像分类和目标检测等计算机视觉任务的深度卷积神经网络模型，该模型通过引入残差连接（Residual Connection）来解决深度神经网络训练中的梯度消失和梯度爆炸问题。残差连接允许 ResNet 跳过一些层，直接将输入连接到后续层，从而允许网络更深，这有助于提高模型的性能。

GRU 是循环神经网络（RNN）模型的一种变体，用于处理序列数据，如文本或时间序列。GRU 包含两个门控单元，更新门（Update Gate）和重置门（Reset Gate），这两个门控单元用于控制信息的流动。相对于传统的 RNN，GRU 具有更少的参数，并且在训练中更容易捕捉长期依赖关系。

ResNet-GRU 的主要思想是将 ResNet 的卷积层用于提取输入数据的特征，然后将这些特征输入 GRU 中以处理序列性质的任务。例如，可以将 ResNet 用于图像特征提取，然后将提取的特征序列输入 GRU 中以执行序列标记或时间序列预测任务。ResNet-GRU 的优势在于它能够利用 ResNet 的特征提取能力和 GRU 的序列建模能力来处理多种复杂任务，如图像标注、视频分析、语音处理等。

ResNet-GRU 模型的结构如图 5.35 所示。

ResNet-GRU 将语音信号的特征参数输入 ResNet 中进行卷积操作，ResNet 中的通道是每帧语音信号的特征。由于在语音信号中往往存在即使经过预处理也未能完全去除的噪声与静音片段，所以特征图中包含的冗余信息比较多，直接进行卷积会影响识别的准确率。不同特征通道对最终识别效果的贡献度不同，为了在保留有效信息的同时尽量减少冗余信息的影响，ResNet-GRU 在 ResNet 中引入了注意力机制模块 SEnet，该模块可以为特征通道分配不同的权重，使 ResNet 能够将注意力集中到有效语音信号片段，减少噪声与静音片段的影响，从而提升识别效果。ResNet-GRU 利用 GRU 提取时序特征，可以更好地利用语音信号中的上下文信息。

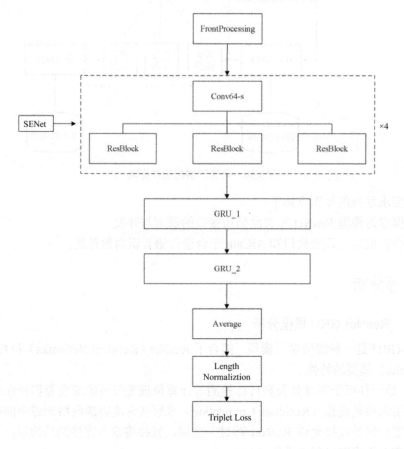

图 5.35　ResNet-GRU 模型的结构

ResNet 是卷积神经网络的一种，是由何恺明等人于 2015 年提出的。在此之前，深度神经网络的层数一直是制约其发展的瓶颈，网络模型的识别率并不会随着网络层数的增多而一直提高，而是在网络层数达到一定数量后，准确率会在网络层数增加时在某一个水平附近波动甚至下降，这种问题被称为网络退化。出现这种问题的主要原因是当网络层数超过一定数量时，会出现梯度消失问题，即如果每一层的误差梯度小于 1，在反向传播时，网络越深，梯度越趋近于 0，残差网络则可解决这个问题。本项目所设计的基于深度学习的多人语音识别系统使用的就是残差网络。ResNet 模型的结构如图 5.36 所示。

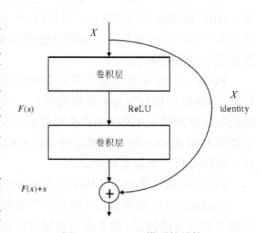

图 5.36　ResNet 模型的结构

ResNet 的核心思想是恒等（identity）映射，即图 5.36 中由输入到输出的连接。可以看出，该连接跨越了卷积层，这种跨层式的输入使得网络层数在增加时不会增加复杂度，且在误差的反向传播过程中误差梯度不会小于 1，可以将较小的误差准确传播到前一层的神经网络。

ResNet 的前向传播公式为：

$$x_{k+1} = f[h(x_k) + F(x_k, W_k)] \tag{5-10}$$

式中，x_k 为输入信号；x_{k+1} 为输出信号；f 为激活函数，当其为恒等映射时，则式（5-10）变为：

$$x_{k+1} = h(x_k) + F(x_k, W_k) \tag{5-11}$$

输入信号从 k 层到 K 层的前向传播公式为：

$$x_K = x_k + \sum_{i=k}^{K} F(x_i, W_i) \tag{5-12}$$

由式（5-12）可以看出，第 K 层的输入为第 k 层的输入加上中间每一个残差块，属于加性计算，而传统神经网络一般采用乘积运算，与之相比，残差网络的计算量要小得多。

在对语音信号特征参数进行卷积时会产生大量的通道，通道中包含信息的重要程度是不同的，因此本项目在卷积过程中引入了注意力机制模块，以便为更重要的信息赋予更大的权重，提升识别效果。本项目在卷积神经网络中使用的注意力机制模块是 SENet（Squeeze-and-Excitation Networks），该模块可以使卷积神经网络更加注意包含重要信息的通道，减少网络参数量。SENet 模块的结构如图 5.37 所示。

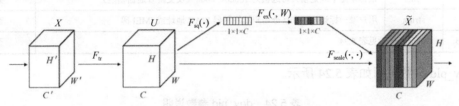

图 5.37　SENet 模块的结构

SENet 模块主要包含压缩（Squeeze）和激励（Excitation）处理两个过程。SENet 将特征图作为输入，特征图是大小为 $W \times H \times C$ 的向量，$W \times H$ 是特征图的二维尺度，C 是特征通道数。SENet 将特征图压缩成大小为 $1 \times 1 \times C$ 的向量，然后对压缩后的向量进行激励处理，根据不同特征通道的重要程度为不同特征通道分配不同的权重，将经过激励处理后的特征向量与原始特征图相乘，所得结果即最终特征。SENet 的压缩处理和激励处理流程如图 5.38 所示。

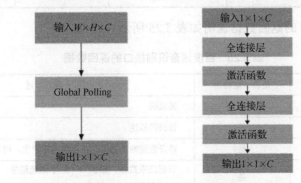

图 5.38　SENet 的压缩处理（左图）和激励处理（右图）流程

在压缩处理过程中，SENet 将输入的特征图经过全局平均池化（Global Polling），将其压缩成大小为 $1×1×C$ 的向量，然后在激励处理中，将大小为 $1×1×C$ 向量经过两个全连接层，第一层输入为 $1×1×C$，输出为 $1×1×C×SERadio$，第二层输入为 $1×1×C×SERadio$，输出为 $1×1×C$，SERadio 是一个能够调整特征通道数目的缩放参数。经过压缩与激励处理后的 $1×1×C$ 向量与原特征参数相乘即 SENet 的输出。

添加 SENet 后，可以使 ResNet 在训练时更加关注包含重要信息的通道，从而提升模型训练精度、提高识别准确率。

5.7.1.2　百度 AI 接口描述与分析

百度语音识别（标准版）接口可以将 60 s 内的语音精准地识别为文字，可用于手机语音输入、智能语音交互、语音指令、语音搜索等语音交互场景。百度语音识别接口包含中文普通话输入法、英语、粤语、四川话、远场等 5 个识别模型。

百度语音识别接口参数说明如表 5.23 所示。

表 5.23　百度语音识别接口参数

参　数	类　型	描　述	是否必需
speech	buffer	建立包含语音的 Buffer 对象，语音文件的格式可以是 PCM、WAV 或 AMR	是
format	string	语音文件的格式可以是 PCM、WAV 或 AMR，推荐 PCM 格式	是
rate	int	采样率是个固定值，可选值为 16000、8000（仅支持普通话模型）	是
cuid	string	用户唯一标识，用来区分用户填写机器 MAC 地址或 IMEI 码	否
dev_pid	int	见表 5.24	否

dev_pid 参数说明如表 5.24 所示。

表 5.24　dev_pid 参数说明

dev_pid	语　言	模　型	是否有标点	备　注
1537	普通话（纯中文识别）	语音近场识别模型	有标点	支持自定义词库
1737	英语	—	无标点	不支持自定义词库
1637	粤语	—	有标点	不支持自定义词库
1837	四川话	—	有标点	不支持自定义词库
1936	普通话远场	远场模型	有标点	不支持自定义词库

百度语音识别接口的返回数据说明如表 5.25 所示。

表 5.25　百度语音识别接口的返回数据

返回数据	类　型	是否一定输出	描　述
err_no	int	是	错误码
err_msg	int	是	错误码描述
sn	int	是	语音数据唯一标识，在系统内部产生，用于调试
result	int	是	识别结果数量，提供 1～5 个候选结果，识别的字符串的类型为 string，采用 UTF-8 编码

5.7.1.3　接口应用示例

在 Python 程序调用百度语音识别接口的示例如下：

```
#调用百度语音识别接口，通过以下用户密钥连接百度服务器
#APP_ID：百度应用 ID
#API_KEY：百度 API_KEY
#SECRET_KEY：百度用户密钥
client = AipSpeech(param_data['APP_ID'], param_data['API_KEY'], param_data['SECRET_KEY'])
#语音文件的格式为 PCM，采样率为 16000，dev_pid 为普通话（纯中文识别），识别本地文件
response = client.asr(pcm_data,'pcm', 16000, {'dev_pid': 1537,})
```

返回结果示例如下：

```
{
    'err_no': 0,
    'err_msg': 'success.',
    'corpus_no': '7101293645630629305',
    'result': ['你好，你吃饭了吗？'],
    'sn': '84107911131653398770'
}
```

5.7.2　开发设计与实践

5.7.2.1　架构设计

本项目基于 AiCam 平台的开发框架（见图 1.3）进行开发，开发流程如下：

（1）在 aicam 工程包的配置文件中添加摄像头（config\app.json），详细代码请参考 2.1.2.1 节。

（2）在 aicam 工程包中添加算法文件 algorithm\baidu_speech_recognition\baidu_speech_recognition.py。

（3）在 aicam 工程包中添加项目前端应用 static\baidu_speech_recognition。

（4）语音识别请求：前端应用使用麦克风设备录音，通过 Ajax 调用将语音数据传递给百度语音识别算法进行识别。百度语音识别接口参数说明如表 5.26 所示。

表 5.26　百度语音识别接口参数说明

参　　数	语 音 识 别
url	"/file/baidu_speech_recognition"
method	'POST'
processData	false
contentType	false
dataType	'json'

data	let config = configData;
	let blob = recorder.getWAVBlob();
	let formData = new FormData();
	formData.set('file_name',blob,'audio.wav');
	formData.append('param_data', JSON.stringify({"APP_ID":config.user.baidu_id,
	　　　　"API_KEY":config.user.baidu_apikey, "SECRET_KEY":config.user.baidu_secretkey}));

参　数	语　音　识　别
success	function(res){}内容： return_result = {'code': 200, 'msg': None, 'origin_image': None, 'result_image': None, 'result_data': None} 示例： code/msg：200/语音识别成功、500/语音识别失败。 result_data：返回语音识别后的文字内容

前端应用 JS 调用如下（js\index.js）：

```javascript
$('#interaction .item').click(function () {
    if ($(this).find('.label').text() == '录音') {
        $(this).find('img').attr('src', './img/microphone-on.gif')
        $(this).find('.label').text('录音中...')

        recorder.start().then(() => {
            //开始录音
        }, (error) => {
            //出错了
            console.log(`${error.name} : ${error.message}`);
        });
    } else {
        $(this).find('img').attr('src', './img/microphone-off.png')
        $(this).find('.label').text('录音')

        recorder.stop();
        let blob = recorder.getWAVBlob();
        console.log(blob);
        let formData = new FormData();
        formData.set('file_name',blob,'audio.wav');
        formData.append('param_data', JSON.stringify({"APP_ID":config.user.baidu_id,
                    "API_KEY":config.user.baidu_apikey,
"SECRET_KEY":config.user.baidu_secretkey}));
        $.ajax({
            url: '/file/baidu_speech_recognition',
            method: 'POST',
            processData: false,            //必需的
            contentType: false,            //必需的
            dataType: 'json',
            data: formData,
            headers: { 'X-CSRFToken': getCookie('csrftoken') },
            success: function(res) {
                console.log(res);
                if(res.code == 200){
                    let html = `<div class="msg"><div>${res.result_data}</div></div>`
                    $('#message_box').append(html)
                    $('#message_box').scrollTop($('#message_box')[0].scrollHeight);
                    swal({
```

```
                icon: "success",
                title: "识别成功",
                text: res.msg,
                button: false,
                timer: 2000
            });
            let html1 = `<div>${new Date().toLocaleTimeString()}——识别结果：
${res.result_data}</div>`
            $('#text-list').prepend(html1);
        }else if(res.code==500){
            swal({
                icon: "error",
                title: "识别失败",
                text: res.msg,
                button: false,
                timer: 2000
            });
        }else{
            swal({
                icon: "error",
                title: "识别失败",
                text: res.msg,
                button: false,
                timer: 2000
            });
        }
    },
    error: function(error){
        console.log(error);
        swal({
            icon: "error",
            title: "识别失败",
            text: "服务请求失败！",
            button: false,
            timer: 2000
        });
    }
    });
    }
})
```

5.7.2.2　功能与核心代码设计

本项目通过调用百度语音识别接口进行语音识别，算法文件如下（algorithm\baidu_speech_recognition\ baidu_speech_recognition.py）：

```
##############################################################################
#文件：baidu_speech_recognition.py
#说明：语音识别
```

```
################################################################################
import os
import wave
import numpy as np
from aip import AipSpeech
import ffmpeg
import tempfile

class BaiduSpeechRecognition(object):
    def __init__(self):
        pass


    def __check_wav_file(self,filePath):
        #读取 WAV 文件
        wave_file = wave.open(filePath, 'r')
        #获取文件的帧率和通道
        frame_rate = wave_file.getframerate()
        channels = wave_file.getnchannels()
        wave_file.close()
        if frame_rate == 16000 and channels == 1:
            return True
            #feature_path=filePath
        else:
            return False


    def inference(self, wave_data, param_data):
        #code：识别成功返回 200
        #msg：相关提示信息
        #origin_image：原始图像
        #result_image：处理之后的图像
        #result_data：结果数据
        return_result = {'code': 200, 'msg': None, 'origin_image': None, 'result_image': None, 'result_data':
None}

        #应用请求接口：@__app.route('/file/<action>', methods=["POST"])
        #wave_data：应用传递过来的数据（根据实际应用可能为图像、音频、视频、文本）
        #param_data：应用传递过来的参数，不能为空
        if param_data != None:
            fd, path = tempfile.mkstemp()
            try:
                with os.fdopen(fd, 'wb') as tmp:
                    tmp.write(wave_data)
                if not self.__check_wav_file(path):
                    fd2, path2 = tempfile.mkstemp()
                    ffmpeg.input(path).output(path2, ar=16000).run()
                    os.remove(path)
                    path = path2
                f = open(path, "rb")
                f.seek(4096)
```

```
                    pcm_data = f.read()
                    f.close()
                finally:
                    os.remove(path)
        #调用百度语音识别接口，通过以下用户密钥连接百度服务器
        #APP_ID：百度应用 ID
        #API_KEY：百度 API_KEY
        #SECRET_KEY：百度用户密钥
        client        =    AipSpeech(param_data['APP_ID'],      param_data['API_KEY'],      param_data
['SECRET_KEY'])
        #语音文件的格式为 PCM，采样率为 16000，dev_pid 为普通话（纯中文识别），识别本地文件
        response = client.asr(pcm_data,'pcm', 16000, {'dev_pid': 1537,})
        #处理服务器返回结果
        if response['err_msg']=='success.':
            return_result["code"] = 200
            return_result["msg"] = "语音识别成功！"
            return_result["result_data"] = response['result'][0]
        else:
            return_result["code"] = 500
            return_result["msg"] = response['err_msg']
        return return_result
#单元测试，注意在处理类中如果有文件引用，则要修改单元测试的文件路径
if __name__=='__main__':
    #创建音频处理对象
    test = BaiduSpeechRecognition()
    param_data = {"APP_ID":"12345678", "API_KEY":"12345678", "SECRET_KEY":"12345678"}
    with open("./test.wav", "rb") as f:
        wdat = f.read()
    result = test.inference(wdat, param_data)
    print(result["result_data"])
```

5.7.3　开发步骤与验证

5.7.3.1　开发项目部署

开发项目部署同 2.1.3.1 节。

5.7.3.2　单元测试

（1）修改算法文件 algorithm\baidu_speech_recognition\baidu_speech_recognition.py 内的单元测试代码，填写正确的百度账号信息。示例如下：

```
#设置参数
param_data = {"APP_ID":"12345678", "API_KEY":"12345678", "SECRET_KEY":"12345678"}
```

（2）文件修改好后，通过 MobaXterm 工具创建的 SSH 连接，将修改好的文件上传到边缘计算网关。

（3）在 SSH 终端中输入以下命令：

```
$ cd ~/aicam-exp/baidu_speech_recognition/algorithm/baidu_speech_recognition
$ python3 baidu_speech_recognition.py
```

运行算法进行单元测试，本项目将会读取测试音频文件，在终端打印识别的结果。

{'log_id': 1527496747917028681, 'result_num': 4, 'result': [{'left': 39, 'classname': 'ILY', 'top': 470, 'probability': 0.998446524143219, 'height': 248, 'width': 200}, {'left': 75, 'classname': 'Five', 'top': 65, 'probability': 0.983726978302002, 'height': 249, 'width': 195}, {'left': 323, 'classname': 'Four', 'top': 83, 'probability': 0.9568274021148682, 'height': 222, 'width': 174}, {'left': 322, 'classname': 'Thumb_up', 'top': 488, 'probability': 0.4288118481636047, 'height': 239, 'width': 164}]]}

5.7.3.3　工程运行

（1）修改工程配置文件 static\baidu_speech_recognition\js\config.js 内的百度账号信息，填写正确的百度账号信息。示例如下：

```
baidu_id: '12345678',              //百度 APP_ID
baidu_apikey: '12345678',          //百度 API_KEY
baidu_secretkey: '12345678',       //百度 SECRET_KEY
```

（2）文件修改好后，通过 MobaXterm 工具创建的 SSH 连接，将修改好的文件上传到边缘计算网关。

（3）在 SSH 终端中按照 5.1.3.3 节的方法运行启动脚本 start_aicam.sh，通过启动主程序 aicam.py 来运行本项目案例工程。

（4）在客户端或者边缘计算网关端打开 Chrome 浏览器，输入页面地址并访问 https://192.168.100.200:1446/static/baidu_speech_recognition/index.html，即可查看运行结果。

5.7.3.4　语音识别

（1）单击实验交互窗口右下角的录音图标进行录音，此时录音图标显示动态效果，提示"录音中"，再次单击录音图标则完成录音，语音识别算法将进行语音识别并弹窗提示识别状态，如图 5.39 所示。

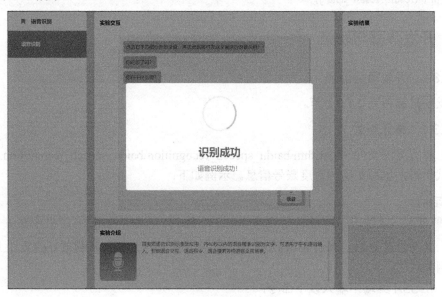

图 5.39　语音识别成功提示

由于采用的是 HTTPS（安全链接），因此 Chrome 浏览器会提示安全信息，单击提示框左下角的"高级"按钮后，单击"继续前往×××（不安全）"进入到应用页面。单击录音图标后，Chrome 浏览器会弹出提示使用麦克风的权限，需要单击"允许"继续。

（2）在实验交互窗口和实验结果处可以看到识别的语音文字结果，如图 5.40 所示。

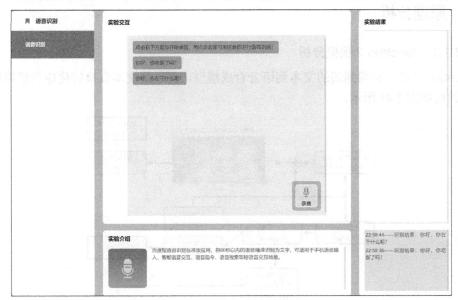

图 5.40　语音识别的结果

5.7.4　小结

本项目首先介绍了语音识别的特点、功能和基本工作原理；然后介绍了 ResNet-GRU 模型的结构及工作原理；最后通过开发实践，将理论知识应用于实践，实现了基于人工智能边缘应用平台的语音识别。

5.7.5　思考与拓展

（1）ResNet-GRU 中的 ResNet、SENet 在语音识别中有什么作用？

（2）语音识别涉及到音频文件的处理、采样率的调整等，这些是否会影响语音识别的准确率？为什么？

（3）当一直出现识别失败时，检查配置文件 static\baidu_speech_recognition\js\config.js 内是否填写了正确的百度账号，并且该账号开通了语音识别的权限。

5.8 语音合成开发实例

语音合成（Text-to-Speech，TTS）是一种将文本转换为自然流畅语音的技术，这项技术对许多应用领域都非常重要，包括语音助手、有声读物、语音辅助技术等。

本项目要求掌握的知识点如下：

（1）深度学习模型 Tacotron2 算法和百度调用接口的原理与开发。

（2）结合百度语音合成接口和 AiCam 平台进行语音合成的开发。

5.8.1　原理分析

5.8.1.1　Tacotron 2 模型分析

Tacotron 2 是一种端到端的文本到语音合成模型，可以将文本直接转化成自然流畅的语音，其结构如图 5.41 所示。

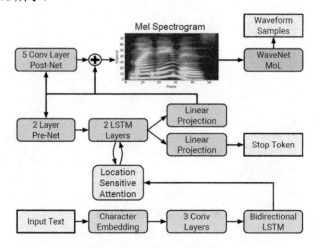

图 5.41　Tacotron 2 模型的结构

Tacotron 2 中有两个关键组件：编码器（Encoder）和解码器（Decoder）。编码器将输入文本编码成一个高维的上下文向量，解码器则将这个向量转化为声音波形。Tacotron 2 将递归神经网络（RNN）作为核心组件，通常是长短时记忆网络（LSTM）或门控循环单元（GRU）。

Tacotron 2 使用了注意力机制（Attention Mechanism），使得其能够更好地对输入文本的不同部分进行关注，这有助于其更准确地生成语音，特别是对于较长的文本。

Tacotron 2 不是直接生成声音波形的，而是先生成 Mel 频谱（Mel Spectrogram）。Mel 频谱是声音在频域上的表示，它通常比原始声音波形更容易处理；然后通过声音合成引擎（如 Griffin-Lim 算法）转化为实际的声音波形。

在生成 Mel 频谱后通常还需要进行后处理，以转化为最终的声音波形。Tacotron 2 通常 WaveNet 或类似的深度生成模型来完成这个任务，以产生高质量的语音。

在 Tacotron 2 中，编码器包括一个三层卷积网络（Convolutional Neural Networks，CNN）模块和紧接着的一个仅仅包含一层的双向长短时记忆神经网络（Bidirectional Long Short-Term Memory，BLSTM）模块。编码器的主要工作是将得到的输入序列 X 编码为一个序列 H，这里称为隐藏序列，即编码器的输出向量。输入序列由一个向量表示，这个向量的维度是固定的，表示输入序列和输出序列的向量都有一个长度。在编码器中，输入文本首先经过字符嵌入（Character Embedding）层得到输入序列，然后输入序列经过一个三层卷积网络模块处理后得到一个隐藏序列，这里采用修正线性单元（Rectified Linear Unit，ReLU）作为激活函数，与图像处理中的操作类似，卷积神经网络在一定程度上可以很好地提取输入序列 X 的位置信息，使得 Tacotron 2 具有获取输入序列上下文信息的能力，这个过程类似于 N-gram 方式。例如，单词 shout 和单词 shoot，从字母上看两个单词只差一个字母，但就是这一个字母的差距导致两者发音相差甚远，卷积网络在学习时会发现所处第 4 个位置的字符不同，通过发现这个不同从而能区别出这两个单词发音的不同。此外，卷积网络对于学习一系列静音字符（如逗号）的发声方面具有非常好的鲁棒性。

卷积网络在学习输入序列中的短时间依赖方面有着良好的表现，但对输入序列中的长期依赖关系建模效果却不尽如人意，远不如对短时间依赖的建模，所以 Tacotron 2 的编码器在三层卷积网络后加上了一层双向长短时记忆网络，这个网络可以捕捉输入序列中的长时间依赖，以弥补三层卷积网络的不足。

长短时记忆（Long Short-Term Memory，LSTM）网络的结构如图 5.42 所示。LSTM 网络内部的核心构件为记忆细胞单元，记忆细胞单元内部由胞状态（Cell State）、输入门（Input Gate）、输出门（Output Gate）、遗忘门（Forget Gate）这四个部件构成；σ、tanh 分别代表了 Sigmoid 激活函数和双曲正切激活函数；X_t 表示 t 时刻 LSTM 网络的输入；h_{t-1} 表示 t-1 时刻 LSTM 网络的输出。LSTM 网络通过输入门、遗忘门、输出门对输入信息的控制，可以在 t 时刻有针对性地接收有用的信息并舍弃无用的信息，因此可以在 t 时刻学习关于输入的长时间依赖信息。

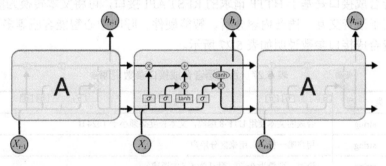

图 5.42　长短时记忆网络结构

经过编码器编码后输入序列 X 变成隐藏序列 H，隐藏序列 H 被输入到注意力网络，用于计算当前解码器输入帧的上下文向量。

在序列到序列的生成模型中，编码器的作用是将输入序列 X 映射到隐藏序列 H，解码器再将隐藏序列映射到目标序列 Y。使用神经网络对大量的输入信息进行处理的过程，可以理解为人脑使用注意力机制的过程，人脑在处理问题时会自动选择性地忽略一些与目标无关的信息，只对关键信息进行处理，从而提高处理的效率。对于神经网络而言，就是提高神经网络的处理效率。具体来说，对于带有注意力机制的序列到序列的生成模型而言，在注意力机制的作用下，模型产生的每一个元素，都只需要关注隐藏序列 H 中与之有关部分的信息即可。注意力机制的计算步骤大致可以分成两步：

（1）在所有的输入序列上进行注意力分布情况的计算。

（2）把计算的注意力作为一个权重来对输入序列求加权平均。

解码器通过综合两个信息来预测下一帧的信息，这两个信息分别是当前输入帧信息和对应的上下文向量中包含的信息。在 Tacotron 2 中，解码器包括由两层线性网络（Linear Projection）组成的预处理网络层模块，由两层 LSTM 网络组成的解码模块，由一层全连接网络组成的声学特征预测模块，以及停止解码预测模块。在推理计算期间，解码器在上一个时间步输出的是解码器当前时间步的输入，而在训练期间，解码器在当前时间步的输入使用的是与上一时间步解码器输出对应的真实标签（Ground Truth）。这种训练方式称为教师强制对齐（Teacher Forcing），这使得模型能够快速学习到对齐信息。解码器的输入经过预处理网络后的结果会与上一时间步的上下文向量进行拼接，拼接结果会被送入一个由两层 LSTM 组成的解码网络模块，得到隐藏状态，这个隐藏状态作为输入注意力网络的查询向量，与编码器输出序列 H 以及当前时间步前所有的注意力权重的累加和来计算当前时间步与解码器输入相关的上下文向量，最后在将上下文向量与解码网络层的输出进行拼接处理后，送入声学特征预测层预测接下来的一帧或者几帧，同时拼接处理结果也会被同时送入停止解码预测模块来计算在当前帧停止解码的概率，预测在当前帧停止情况，实现动态结束解码过程。

Tacotron 2 在解码器模块之后加了残差后处理网络，它是一个由五层卷积神经网络组成的模块。解码器通过自回归解码方式预测到的全部特征序列被送入残差后处理网络，通过计算得到最终预测的声学特征。残差后处理网络通过多个相连的卷积层来捕获输入的特征序列的前后关联信息，再通过残差连接保留原有特征序列的信息，可以有效地改善解码器在自回归计算中因不能获取未来时间步的序列信息而导致的预测偏差问题。

5.8.1.2　百度 AI 接口描述与分析

百度语音合成接口是基于 HTTP 请求的 REST API 接口，可将文本转换为能够播放的音频文件，适用于语音交互、语音内容分析、智能硬件、呼叫中心智能客服等多种场景。

百度语音合成接口参数说明如表 5.27 所示。

表 5.27　百度语音合成接口参数说明

参　　数	类　　型	描　　述	是否必需
tex	string	合成的文本使用 UTF-8 编码，文本长度必须小于 1024 B	是
cuid	string	用户唯一标识，用来区分用户	否
spd	string	语速，取值为 0~9，默认为 5（中语速）	否
pit	string	语调，取值为 0~9，默认为 5（中语调）	否
vol	string	音量，取值为 0~9，默认为 5（中音量）	否
per	string	普通发音人选择，0 表示度小美（默认），1 表示度小宇，3 表示度逍遥（基础），4 表示度丫丫	否
per	string	精品发音人选择，5003 表示度逍遥（精品），5118 表示度小鹿，106 表示度博文，110 表示度小童，111 表示度小萌，103 表示度米朵，5 表示度小娇	否

百度语音合成接口返回数据详情如下：

```
//成功返回二进制文件流
//失败返回
{
    "err_no":500,
    "err_msg":"notsupport.",
    "sn":"abcdefgh",
    "idx":1
}
```

5.8.1.3 接口应用示例

在 Python 程序中调用百度语音合成接口的示例如下：

```
#调用百度语音合成接口，通过以下用户密钥连接百度服务器
#APP_ID：百度应用 ID
#API_KEY：百度 API_KEY
#SECRET_KEY：百度用户密钥
client = AipSpeech(param_data['APP_ID'], param_data['API_KEY'], param_data['SECRET_KEY'])


#配置可选参数
options={}
options['spd']=5            #语速，取值 0～9，默认为 5（中语速）
options['pit']=5            #语调，取值 0～9，默认为 5（中语调）
options['vol']=5            #音量，取值 0～15，默认为 5（中音量）
options['per']=0            #发音人选择
#调用语音合成接口
response = client.synthesis(content, 'zh', 1, options)
```

返回结果示例如下：

```
{
    'err_no': 0,
    'err_msg': 'success.',
    'corpus_no': '7101293645630629305',
    'result': ['你好，你吃饭了吗？'],
    'sn': '8410791113165339810'
}
```

5.8.2 开发设计与实践

5.8.2.1 架构设计

本项目基于 AiCam 平台的开发框架（见图 1.3）进行开发，开发流程如下：

（1）在 aicam 工程包的配置文件中添加摄像头（config\app.json），详细代码请参考 2.1.2.1 节。

（2）在 aicam 工程包中添加算法文件 algorithm\baidu_speech_synthesis\baidu_speech_synthesis.py。

（3）在 aicam 工程包中添加项目前端应用 static\baidu_speech_synthesis。

（5）人体识别请求：前端应用截取图像，通过 Ajax 将图像和含有百度账号信息的数据传递给人体识别请求算法进行人体识别。人体识别请求参数说明如表 5.6 所示。

（4）语音合成请求：前端应用将需要进行语音合成的文本信息通过 Ajax 传递给语音合成算法进行语音合成。语音合成请求参数如表 5.28 所示。

表 5.28 语音合成请求参数

参　　数	语　音　合　成
url	"/file/baidu_speech_synthesis"
method	'POST'

参　　数	语　音　合　成
processData	false
contentType	false
dataType	'json'

data	let config = configData;
	let text = $(this).parent('.item').find('textarea').val();
	let blob = new Blob([text],{
	　　　type:'text/plain'
	});
	//语音合成播报
	let formData = new FormData();
	formData.append('file_name',blob,'text.txt');
	formData.append('param_data', JSON.stringify({"APP_ID":config.user.baidu_id,
	　　　　　"API_KEY":config.user.baidu_apikey,
	"SECRET_KEY":config.user.baidu_secretkey}});

success	function(res){} 内容： return_result = {'code': 200, 'msg': None, 'origin_image': None, 'result_image': None, 'result_data': None} 示例： code/msg：200/语音合成成功、500/语音合成失败。 result_data：算法返回的是采用 base64 编码的音频文件

前端应用 JS 调用如下（js\index.js）：

```
$('#synthesis').click(function () {
    let text = $(this).parent('.item').find('textarea').val()
    if (text) {
        swal({
            title: "语音合成中，请稍等...",
            icon: "success",
            text: " ",
            timer: 2000,
            button: false
        });
        let blob = new Blob([text],{
            type:'text/plain'
        });
        //语音合成播报
        let formData = new FormData();
        formData.append('file_name',blob,'text.txt');
        formData.append('param_data', JSON.stringify({"APP_ID":config.user.baidu_id,
                    "API_KEY":config.user.baidu_apikey, "SECRET_KEY":config.user.baidu_secretkey}));
        $.ajax({
            url: '/file/baidu_speech_synthesis',
            method: 'POST',
            processData: false,              //必需的
            contentType: false,              //必需的
```

```
dataType: 'json',
data: formData,
headers: { 'X-CSRFToken': getCookie('csrftoken') },
success: function(res) {
    console.log(res);
    if(res.code==200){
        //为获取到的音频生产音频波纹
        let data = new Audio(`data:audio/x-wav;base64,${res.res_data}`);
        wavesurfer.load(data);
        swal({
            icon: "success",
            title: "合成成功",
            text: res.msg,
            button: false,
            timer: 2000
        });
    } else {
        swal({
            icon: "error",
            title: "合成失败",
            text: res.msg,
            button: false,
            timer: 2000
        });
    }
},error: function(error){
    console.log(error);
    swal({
        icon: "error",
        title: "合成失败",
        text: "服务请求失败！",
        button: false,
        timer: 2000
    });
}
})
}else{
    swal({
        icon: "error",
        title: "合成失败",
        text: "请输入文字！",
        button: false,
        timer: 2000
    });
}
})
```

5.8.2.2　功能与核心代码设计

本项目通过调用百度语音合成接口进行语音合成，算法文件如下（algorithm\baidu_speech_synthesis\ baidu_speech_synthesis.py）：

```
#############################################################################
#文件：baidu_speech_synthesis.py
#说明：语音合成
#############################################################################
import cv2 as cv
import base64
import os,sys,time
import wave
import numpy as np
from aip import AipSpeech

class BaiduSpeechSynthesis(object):
    def __init__(self):
        pass

    def image_to_base64(self, img):
        image = cv.imencode('.jpg', img, [cv.IMWRITE_JPEG_QUALITY, 60])[1]
        image_encode = base64.b64encode(image).decode()
        return image_encode

    def base64_to_image(self, b64):
        img = base64.b64decode(b64.encode('utf-8'))
        img = np.asarray(bytearray(img), dtype="uint8")
        img = cv.imdecode(img, cv.IMREAD_COLOR)
        return img

    def inference(self, content, param_data):
        #code：识别成功返回 200
        #msg：相关提示信息
        #origin_image：原始图像
        #result_image：处理之后的图像
        #result_data：结果数据
        return_result = {'code': 200, 'msg': None, 'origin_image': None, 'result_image': None, 'result_data': None}

        #应用请求接口：@__app.route('/file/<action>', methods=["POST"])
        #content：应用传递过来的数据（根据实际应用可能为图像、音频、视频、文本）
        #param_data：应用传递过来的参数，不能为空
        if param_data != None:
            #调用百度语音合成接口，通过以下用户密钥连接百度服务器
            #APP_ID：百度应用 ID
            #API_KEY：百度 API_KEY
            #SECRET_KEY：百度用户密钥
```

```
                    client    =    AipSpeech(param_data['APP_ID'],    param_data['API_KEY'],    param_data
['SECRET_KEY'])

                    #配置可选参数
                    options={}
                    options['spd']=5                    #语速
                    options['pit']=5                    #语调
                    options['vol']=5                    #音量
                    options['per']=0                    #发音人选择
                    #调用语音合成接口
                    response = client.synthesis(content, 'zh', 1, options)

                    if not isinstance(response, dict):
                        return_result["code"] = 200
                        return_result["msg"] = "语音合成成功！"
                        return_result["result_data"] = base64.b64encode(response).decode()
                    else:
                        return_result["code"] = 500
                        return_result["msg"] = "语音合成失败！"
                        return_result["result_data"] = response
                    return return_result
#单元测试，注意在处理类中如果有文件引用，则要修改单元测试的文件路径
if __name__=='__main__':
    test = BaiduSpeechSynthesis()
    param_data={"APP_ID":"12345678", "API_KEY":"12345678", "SECRET_KEY":"12345678"}
    with open("test.txt", "rb") as f:
        txt = f.read()
    result=test.inference(txt, param_data)
    if result["code"] == 200:
        dat = base64.b64decode(result["result_data"].encode('utf-8'))
        with open("out.mp3", "wb") as fw:
            fw.write(dat)
    print(result)
```

5.8.3　开发步骤与验证

5.8.3.1　开发项目部署

开发项目部署同 2.1.3.1 节。

5.8.3.2　单元测试

（1）修改算法文件 algorithm\baidu_speech_synthesis\baidu_speech_synthesis.py 内的单元测试代码，填写正确的百度账号信息。示例如下：

```
#设置参数
param_data = {"APP_ID":"12345678", "API_KEY":"12345678", "SECRET_KEY":"12345678"}
```

（2）文件修改好后，通过 MobaXterm 工具创建的 SSH 连接，将修改好的文件上传到边

缘计算网关。

（3）在 SSH 终端中输入以下命令：

```
$ cd ~/aicam-exp/baidu_speech_synthesis/algorithm/baidu_speech_synthesis
$ python3 baidu_speech_synthesis.py
```

运行算法进行单元测试，本项目将读取需要合成的文本文件，并将合成的音频文件保存为 out.mp3，并在终端打印识别的结果，如图 5.43 所示。

{'result_image': None, 'result_data': '//Mqqqqqqqqqqqqq//MoxMQAAANIAAAAAKqqqqqqqqqqqqqqqqqqqqqqqqqqqqqqqqqqqqqqqqqqqqqqqqqqqqqqqqqqqqqqqqqqqqqqqqqqqqqqqqqqqqqqqqqqqqqqqqqqqqqqqqqqqqqqqqqqqqqqq//MoxMQAAANIAAAAAKqqqqqqqqqqqqqqqqqqqqqqqqqqqqqqqqqqqqqqqqqqqqqqqqqqqqqqqqqqqqqqqqqqqqqqqqqqqqqqqqqqqqqqqqqqqqqqqqqqqqqqqqq......', 'origin_image': None, 'code': 200, 'msg': '语音合成成功！'}

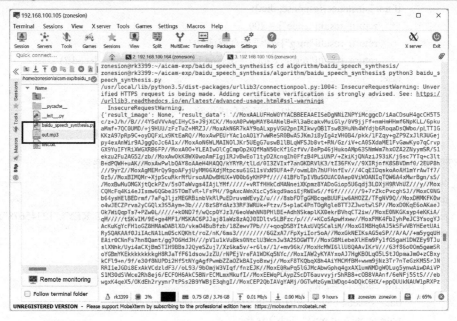

图 5.43　单元测试结果

5.8.3.3　工程运行

（1）修改工程配置文件 static\baidu_speech_synthesis\js\config.js 内的百度账号信息，填写正确的百度账号信息。示例如下：

```
baidu_id: '12345678',              //百度 APP_ID
baidu_apikey: '12345678',          //百度 API_KEY
baidu_secretkey: '12345678',       //百度 SECRET_KEY
```

（2）文件修改好后，通过 MobaXterm 工具创建的 SSH 连接，将修改好的文件上传到边缘计算网关。

（3）在 SSH 终端中按照 5.1.3.3 节方法运行启动脚本 start_aicam.sh，通过启动主程序 aicam.py 来运行本项目案例工程。

（4）在客户端或者边缘计算网关端打开 Chrome 浏览器，输入页面地址并访问 http://192.168.100.200:4001/static/baidu_speech_synthesis/index.html，即可查看运行结果。

5.8.3.4　语音合成

（1）在实验交互窗口填入需要合成播报的文本信息，单击"发送按钮"，本项目将进行语音合成并弹窗提示识别状态，如图 5.44 所示。

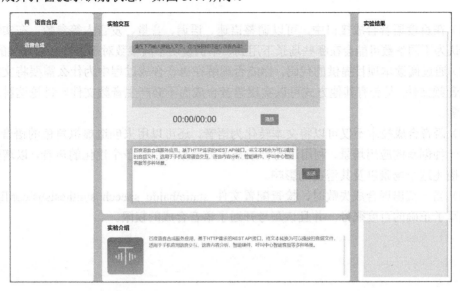

图 5.44　语音合成

（2）语音合成成功后，在实验交互窗口可以看到合成的语音频谱图，单击"播放"按钮可以播放合成的音频内容，如图 5.45 所示。

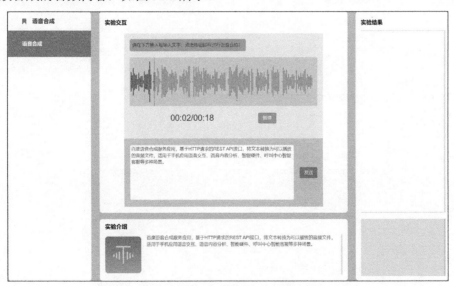

图 5.45　播放语音合成后的音频文件

5.8.4　小结

本项目首先介绍了语音合成的特点、功能和基本工作原理；然后介绍了 Tacotron 2 模型的结构及工作原理；最后通过开发实践，将理论知识应用于实践，实现了基于人工智能边缘应用平台的语音合成。

5.8.5　思考与拓展

（1）在百度语音合成接口中，可以调整语速、语调、音量、发音人等参数。在实际应用中，你认为不同参数可能会在哪些场景下用到？举例说明不同参数对于语音合成效果的影响。

（2）通过阅读本项目提供的代码，你能否理解在语音合成过程中为什么需要将文本内容转换成音频文件，是否有其他方式可以实现语音合成而不必产生音频文件？讨论这种设计选择的优劣。

（3）语音合成技术不仅可以将文本转化为语音，还可以用来创造虚拟角色的语音。你能否思考一种创新的应用场景，利用语音合成技术为虚拟角色赋予个性化的声音，以增强用户体验？描述这个场景以及其潜在的影响。

（4）当一直出现合成失败时，检查配置文件 static\baidu_speech_synthesis\js\config.js 内是否填写了正确的百度账号，并且该账号开通了语音合成的权限。

参考文献

[1] 王文峰，阮俊虎，CV-MATH．MATLAB 计算机视觉与机器认知[M]．北京：北京航空航天大学出版社，2017．

[2] 杨杰．数字图像处理及 MATLAB 实现[M]．3 版．北京：电子工业出版社，2019．

[3] 张一梵．基于灰度相关的快速模板匹配算法研究[D]．广州：广州大学，2022．

[4] 李玥．基于图像处理的轨道伤痕算法研究[D]．哈尔滨：哈尔滨工程大学，2021．

[5] 樊英．雾霾天气下车牌检测与识别算法研究[D]．西安：西安科技大学，2020．

[6] 张铮.数字图像处理与机器视觉：Visual C++与 Matlab 实现[M]．北京：人民邮电出版社，2014．

[7] 王德宝．基于 KNN 算法的改进研究及其在数据分类中的应用[D]．淮南：安徽理工大学，2018．

[8] 刘衍琦，詹福宇，王德建．计算机视觉与深度学习实战：以 MATLAB、Python 为工具[M]．北京：电子工业出版社，2019．

[9] 王东．实时人脸检测及其应用[D]．南京：南京信息工程大学，2016．

[10] 董庆然．疲劳驾驶监测系统核心算法的研究与实现[D]．成都：电子科技大学,2015．

[11] 李想．基于 Retinaface 算法的人脸检测研究[D]．北京：北方工业大学，2023．

[12] 易国欣．基于 MTCNN 和 FaceNet 的人脸识别课堂签到系统设计与实现[D]．重庆：重庆师范大学,2020．

[13] 李航．基于 MobileFaceNet 的轻量化人脸识别系统的设计与实现[D]．重庆：西南大学，2021．

[14] 雍怡然．非配合条件下的人脸筛选与识别算法的研究与实现[D]．成都：电子科技大学，2022．

[15] 唐昊．基于 MobileNet v2 的轻量级人脸识别神经网络系统的设计与实现[D]．重庆：重庆大学，2022．

[16] 张涛．基于计算机视觉的交通违法行为检测[D]．西安：长安大学，2023．

[17] Cao Z, Simon T, Wei S E, et al. Realtime multi-person 2D pose estimation using part affinity fields[C]. Proceedings of the IEEE Conference on Computer Vision and Pattern Recognition, 2017.

[18] Lewis M B, Ellis H D. How we detect a face: a survey of psychological evidence[J].International Journal of Imaging Systems & Technology, 2003, 13(1):3-7.

[19] Sheu J S, Hsieh T S, Shou H N. Automatic generation of facial expression using triangular geometric deformation[J]. Journal of Applied Research and Technology,2014,12(6): 1115-1130.

[20] Zhang J, Yan Y, Lades M. Face recognition: eigenface, elastic matching, and neural nets[J]. Proceedings of IEEE, 1997,85(9):1423-1435.

[21] Maity A, Dasgupta S, Paul D. A novel approach to face detection using image parsing and morphological analysis[J]. International Journal of Computer Trends and Technology, 2015,23 (4): 156–161.

[22] Parke F I. Computer generated animation of faces[J]. Proceedings of the ACM Annual Conference, 1972, 1: 451-457.

[23] Goldstein A J, Harmon L D, Lesk A B. Man-machine interaction in human-face identification[J]. Bell System Technical Journal", 1972, 51(2): 399-427.

[24] Kumar A, Kaur A, Kumar M. Face detection techniques: a review. Artificial Intelligence Review, 2019, 52: 927-948.

[25] Deng J, Guo J, Ververas E, et al. Retinaface: single-shot multi-level face localisation in the wild [C]. Proceedings of the IEEE/CVF Conference on Computer Vision and Pattern Recognition, 2020.

[26] 葛宏孔，罗恒利，董佳媛. 基于深度学习的非实验室场景人脸属性识别[J]. 计算机科学，2019，46(S11)：246-250.

[27] Ramadhan M V, Muchtar K, Nurdin Y, et. al.. Comparative analysis of deep learning models for detecting face mask[J]. Procedia Computer Science, 2023, 216: 48-56.

[28] Kobylarz J , Bird J J , Faria D R ,et al. Thumbs up, thumbs down: non-verbal human-robot interaction through real-time EMG classification via inductive and supervised transductive transfer learning [J].Journal of Ambient Intelligence and Humanized Computing, 2020, 11(12):6021-6031.

[29] Ren S, He K, Girshick R, et al. Faster R-CNN: towards real-time object detection with region proposal networks [J]. IEEE Transactions on Pattern Analysis & Machine Intelligence, 2017, 39(6): 1137-1149.

[30] Li F, Li X, Liu Q, et al.. Occlusion handling and multi-scale pedestrian detection based on deep learning: a review[J]. IEEE Access, 2022, 10: 19937-19957.

[31] Xu C, Li Z, Tian X, et al.. Vehicle detection based on modified YOLOv3 and deformable convolutional network[J]. IEEE Access, 2019,7: 65763-65772.

[32] Yang J, Liu D, Zhang J, et al.. Vehicle license plate recognition method based on convolutional neural network[J]. IEEE Access, 2021, 9:24405-24416.

[33] Zherzdev S, Gruzdev A. Lprnet: License plate recognition via deep neural networks[J]. arXiv preprint arXiv:1806.10447, 2018.

[34] Pan Y, Hou Y, Lin C, et al.. Traffic sign detection and recognition based on improved YOLOv3[C]. In Proceedings of the 2021 International Conference on Artificial Intelligence and Big Data, 2021.

[35] Wu Y, Ji S, Wang Y, et al.. Real-time traffic sign recognition based on YOLO and deep residual network[C]. In Proceedings of the 2020 IEEE International Conference on Big Data, Artificial Intelligence and Internet of Things Engineering, 2020.

[36] Li Y, Liu L, Zhou W, et al.. Vehicle recognition based on YOLO and VGG16[C]. In Proceedings of the 2020 International Conference on Artificial Intelligence and Big Data, 2020.

[37] Chen Y, Shen Y, Yang J. Deep learning for human motion analysis: a survey[J]. IEEE Transactions on Pattern Analysis and Machine Intelligence, 2020, 41(9):1970-1995.

[38] Cao J, Pang W, Han Y, et al.. Hand gesture recognition based on 3D convolutional neural network[J]. IEEE Access, 2020, 8:95113-95121.

[39] Sun Y, Wang X, Tang X. Deep learning face representation from predicting 10000 classes[C]. In Proceedings of the 2015 IEEE Conference on Computer Vision and Pattern Recognition (CVPR),2015.

[40] LeCun Y, Bottou L, Bengio Y, et al.. Gradient-based learning applied to document recognition[J]. Proceedings of the IEEE, 1998,86(11), 2278-2324.

[41] Graves A, Fernández S, Gomez F, et al. Connectionist temporal classification: labelling unsegmented sequence data with recurrent neural networks[C]. IEEE Conference on Computer Vision and Pattern Recognition (CVPR), 2006.

[42] Shi B, Bai X, Yao C. An end-to-end trainable neural network for image-based sequence recognition and its application to scene text recognition[J]. IEEE Transactions on Pattern Analysis and Machine Intelligence, 2017, 39(11):2298-2304.

[43] Chan, W Y, Chiu, C C, Gales, M J, et al.. Listen, attend and spell[C]. In Proceedings of the 2016 IEEE International Conference on Acoustics, Speech and Signal Processing (ICASSP),2016.

[44] Hu J, Shen L, Sun G. Squeeze-and-excitation networks[C]. Proceedings of theIEEE conference on Computer Vision and Pattern Recognition, 2018.

[45] Wang, Y, Stanton, D, Zhang, Y, et al.. Tacotron: towards end-to-end speech synthesis[C]. In Proceedings of the 2017 IEEE International Conference on Acoustics, Speech and Signal Processing (ICASSP), 2017.